第一本專為華人寫的

{ Game theory } { Negotiation }

賽局與談判

最強談判公式！賽局實例與運用！

解決問題、創造優勢、關鍵思考步步為贏

目錄 Contents

第二篇 成為談判贏家的八大策略 91

目錄 Contents

作者序

我從小就很喜歡看大人們在菜市場拍賣紅甘蔗，一些經驗老到的民眾會先到拍賣場地後面，檢視一捆捆等待拍賣的甘蔗，依甘蔗是否挺直、節與節之間的長度和甘蔗頭部的成熟度等指標，判斷甘蔗的品質，然後再到前場等待甘蔗的競標活動。

再長大些，因正逢台灣經濟快速崛起的年代，到處都可看到一些拿著大型玩具、有瑕疵的寶物飾品或名牌仿冒品等，在街頭拍賣，而我也是他們的忠實觀眾之一。但跟其他人比較不同的是，我口袋中沒幾塊錢，只是喜歡湊熱鬧、欣賞拍賣者與競標者如何藉由一件件拍賣品進行溝通和議價，以及如何完成一樁買賣交易賽局。

到年紀更大些，開始從事教職後，因為本身在碩博士班中對賽局理論的專業學習，讓我有更多機會可更徹底、更有系統地解析人與人之間各種型態的互動行為。同時因教學與廠商產學合作需要，我是先從賽局角度，分析廠商在各產業中的競爭與合作策略。爾後也因為產學合作和參與企業實務操作，讓我跨足到談判策略的應用。

但我必須承認的是，談判賽局是一種整合了賽局理論與分析工具、談判認知心理學，以及各種溝通與表達技巧等專業知識的應用，若再加上在各種領域（如法律、經貿、政治、商業交易等）的應用知識，談判賽局對任何人而言，都有很大的學習空間，甚至窮盡一生的光陰，也只能說學習、學習、再學習。所以此書對我而言，或許只是個開端，希望在日後的教學和學習過程中，能激發出更好的內容或知識跟讀者分享。

本書所用的賽局個案有一些是來自台科大EMBA、EMBA學分班及MBA同學的成果，其中包括劉和然、謝依耘、賴睿傑、李麗紅、黃聖堯、陳勇丞、蕭伊珮、李冠璋、夏新生、高卓斌、林育如、秦艿綸、蔡適鴻、余瑞美、葉佰蒼、連佩如、張修榆、林暄珠、胡甲環、李慶祥、蔡弘甫、王美淇、蕭璿禎、楊浩政、蕭榮書、范嘉莉、林振崙等人。

在溝通與談判應用方面，台科大領導書院的學員及炎洲企業同仁的貢獻也功不可沒。沒有他們的涓滴貢獻無以成江河，我只是借花獻佛，將他們在各領域的專業與經驗，轉化成大家可以共享與成長的知識。

張順教

第　一　篇

談判賽局的基本法則

談判成功的基礎在於事先對局勢有正確的分析及判斷。賽局理論提供了簡易而科學的分析架構，因此想成為談判高手，說話技巧當然重要，但是對賽局理論有基本的認識，更可以讓你快速掌握全局。

本篇在第二章以九個案例說明賽局基本分析工具的運用。首先以二手車的買賣的談判過程，說明一些基本推導工具的運用，如賽局樹的展開，及如何用前推法及後推法找到 Nash 均衡。

而在分析雙方的策略選項時，如果不同的選項有不同的出現機率，在這種情況下，要如何進行分析？第二章中用孫立人的仁安羌大捷及馬祖農民王先生的經驗為例，進行說明。

最後，當所有的策略選項都有不確定性，你無法判斷各種策略出現的機率，那麼就必須利用哈尚義轉換來進行分析，中鼎工程及阿富汗海豹等六個案例，則用來說明如何化解不確定性的困境。

解析談判的結構

我們常說人生無處不賽局，是意謂賽局的應用在現實生活中無所不在。譬如一個年輕媽媽在煮完晚餐後，有時為了讓小孩子喜歡吃她所煮所有的菜餚而傷腦筋。事實上，這位年輕媽媽可能的策略選擇有很多種，我們最常看到的就是直接用勸導的方式，向小孩子說明晚餐的重要性，半推半就的強迫小孩子吃完晚餐。但有些媽媽會用賽局談判的方式，逐步引導小孩子喜歡晚餐的菜餚，然後盡情地享用晚餐。

媽媽可以詢問的方式，讓小孩子利用在學校所學的知識，先表達各種菜餚的營養程度，以及由他們主動安排選擇進食各類菜餚的先後順序。這種方式不僅讓小孩子感覺受到尊重，而且小孩子在有主動選擇權的情況下，極有可能歡喜的將晚餐進食完畢。其實這位年輕媽媽策略的主要目標是希望小孩子吃完晚餐，所以她必須運用各種策略工具，搭配她以往的經驗，建構出整套的策略組合，這種模式我們可稱為一種賽局觀念或意識的運作，將這套方法運作在與小孩吃晚餐的談判。而藉由賽局的策略管理順利達成目標，正是賽局運用的核心所在。

對於一個想成功運用賽局理論的人而言，擁有正確的賽局觀念或賽局意識是個必要的前提。一般而言，一個完整的賽局必須包含下列六項要素：

① 賽局的參與者（players）。

② 參與者的行為（actions）。

③ 賽局是屬一回合就結束的靜態賽局，或是多回合的動態賽局。

④ 賽局者的策略組合（strategies）。

⑤ 不同型態的策略組合所對應的收益（payoffs）。

⑥ 整個賽局訊息（information）分佈的特徵。

譬如，在談判賽局的過程當中，我們常會提出下列五大談判的問題：

①談判的目標是甚麼？

②談判的對象是誰？

③外在環境的特徵？

④可能的策略選項與行動為何？

⑤談判技巧的運用與程序的掌控。

而這五大問題，也是上述建構賽局的六大要素混合而成。所以只要能夠抓住賽局的推論邏輯及各項要素，就能在談判過程中運用自如，達成談判的目標。

像二〇一五年台灣半導體封測領導廠商日月光，從市場公開收購矽品股票的事件，以賽局角度來看，日月光與矽品是此賽局的主角，聯電、鴻海及中國大陸紫光集團是配角。日月光的策略是公開收購股票；矽品的策略是找鴻海、聯電或紫光集團進行策略聯盟，並要求政府公股不要出售給日月光。日月光的策略目標很明顯就是併購矽品，矽品的策略目標是不被日月光併購，讓日月光的併購成本拉到很高，盡量高到日月光吞不下時，就能維持矽品本身的獨立經營。矽品之所以這樣做，主要的理由是因為日月光與矽品的封測客戶重疊性太高，矽品如果被日月光整併，矽品應該會成為消失的一方。

所以，對雙方而言，賽局意識所呈現的就是一場爾虞我詐的動態不合作賽局。像矽品可能會尋求後援，找像長期的盟友鴻海、聯電進行策略性投資，甚至不惜賣股票給紫光集團，提高日月光惡意併購矽品的困難度。但對像第三方紫光集團而言，與矽品合作可能是未來紫光集團進入全球半導體供應鏈的良性開端。也可以說紫光集團入股成功，紫光集團將是此一賽局的最大受益者，矽品除原經營團隊可苟延殘存幾年外，矽品的股東最終將是最大的輸家，而日月光因訂單移轉的關係，不一定成為最大輸家。

在下文中，我們將之前所述的賽局六大要素，與談判的五大問題，融合成建構談判賽局的六項要素，讀者只要能善加利用，對賽局工具應用於談判應會有一定程度的能力，甚至成為談判專家。

一、策略執行的願景或目標

在進行任何賽局之前，賽局願景或目標的規畫是很重要的一件事。譬如，對於一些大四的學生要參加研究所推甄，他們必須先擬定想要進入的學校，作為參加推甄的目標，這些目標依成功的機率有可能區分成較有把握的、有一半成功機率的，或是賭一把試看看的。在此目標之下，他必須讓大學成績維持一定的水準，也需要完成自傳、推薦信與研究計畫等文件。但在賽局目標的主導下，該學生必須針對不同的目標（或研究所）進行客製化的文件修改，以符合各研究所的要求，這就是一種以目標為導向的賽局運用。

賽局的目標也可能分成短期或長期的方式規畫。像二〇一五年在美國大聯盟金鶯隊表現相當好的投手陳偉殷，他為了下一球季成為自由球員獲取更高的薪水待遇及更長的合約，他短期的目標就是將每一季的投球內容維持相當好的水準，像維持十勝以上的戰績，讓他在金鶯隊四年中，有三季是維持十勝以上的紀錄。這種很理想的成績，讓他的經紀人在與球團的薪資談判空間，就變得很大且很有彈性，或許可以為陳偉殷簽下鉅額年薪的多年期合約。

陳偉殷在二〇一六年初與馬林魚隊所簽的五加一年長約顯示，簽約金是一千三百萬美元，二〇一六年年薪六百萬美元、二〇一七年九百萬美元。假如沒有跳出合約，二〇一八年薪一千萬美元、二〇一九年薪二千萬美元，二〇二〇年薪二千二百萬美元。假如陳偉殷在二〇二〇年投滿一百八十局，或是在二〇一九至二〇二〇年球季投滿三百六十局，沒有在傷兵名單結束球季，並且能健康參加隔年春訓，馬林魚隊將會自動執行二〇二一年的一千六百萬美元合約，總計五加一年合約最高總值九千六百萬美元。這合約已創下台灣運動員的年薪紀錄。這個成績的確將讓陳偉殷所訂立的長期目標真正的實現。這種**以多個短期目標的達成維護長期目標的實現，是賽局中很常用的模式**。

案例 談判底線是個目標嗎？

在談判賽局中，很多人常將談判底線當成談判目標之一，這是可能的，但不是唯一。所以，談判者應有更多元的選擇方案或目標。一個人職涯過程中，藉由換工作，或換服務的企業達到晉升的目標很常見，但到中高階主管的位置，工作的內容和薪酬（包括薪水、獎金和其他福利）就愈形複雜，如何在薪酬談判中獲取最佳報酬更需要動點腦筋。

你會如何做？在既定的目標之下，建議要先建立一個談判「底線」，但這底線不是一條清晰的線，而是較像水彩筆所畫出具有一定寬度的「線」或「帶」，換言之，這種底線的特質是包括多個等值且可選擇的方案。

像國內集團資訊長 A 君在 H 公司的邀請之下，思考是否要到 H 公司擔任總經理，他可以在業界的標竿個案中，找到薪水的參考標竿：年薪四百萬，然後他可進一步考慮利用薪水的取捨，籌畫出各種他可接受的最低薪酬組合（如下表的方案甲及方案丙）。譬如，A 君可善加利用「交換不等值物品」的方式，盡量將自己評價較低的東西（如加班時間）交換對公司而言，價值不高的物品（如薪水等），所以 A 君的最佳策略選擇就容易受到各種策略組合收益的影響。

表 1.1　A 君的待遇方案

方案甲	方案乙	方案丙
年薪 350 萬 股票分紅或選擇權 一個月的帶薪休假	年薪 400 萬 股票分紅	年薪 500 萬 標準福利

二、競爭或合作的對象是誰？

在一個賽局之中，裡面的參與者是最重要的元素之一。在深入了解對方的想法後，才能建構與對方之間的連結，有了這個連結或信任後，雙方才能做進一步的策略交換，最後再達成共識。

非合作賽局是參與者在最大化自身利益的前提下，採取對應的策略。但參與者也可能加入或與其他參與者組成一個團體（groups），共同進行策略選擇，讓團體的收益最大，然後再從團體中分到屬於自己的收益，此即為合作賽局的特徵。例如石油組織（OPEC）的型態即是一種合作賽局模式，所有成員會彼此合作，採用聯合策略，共同分配生產石油的配額（quota），然後以一致的價格對外銷售石油。但有些會員國（如伊朗），當他們發現以較低價格偷賣石油的收益（即不合作時）超過偷賣被處罰的成本（如被罰錢、被減配額或被解除會員資格等）時，他們可能會採取偷賣石油的不合作策略。

所以在談判賽局中，如何找到關鍵人物或第三者是很重要的事，有時談判的反方陣營中，只要有一個人被我方收買，往往會讓整個賽局結果翻盤。

在合作賽局中，強調的是集體理性。所有的參與者彼此之間會達成一個具有有效約束力的協議（binding agreement）。參與者的策略目標有二，一是讓整個合作賽局的收益達到最大；二是讓合作賽局的成員可獲得或分配的利益，高過不參與合作時的策略收益。

賽局在實務的運用上，我們會發現有些賽局常是競爭與合作兼有的特徵。例如我們常聽見的三國赤壁之戰，或是現代戰爭中國與國之間的聯盟，會常因利益的關係，透過談判一夜之間而變成合作夥伴或競爭對手。像在二次世界大戰末期，美國明知蘇聯是一個潛在的強大敵人，但為了早日結束對日本的戰爭，也不得不與蘇聯合作，利用雅爾達密約強迫中華民國放棄蒙古的領土，達到蘇聯出兵日本的目的。

又如近年 Apple 一直與韓國三星（Samsung）進行智慧型手機相關技術的專利訴訟，但是即使 Apple 已將生產 iphone A7、A8、A9 微處理器的訂單給台積電（TSMC），但仍繼續下訂單給三星。因為對 Apple 而言，若不繼續與三星合作，台積電成為唯一供應商，如此較不利於Apple的議價能力，而且有第二家供應商也可保證當台積電出貨有問題時，供貨來源不虞匱乏。像二〇一六年二月六日的台南大地震，若台積電當時設備受創嚴重，無法在短期恢復產能時，三星就可順利承接Apple的直轉訂單。因此Apple與三星之間既競爭又合作的關係仍會持續。

案例 企業良心與利益孰重

頂新集團在二〇一四年連續爆發三次食安事件後，讓民眾不再信任他們，甚至開始抵制所有與頂新集團生產相關的產品，無論是大賣場、便利商店等都將其商品陸續下架。但當風頭一過後，對於掌控國內民生物資消費半邊天的量販店（如家樂福、好市多、愛買、大潤發等）是否繼續抵制頂新商品？這又是一場良心或利益的糾葛與掙扎。尤其當大潤發開始悄悄將林鳳營牛奶上架，也使用不同促銷方式銷售之際，大潤發的競爭者家樂福及愛買勢必也得做出是否繼續抵制的決定。

家樂福、大潤發及愛買是目前台灣量販店的領導廠商之一，都以售價便宜的定價策略劃分市場區隔。在企業社會責任未被如此重視之時代，若此商品沒有問題，並不會考量抵制此一策略，但隨著企業社會責任變成個議題，即使林

Nash 均衡

Nash 均衡是一種策略組合，是由所有參與者的最適策略所組成。因此，在此策略組合之下，所有參與者沒有誘因去選擇其他策略。

換言之，Nash 均衡也可能是一種「僵局」，在別人策略選擇不改變的情況下，沒有人有興趣更改原有最適的策略。

Nash 均衡也是一種遵守協議或規則，在其他參與者都遵守大家一致認定的協議時，自己沒有誘因不遵守該協議，或採取其他策略。

鳳營牛奶沒有問題，也因為頂新的企業社會形象而滯銷，連帶會影響其通路商之形象及利益。

我們若以三人賽局來看，依照表1-2所顯示，當三家廠商都選擇繼續銷售的策略時，三家的收益皆為1；當三家廠商都選擇抵制銷售的策略時，三家的收益皆為-1。但若大潤發開始販售味全林鳳營牛奶後，愛買也開始販售；家樂福仍採抵制時，大潤發收益為3；家樂福收益為-5；愛買收益為3（即表1-2的（3，-5，3）的收益組合）。若其中兩家銷售，另一家抵制，則其抵制廠商收益為-5，但銷售廠商收益皆為3；若只有其中一家銷售，另外兩家抵制，抵制廠商收益為-3，銷售廠商收益為5。

因此，本賽局的Nash均衡是只要有一家開始銷售，其他兩家在利益的考量下，都會採銷售的策略，形成三家都採銷售的策略。從事實來看，到二〇一六年初這三家大賣場的實體通路都採銷售的策略。

表 1-2　三家量販店廠商的策略賽局

大潤發的收益

		愛買			
		銷售頂新		抵制頂新	
		家樂福		家樂福	
		銷售頂新	抵制頂新	銷售頂新	抵制頂新
大潤發	銷售頂新	(1,1,1)	**(3,-5,3)**	(3,3,-5)	(5,-3,-3)
	抵制頂新	(-5,3,3)	(-3,-3,5)	(-3,5,-3)	(-1,-1,-1)

愛買的收益

表 1-2 中的數字代表廠商不同策略選擇所對應的收益 (例如 (3,-5,3);(5,-3,-3) 等)。在賽局理論裡，代表收益的數字可以是「絕對」或是「相對的概念」。譬如大潤發選擇銷售頂新產品的策略後，家樂福選擇抵制；愛買選擇銷售頂新產品時，大潤發的收益為 3，此時的 3 可能代表 3 千萬或 3 億新台幣，這是一種絕對數字的觀念。另外， 3 也可能代表效用 (utility) 水準或滿足程度，這是一種相對的概念，此時的大潤發的 3 只能說比家樂福的 -5 大，但不能說 3 是 -5 的幾倍。

從這個案例來看，消費者是最主要的第三關鍵角色，只要消費者夠團結，一起抵制，直接影響量販店的收益時，一定會影響業者之間的賽局策略。像二〇一五年十二月在好市多（Costco）所發生的「消費者秒退」的活動，若消費者持續堅持下去，好市多最終會和味全解約，而又會對其他量販業者產生更大的下架壓力。

三、誰制定賽局規則？

誰能主導賽局的互動規則，誰就有可能主導整個賽局的運作過程和成果。像這類的模式我們可稱為「優勢策略」的賽局，像在高科技產業或是生物科技產業的領導廠商，他們常會用關鍵技術或專利掌控整個產業的生產和行銷規則。

我國生產桌上型電腦（PC）、筆記型電腦（NB）或是主機板的廠商向來都依循英特爾（Intel）及微軟（MICrosoft）所制定的標準規格，調整產品經營策略。以致常發生產品在配合他們的新產品進行開發與生產時，會因他們策略的轉變而虧損連連。

此外，像在藍光光碟片、LED照明、智慧型手機、生醫等常以技術創新為企業競爭策略主軸的產業，領導廠商常會利用專利的授權主導整個產業的發展。譬如高通（Qualcomm）就善於利用第三代無線通訊系統與第四代無線通訊系統通訊技術的專利授權，主導智慧型手機通訊技術的規格，讓包括聯發科、三星、LG、華為和聯想等廠商，每年必須給付高通總額超過五十億美元的權利金。

有時這些廠商也會利用專利戰的方式阻撓新廠商進入市場。像日本亞洲化學常因擁有先進的白光LED照明的專利，而對台灣廠商（如億光）在世界各國進行專利訴訟，企圖阻撓台灣的LED照明產品進入各國市場銷售。另外像美國Apple這幾年向三星、宏達電等企業，針對智慧型手機的多點觸控專利進行侵權訴訟亦是一例，他們的目標很一致，都是企圖阻撓競爭對手的產品進入市場銷售。

案例
誰有能力主導談判賽局？

或許各位曾有類似經驗，在還沒與上司溝通或談判一些事務前，自認為準備充分，也事前做了模擬演練，結果是正式的討論或商談時，事前的準備完全發揮不了效果，當下甚至腦袋空空地一如往常般點頭、事事答應，出了辦公室才懊惱不已。

會有此結果或現象，很可能是對方掌握了大部分談判賽局的規則。絕大部分優秀的主管在吩咐下屬做事時，都會詳盡思考整個談話步驟、內容及目標等，所以很多規則就這樣被敲定了。也有一些人會善於利用會議記錄的撰寫，企圖主導整個談判內容及結果。這種事常發生在公務機關或大學行政體系中，當一些主管發現開會結果不是他（她）們所預期時，常會主導會議紀錄，以致出現一些令人傻眼的結果。像以前我在台灣中部的一家大學任教，雖然系的課程委員會已將下學期的新開課程討論後定案，但在隔一天由系祕書所發布的公告內容，完全走了樣，後來才知道是系主任要求系祕書在整理會議紀錄時，按照其想法直接更改內容。

所以，**在參與類似談判賽局之前，我們應該深入了解整個遊戲規則，甚至對於各種規則的瑕疵或不合理的地方，在談判過程中，找適當的時機拿出來討論**。像我任教的系上主管，前些日子提出了限制每位老師收研究生人數的規定，而且溯及到去年考進來而先去服役的學生，搞得大家並不很愉快。我最終處理方式就是將案子完整地提到系務會議討論，然後以「新法規不適合溯及既往」及「不能違反學生找指導教授的權利」兩項規則，在大家討論過程中，發現一些老師不願得罪系主任的氣氛下，不做表態，直接提出，要求此規定無效，建議退回由各組修改再議，達到我原先的設定目標。雖然事後當事人在會議紀錄上做了手腳，不見「退回修訂」幾個字，我也不太計較了，互留給對方一些空間總不是壞事。

四、如何分辨靜態賽局與動態賽局

我們常常跟其他人玩剪刀石頭布的遊戲，像這種同時間出招的型態，我們可稱之為「靜態賽局」，因此若我們連續去猜拳五次就是有五個靜態賽局。但若我們把猜拳的遊戲往下延伸，贏的人可以向輸的人拿一塊錢，然後雙方又繼續猜拳比賽，這樣如此反覆的比賽就成了動態賽局。又如我們在玩大富翁的遊戲時，大家先猜拳決定玩的順序，往後大家就按著這個次序持續玩下去，這也是一種動態賽局的概念。以前我們小時候常跟其他小朋友玩圈叉的遊戲也是一種動態賽局，只是這種遊戲具有先行者優勢的特徵，也就是，先下手的人贏的機率較大。

所以用在談判過程當中，我們會發現**談判是一種屬於動態賽局的應用，只是這種應用牽扯到訊息對稱與不對稱，以及訊息完全與不完全的問題，若再加上外在環境的影響及參與談判者的特徵，這種屬於談判的賽局就會變得相當複雜。**

在下文，我們用台灣與中國大陸間積體電路產業的競爭實例，作為分辨靜態與動態賽局的案例。

案例 台灣與中國大陸間積體電路產業的競爭

（一）積體電路產業分析

中國大陸所訂定「十二五規畫」是以「擴大內需」及「七大新興產業」做為整個結構的主軸。其中與台灣科技業有關的是「十二五規畫」中的「新一代資訊科技」，其內容資訊網路基礎設施、新一代移動通訊、下一代網路核心裝置、智慧型終端機、三網融合、物聯網、雲端計算、積體電路、新型平板顯示技術、尖端軟體和伺服器等。由於近十餘年來，中國大陸已成為全球最大積體電路（IC）晶片消費市場，像二〇一四年進口約二千五百億美元的晶片，這讓中國大陸政府將積體電路產業列為重點發展項目是很合理的政策。

尤其在「十二五規畫」期間進入了後期階段，中國大陸在積體電路產業的施政重點，除了在政策上由中央政府設立積體電路產業投資基金，整個地方政府及半導體產業的廠商更積極地投入。這些行動可分成兩類型的策略：

（一）首先是中國國內企業夾中央和地方政府的財力資助，大舉聯合其他國家業者進行投資、併購或合作的策略。譬如：

①京東方科技來台設立研發中心（二〇一〇年）。
②廈門三安光電入股台灣 LED 廠商璨圓光電（二〇一三年）。
③面板觸控廠商歐菲光來台設立子公司（二〇一三年）。
④清華紫光集團在二〇一三年先後收購大陸展訊（第二大）及銳迪科（第三大）積體電路設計公司；在二〇一五年以三十八億美元購入全球硬碟龍頭廠威騰電子（Western Digital，WD）百分之十五股權，並由威騰直接併購美國 Flash 大廠 SanDisk；並以新台幣一百九十四億元購入台灣動態隨機存取記憶體（DRAM）封測領導廠商力成百分之二十五的股權；除提議以逾新台幣二百億元入股矽品外，亦規畫投入逾一百億入股台灣第三大的封測廠商南茂。
⑤高通因為向華為、聯想等中國大陸智慧型手機廠商收取高額專利授權金，被中國大陸政府處罰十億美元的反壟斷罰金，並被中國大陸政府要求技術授權或與國內廠商合作，共同開發新一代智慧型手機的相關晶片。
⑥福建電子訊息集團來台設立子公司（二〇一四年）。
⑦英特爾與瑞芯微策略結盟後，再入股清華紫光百分之二十股權（二〇一四年）。
⑧華虹 NEC 與宏力半導體合併為華虹宏力。
⑨清芯華創對 OmniVision 提出收購報價。
⑩國內力晶董事長黃崇仁在二〇一五年與安徽市政府合作共同蓋十二吋晶圓廠。
⑪聯電與廈門市政府合資於廈門興建十二吋晶圓廠等。
⑫江蘇長電科技併購國際積體電路封測領導廠商星科金朋在中國的子公司。
（二）吸引更多外資晶片業者直接至中國設廠投資，譬如：

① 三星在中國西安投資設廠生產 **NAND Flash** 晶片。

② 英特爾在中國大連增設 **NAND Flash** 晶片生產線與研發基地等。

這顯示中國大陸積體電路產業在壯大過程中，背後有著政府的強烈支持，政府希望整個積體電路產業鏈整合可透過併購、合資等方式，快速提升中國大陸廠商的晶片設計技術與製程能力。對於未來中國大陸積體電路產業的成長壯大，台灣廠商該如何面對來自大陸的威脅和機會？

若將積體電路產業分成設計、製造與封測來看，在積體電路設計方面，台灣在二〇一四年積體電路設計產值約五千七百億新台幣，中國大陸約五千二百億新台幣。台灣的主要廠商包括聯發科、聯詠、義隆、群聯、瑞昱、奇景、立錡、致新、擎亞和旭曜等，其中聯發科以營收超過二千一百億新台幣為最大。中國大陸積體電路設計廠商有華為海思、清華紫光、華大、大唐、中興微電子、格科微、杭州士蘭微和北京中星微電子等。

因積體電路設計是一個不需要大資本和設備廠房，多依賴工程師腦力在電腦桌前就可以產出程式和電路圖的產業，所以中國大陸就可能利用併購及高薪挖角的方式，強化自己的產業競爭力。規模較小或競爭力較低的台灣積體電路設計廠商就很可能會被併購或淘汰。

在積體電路製造方面，台灣在二〇一四年的產值約一點一七三兆新台幣，主要的廠商有台積電和聯電等，而且以晶圓代工為主。中國大陸積體電路製造產值約三千五百五十億新台幣，與台灣業者有一定程度的差距，主要廠商有中芯國際和華虹宏力等。但面臨中國大陸積體電路設計業的崛起，台積電和聯電在中國大陸的投資策略勢必要進行調整，以迎接逐漸坐大的中國大陸積體電路製造業者。

像台積電董事長張忠謀先生在二〇一五年中曾講過，為服務中國大陸市場的客戶，他會很積極考慮到中國大陸設廠，並在同年十二月宣布以約三十億美元到南京設置月產能兩萬片的十二吋晶圓廠，在二〇一八年開始生產時，以十六奈米製程為主。但他說到中國大陸設廠的成本必然較台灣高，台積電上海松江八吋廠十多年的經營經驗已證明。

而他也直言，中國大陸雖對半導體業實施補貼政策，但沒有經濟規模的話，短期補貼不能彌補長期成本的劣勢。

在積體電路封測方面，台灣在二〇一四年積體電路封測產值約四千五百三九億新台幣，主要廠商包括日月光、矽品、南茂、力成等，中國大陸積體電路封測產值約六千二百七十九億新台幣，主要廠商有江蘇長電科技、南通富士通和天水華天等。中國大陸產值會超過台灣的原因是加入封測外商（如英特爾）的產值。

中國大陸本土封測廠商也相當積極尋求突破，像江蘇長電就因為在二〇一五年併購了新加坡封測廠商星科金朋，而在二〇一四年順利地拿到 Apple 手機晶片的封測訂單，成為日月光的強勁對手。

（二）賽局分析

（一）靜態賽局

針對上述的故事，我們可以先用靜態賽局進行分析。假設中國大陸政府有兩種策略選擇，一是介入扶植；二是不介入扶植中國大陸的積體電路產業。而台灣的積體電路廠商也有兩種策略選擇，一是與中國大陸廠商合作；二是與中國大陸廠商不合作。表1-3所呈現中國大陸政府和台灣積體電路業者策略選擇之標準式賽局，表示雙方可以同步進行策略選擇。

對中國大陸政府而言，當台灣積體電路業者採取合作的策略時，介入扶植的策略所帶來的收益為 2；當台灣積體電路業者採取不合作的策略時，中國大陸政府介入扶植的策略收益為 1，都高於不介入扶植的策略收益 0。所以，介入扶植的策略成為中國大陸政府的優勢策略。據此，台灣積體電路業者也知道中國大陸政府一定會介入扶植積體電路產業，所以台灣積體電路業者一定會選擇合作，讓此時的收益為 8。因此，此靜態賽局的 Nash 均衡就是：中國大陸政府採用介入扶植；台灣積體電路業者採用合作的策略。這就可以解釋為何中國大陸政府願意制定強勢的輔導政策，

表 1-3　中國大陸政府和台灣 IC 業者策略選擇之標準式賽局

		台灣 IC 業者	
		合作	不合作
中國大陸政府	扶植	（2,8）	（1,6）
	不扶植	（0,10）	（0,10）

圖 1-4　中國大陸政府和台灣 IC 業者競爭之擴展式賽局

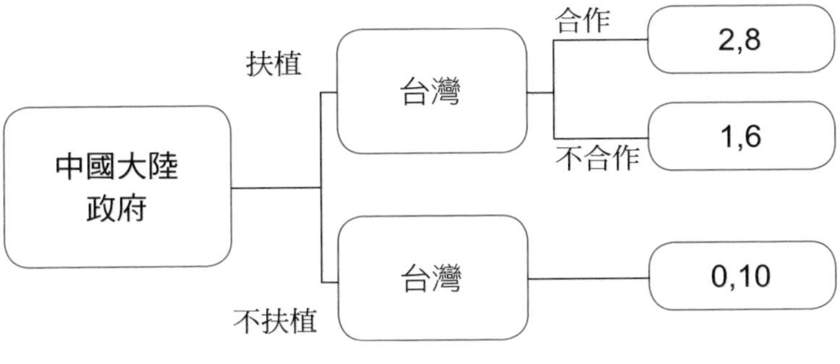

以及成立投資基金來扶植積體電路產業的論述。

（二）動態賽局

其實我們也可以用動態賽局來說明，為何中國大陸願意制訂強勢的輔導政策及成立投資基金來扶植積體電路產業？我們假設雙方之間的動態賽局是屬於完全訊息動態賽局，圖1-4代表中國大陸政府和台灣積體電路業者競爭的擴展式賽局或賽局樹。中國大陸政府先進行策略選擇，然後台灣積體電路業者在觀察中國大陸政府的策略選擇之後，再決定是否與中國大陸廠商合作或不合作。這就形成了具有先後順序的策略選擇動態賽局。從這個賽局中，我們很明顯地了解到中國大陸政府一定會選擇扶植的策略，而台灣的積體電路業者選擇合作的收益高過不合作，所以台灣的積體電路業者一定會選擇合作。因此，我們可以得到與靜態賽局同樣結果的Nash均衡。

我們也可以將圖1-4的擴展式賽局做較複雜的延伸，以符合實際產業的競爭模式。延續圖1-4的中國大陸政府介入扶植與否的賽局，我們發現中國大陸政府介入扶植的策略，一定會影響中國大陸積體電路業者與台灣積體電路業者之間的競合策略。

在下圖所顯示的兩回合的動態賽局，在第一回合中，中國大陸積體電路業者先出招，他們有兩種策略選擇：一是與台灣積體電路業者合作；二是不與台灣積體電路業者合作。對台灣積體電路業者而言，也有兩種策略選擇：一是合作；二是不合作。所以，對中國大陸積體電路業

圖 1-5 中國大陸政府與台灣 IC 業者兩回合動態賽局

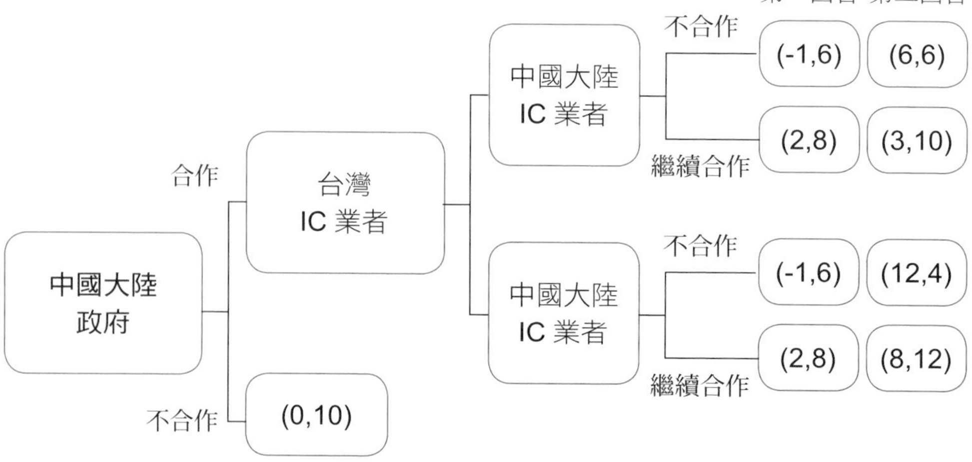

者而言，他們採用不合作策略的收益為0；若他們採用合作的策略時，他們知道中國大陸政府會利用政策干預，影響國外業者進入國內積體電路市場的條件，讓台灣的積體電路業者在明知若採取合作的策略，未來可能會養虎貽患、得不償失，但仍不得不採取合作的策略。因此，此時中國大陸積體電路業者採用合作策略的收益為2；台灣積體電路業者採用合作策略的收益為8，大於採用不合作策略的收益6。

在第二回合當中，中國大陸的積體電路業者發現，若採用繼續與台灣積體電路業者合作的策略時，其收益為8；若採用不再繼續合作策略的收益為12時，他們一定會採用不再繼續與台灣的積體電路業者合作。這種的推論模式也很適用在兩岸的LED產業、太陽能產業、機械業、石化業，以及其他傳統產業。當中國大陸業者站穩腳步以後，他們不太可能再與台灣的業者繼續合作，而會轉向到其他技術更先進的歐、美、日廠商進行合作。

五、訊息愈完全愈好

一個屬於完全訊息的賽局，有幾個先決條件，第一個條件是所有賽局的參與者都完全知道對手的特徵；第二個條件是所有賽局的參與者都知道彼此之間可以選擇的策略組合；第三個條件是對應不同型態的策略組合，賽局參與者也知道所對應策略的收益。

因此，若上述三個條件中至少有一個無法達成時，這種賽局我們就可以稱為「不完全訊息賽局」。對於一個不完全訊息的賽局，就會出現所謂的猜測或預期的情況，訊息愈完全猜中的機率也越高，所以有用的訊息越多，當然愈有利於當事人做出正確的判斷。但判斷或預期某事發生的機率，跟個人的特質有關，像我們一大早出門看到天空黑雲密布可能會下雨，一些比較怕雨淋的人，就會猜測下雨的機率比較高，而做出攜帶雨傘的決策；一些懶得帶傘具的人，會預期下雨的機率比較小，所做出的決策就是不帶雨傘。

在談判賽局中，參與者若做決策的訊息愈不完全，面對的不確定性就可能愈高，預期收益自然就愈低。所以，為何在談判之前或過程中，大家都會守口如瓶，盡量減少釋出給對手太多的訊息。所以「多傾聽、少講話、在適當時間出手」常成為參與談判的參與者奉守的圭臬之一。

此外，很多人都有參加面試的經驗，在面試之前被面試者都會盡量蒐集相關訊息，譬如考古題、面試官是誰、有幾個面試官、面試時間多久等，都是可能有用的訊息，希望在面試中對答如流，包君滿意。但優秀的面試官更能直接從面試者的外貌、表情、說話語調及穿著等，或許根本不需面試，就可窺見了解對方的人格特質。這種利用面試職能技巧，大幅提升瞭解對方訊息的方式，應屬於最上乘的功力，從我認識的很多企業人資主管或老闆多少都有這方面的能耐。

但他們一致認為面試者誠實地回答所有問題是最好的策略。而事實亦是如此，在處於不完全訊息的情境下，而且訊息擁有居於劣勢者，誠實往往是最佳的策略。

六、訊息是對稱還是不對稱？

賽局除了訊息存在完全或不完全的特徵外，訊息的分佈也可能呈現對稱或不對稱。所謂對稱是指賽局參與者對訊息的掌控內容接近相同，所以在訊息不完全且對稱的賽局中，我們可形容所有參與者是在一知半解的狀態。現全球知名的富比士拍賣，他們在拍賣過程中會盡量將所有拍賣品的訊息告知所有的參與拍賣者，讓拍賣品的訊息呈現對稱且完全的狀態，若訊息處理為不對稱的狀態，就可能造成投標者投標價格不正確，進而影響整個競價的決標價格。

現在談判的過程中，談判的雙方都會盡量保守秘密減少訊息外洩，主要的目的就是在盡量減少談判對手有用的訊息，或是在談判的過程中放出假的消息，讓對手產生誤判的決策，這也是一種利用訊息不對稱的談判策略。

案例 為何大多數老闆不讓太多的下屬知道他們的行蹤

在一般企業或政府單位，當主管的人除自己的祕書或相關重要人士之外，他們很少讓下屬知悉所有的工作內容及時間安排，但他們希望對下屬的一舉一動完全瞭如指掌。其理由很簡單，他們會利用這種訊息不對稱的情況，讓下屬無法完全猜中他們上司的行動時，就不方便大大方方的摸魚，或是摸魚時，也要盡量減少摸魚的時間，或將摸魚時段移到較不具交易成本的時段。

但也有一些反例，我認識一位電子商務產業的高階主管，他的作風是讓整個幕僚單位（或管理室）每個人都了解他每天在公司的行程，他的理由是這種方式可以讓幕僚在討論或開會之前有充份的準備，也可以在很有效率的狀態下，跟他討論公司的相關事宜。而他的公司也是運作的相當好。所以如何運用訊息不對稱，完成談判的目標，有時還是需要考慮其他條件因素。

第二章 典型賽局工具的應用

一、賽局談判基本推論方法

案例 以二手車買賣為例

二〇一四年台灣新車總銷售四十二萬三千八百二九輛，二手車總銷售七十三萬三千四百零七輛，由此數據可知台灣的二手車市場不小。但購買二手車所需考慮的因素較雜且多，不像新車完全是以價格和性能為主要考慮因素。二手車可能考慮因素包括該車是否為事故車、為泡水車、車輛來源為何、前車車主駕駛習慣、車子保養狀況及售後服務品質等。下文是林先生想要購買一輛二手車，他利用賽局理論進行分析，探討可能的影響因素，不同的購車策略可能對應的收益，以及最適的購買策略。

（一）故事

林先生的室友阿強說他要換一台新的 TOYOTA ALTIS（1800cc），而他也正打算將他開了八年的 FORD TEIRRA（1600cc）售出，阿強問林先生是否有意願購買，當時林先生也正在考慮是否該買一台代步車，以便上班有時可遮風避雨。

對於購買二手車這件事林先生有兩種選項：買或不買。如果要買，那事前要蒐集那些訊息和購車的成本及費用？如果不買，林先生可能要付出哪些成本？此外，跟誰買也是一個考慮選項，跟室友買真的比較安心嗎？還是找車行買，以便後續若有問題，也比較有保障？

對於林先生的困擾，我們可用不同型態的賽局進行系統性的分析。

（二）完全訊息靜態賽局

對於此類賽局，因屬靜態，顧名思義就是此種賽局不論是所有參與者同時行動或是有先後順序，只玩一次（one-shot game）就結束。像猜拳遊戲就是最典型的例子。**加上所有參與者都完全知道對手的特徵、可選擇的策略組合，以及不同策略所對應的收益。在此類賽局中，一定會存在 Nash 均衡。**

（一）構成購買二手車賽局的基本要素

①參與者：林先生、林先生室友——阿強。

②參與者的行為：阿強是否將車子出售、林先生是否購買阿強的車。

③賽局訊息特徵：完全訊息靜態賽局。

④參與者的策略：阿強必須考慮將車售出和不售出、林先生必須考慮是否購買阿強的車子。

⑤不同策略所對應的收益：分析阿強與林先生在考慮賣車和買車過程中所有考慮的因素，而後雙方做出不同的決策所產生的不同收益組合。

⑥時間的考量：因為此次買賣行為是一次性的，所以沒有多次互動的動態觀念。

（二）阿強及林先生的決策狀態及策略特徵

從室友阿強售車的角度來看。

①將車售予林先生的價格，至少不會低於賣給車行的價格。

②阿強將出示所有的出廠證明、保養紀錄，完整提供能增加林先生購買意願。

③阿強將提供林先生試車，降低林先生對車況的疑惑度。

④如果阿強不將車賣掉，他要多付一台車的稅金費用、停車場費和承擔車子折舊的費用。

⑤ 如果阿強不把車賣掉，他要承受被女朋友罵的壓力。
⑥ 阿強知道林先生當下也正考慮買車，價格也正落在林先生的預算內，所以林先生購買的機會很大。

從林先生的角度來看：

① 購買認識朋友車的價格，應會比到車行去買來得低。
② 若能對車況很清楚，就能夠避免被騙的風險。
③ 可以親自試車，可熟知車子真實狀況及是否合適自己。
④ 從個人與阿強的相處經驗，知道阿強對車子非常愛護，此車為他父親送他的新車，也都停在室內停車場，準時保養且時常上汽車論壇去蒐集相關資訊。更重要的是，阿強是一個開車習慣很好的人，這點也列入林先生考慮購買阿強車子的因素之一。
⑤ 如果林先生沒買這台車，雖然省掉稅金和停車場費，但要承受日曬雨淋和騎車受傷的風險。此外，假日租車費用也是一筆開銷。

所以，我們可配合表1-6的標準式賽局，解析此賽局的 Nash 均衡解和雙方的最佳策略。

① 阿強賣車，林先生買車時，林先生的收益為7。阿強的收益為5。
② 若阿強賣車，林先生不買車，林先生的收益為5。阿強的收益為1。
③ 阿強選擇不賣車，林先生想買也買不到車時，林先生的收益變為-1；阿強的收益為0。
④ 當阿強不賣車，林先生也不想買車時，林先生的收益-1。阿強的收益為0。

（三）Nash 均衡

（一）純策略 Nash 均衡

在這次買賣過程中，對於阿強的角色來說，他的最佳策略會是出售，因為不管林先生選擇買或不買的策略，阿強如果不出售，他會負擔更多的費用，選擇出售的收益都大於不出售的收益。

因為對於阿強的熟識程度，林先生知道阿強賣車會是他的最佳策略，所以，對林先生而言，購買將是最佳策略。因此，（阿強賣車，林先生買車）就成為本賽局的純策略 Nash 均衡。

（二）混合策略 Nash 均衡

有時賽局參與者會利用混合不同策略的方式，讓其他參與者無法精確猜中對方的最適策略，而達到自己策略收益最大的目的。一個賽局可能並不存在純策略 Nash 均衡，但並不代表此賽局無 Nash 均衡，而是可能混合策略的 Nash 均衡。混合策略模式，是指參與者同時採用多個策略，每個策略的採用機率介於○和一之間。利用不同的純策略都有發生機率的方式，以混淆對手的判斷。

此案例也可用於賣方可能騙買方說，有多位買家對他的車非常有興趣，或是可能將車售予其他朋友等聲東擊西的方式混淆買方，而買方也可能告知賣方，有找到合適的車，正在考慮中，或是騙買方說資金不足，也許考慮不購車等多種理由。阿強有兩種策略選擇：一是賣車給林先生；二是不賣車給林先生。對林先生而言，林先生也有兩種策略選擇：一是買車；二是不買車。混合策略賽局的分析，請見下頁說明。

表 1-6　汽車買賣考量賽局

		林先生	
		買車	不買車
阿強	賣車	(7,5)*	(5,1)
	不賣車	(-1,0)	(-1,0)

表 1-7 汽車買賣的混合策略賽局

			林先生	
			p	1-p
			買車	不買車
阿強	q	賣車	(10,5)	(3,2)
	1-q	不賣車	(5,1)	(4,3)

表 1-7 的內容，我們可做以下的說明：

① 假設林先生會買阿強車子的機率為 p；不買車的機率為 1-p。

② 此時，對阿強而言，他賣車的期望收益為 10×p+3×(1-p)=7p+3；他不賣車的期望收益為 5×p+4×(1-p)=p+4。

③ 因此，當這兩種策略收益相等時（即 7P+3=p+4， P=1/6），或是林先生會買車的機率為 1/6； 不買車的機率為 5/6 時，阿強將無法確切採用何種純策略會較好，而產生阿強無法精準地猜測林先生會採何種策略，阿強也無法提出確切的對應策略。

④ 類似的推論模式，假設阿強賣車及不賣車的機率各為 q 及 1-q 時，對林先生而言，買車的預期收益為 5×q+1×(1-q)=4q+1；不買車的預期收益為 2×q+3×(1-q)=-q+3。

⑤ 因此，當 q 滿足 4q+1=-q+3，q= $\frac{2}{5}$時（即阿強採賣車的機率為$\frac{2}{5}$；不賣車的機率為$\frac{3}{5}$），林先生會發現採買車或不買車的預期收益相同，而產生無法準確地預測阿強採用何種策略。

⑥ 混合策略 Nash 均衡：

假設林先生會買阿強車子的機率為 p；不買車的機率為 1-p； 阿強賣車及不賣車的機率各為 q 及 1-q。當 p=1/6 及 q=2/5，這表示林先生選擇的混合策略組合為買車的機率為 1/6，不買車的機率為 5/6，此時阿強採用賣車或不賣車的預期收益都一樣，都是 10×1/6+3×5/6=25/6。因此，林先生也無從判斷阿強是否一定會賣車或不賣車。

同理，當阿強選擇的混合策略組合是賣車的機率為$\frac{2}{5}$，不賣車的機率為$\frac{3}{5}$時，林先生買車或不買車的預期收益都一樣，都是 2× $\frac{2}{5}$ +3× $\frac{3}{5}$ = $\frac{3}{5}$，所以阿強就無法判斷林先生是否一定會買車或不買車。

這時雙方就達到 Nash 均衡的條件，因為兩人都不會再調整所選擇策略的機率，此時我們可稱之為混合策略 Nash 均衡。所以，本賽局的混合策略 Nash 均衡為（林先生買車的機率為$\frac{1}{6}$；林先生不買車的機率為$\frac{5}{6}$；阿強賣車的機率為$\frac{2}{5}$；阿強不賣車的機率為$\frac{3}{5}$）。

⑦ 阿強的收益為$\frac{6}{25}$；林先生的收益為$\frac{5}{13}$。

（四）三人賽局

購買二手車常是一般人第一次購車的選擇策略之一，除了跟熟識的人購買外，另一選項就是向車商購買。賣車也是相同道理，但在賣車的過程中，有許多因素的考量，可能會考慮車價高低、買方的付款行為、朋友之間交情及售後的保固問題等。如果我們跟熟識的人買二手車，通常會比較放心，因為我們可向熟人詢問車輛的真實狀況，而熟人也會考慮日後還要見面的因素，比較願意真實告知。如果向車商購買，經過車商的整理後，我們都只能看到亮晶晶的外觀，有時很難察覺車子的真實面貌，因為車商是以營利為目的，車價相對的比跟熟人買來得高。

對車商而言，他們希望購入的成本越低越好，這樣利潤空間才大，但他們須承擔的風險也相對較高，因為賣方願意將車賣給車商，除了本身找不到買主之外，最大的考慮點是「方便」，賣方認定車商是專業，所以將車直接售予，較不用說明車況，一切以車商自行鑑定，然後開價。

從下表的汽車買賣三人賽局中，（7，1，3）代表阿強的策略是賣車，收益為7；林先生的策略為不買車，收益為1；車商的策略是買車，收益為3。我們可發現阿強優勢策略是採取「賣車」，因為如果他不賣車，他的收益將會比賣車來的低。對車商而言，因為不管阿強賣或不賣，他最佳策略一定是「買車」，因為車商若選買車，不管林先生選擇買車或不買車，車商的收益都大於不買車。對林先生而言，林先生知道阿強一定會選擇賣車，而車商也一定會選擇買車，所以，林先生的最

表 1-8　汽車買賣三人賽局

		車商			
		買		不買	
		林先生		林先生	
		買	不買	買	不買
阿強	賣	(9, 4, 4)*	(7, 1, 3)	(7, 5, 0)	(5, 1, 0)
	不賣	(-1, 0, 0)	(-1, 0, 0)	(-1, 0, 0)	(-1, 0, 0)

佳選擇也就會是「買車」，其收益為4。

因此，本賽局的Nash均衡為（阿強賣車；林先生買車；車商買車）。

（五）、完全訊息動態賽局的工具應用

（一）後推法：

將自己的愛車，轉售予認識的朋友是很常見的事，但對於出售者將車出售時，出售價格該如何定價，可分為兩種，一是賣方與認識的買方，約定一個雙方可接受的價格，不去思考市場上的行情；另一種可能策略，是賣方先向車商訪價後，再進行定價。但基於朋友的交情原則下，雙方大都不願意讓對方吃虧，所以先向車商探訪價格後，然後以相同價格或比車商的開價再高一點為成交價格。

圖1-9顯示室友阿強與林先生在汽車買賣考量的策略競爭，林先生有兩種策略選擇：

①決定購買，跟阿強再次議價。

②決定不買。

而阿強面對林先生的策略選擇，其可能的策略選擇可分為兩階段：

①第一階段是「不向車商詢價，直接將車賣給林先生」，或是「向車商詢價後，才將車賣給林先生」。

②第二階段是「若林先生採用再議價策略」，阿強可能採用將車賣給林先生或不把車賣給林先生。

後推法（backward induction）

在動態賽局中，先分析賽局最後一位決策者的策略選擇後，再逐步往回追溯其他決策者最適的策略反應。

對此賽局，從下圖的箭頭處，我們可以利用後推法，找出這個賽局的Nash均衡，並整理成下列四項推論：

①當阿強採用「不詢價，直接賣車給林先生」的策略時，林先生若採取「購買前，再次議價」策略，阿強必然會採用「賣出」策略（因為賣出的收益40大於不賣出的收益30），此時林先生的收益為20。

②但若林先生採不買的策略，則林先生的收益為0。因此，林先生一定會選擇「購買前，先議價」策略，而阿強會採取「賣出」的策略。當阿強採取「詢價後，才賣給林先生」，阿強會發現林先生採用「購買前，先議價」策略時，阿強會發現他自己會採用「賣出」的策略（因為賣出的收益55會大於不賣出的收益50）。此時，對林先生而言，若採取「購買前，先議價」策略，阿強一定會採「賣出」策略，林先生的收益20大於林先生採「不買」的收益。因此，在此賽局中，當阿強採「詢價後，才賣給林先生」策略，林先生一定會

圖 1-9 阿強與林先生汽車買賣競爭賽局樹（後推法）

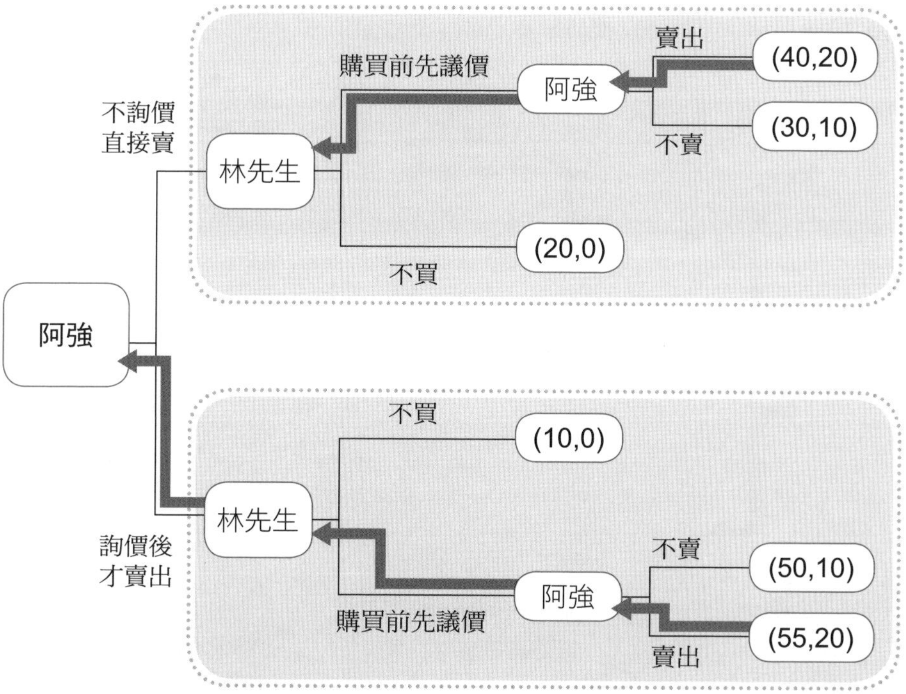

採「購買前，先議價」策略，此時阿強的最佳策略是「賣出」；

③ 綜合上述，我們得到此賽局有兩個橢圓形圈圈所呈現的子賽局對應的 Nash 均衡：（阿強不詢價直接賣給林先生，林先生購買前先議價）與（阿強詢價後才賣給林先生，林先生購買前先議價）。

④ 最後，從上述兩個子賽局中所找到的 Nash 均衡相比較，我們可以得到：（阿強詢價後才賣給林先生，林先生購買前先議價）是本賽局的 Nash 均衡。

（二）前推法：

我們也可利用前推法，尋找汽車買賣的 Nash 均衡。圖 1-10 顯示阿強對林先生賣車定價策略的可能性，在林先生未得到阿強的售價前，尚未決定買或不買，阿強對採取售價的方法可能有兩種：一、不詢價，直接賣；二、詢價後，才賣給林先生。但在林先生採購買前，先議價策略後，朋友阿強的策略也可能有兩種：一、賣給林先生；二、不賣給林先生。

另一方面，林先生的策略也可分為兩種：一、購買前，先議價；二、決定不買。

圖 1-10 阿強與林先生汽車買賣競爭賽局樹（前推法）

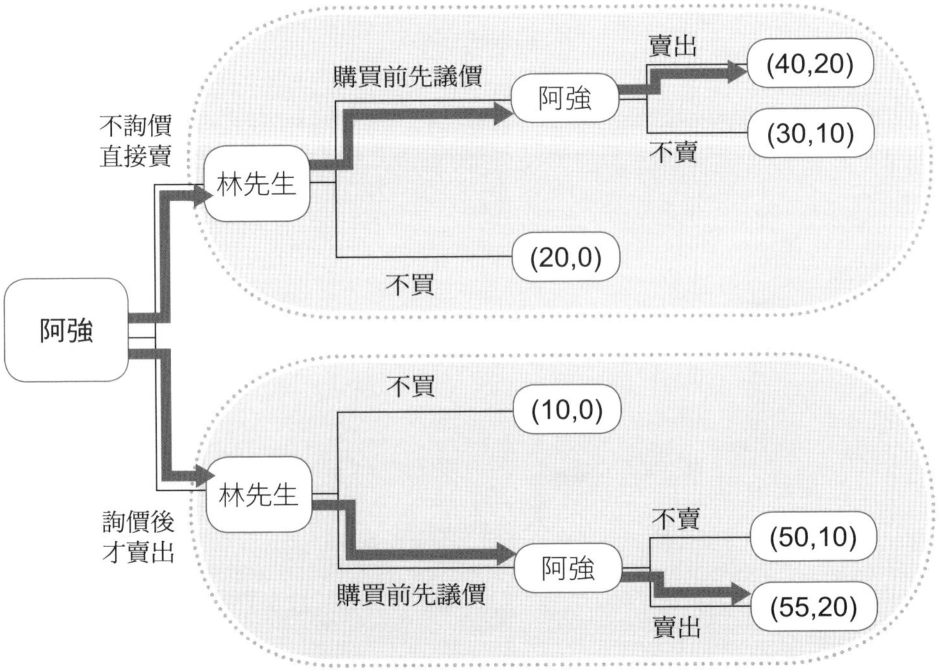

用前推法的推論模式，可以分成下列三個步驟：

對阿強而言，他若採用「不詢價，直接賣」的策略，林先生知道採用「購買前，先議價」策略，阿強採取「賣出」的收益為40大於「不賣出」收益為30，所以阿強一定會採用「賣出」策略。而林先生採取「購買前，先議價」策略的收益為20大於「不買」策略的收益10。所以，若阿強採用「不詢價，直接賣」策略時，林先生一定會採用「購買前，先議價」的策略，而阿強也一定會「賣出」，是這個子賽局（圖1-10上方橢圓形區域）的Nash均衡；

在另一個子賽局（圖1-10下方橢圓形區域）中，阿強若採取「詢價後才賣」的策略，林先生一定會採用「購買前，先議價」策略。因為林先生知道，林先生若採「購買前，先議價」策略，若阿強採「賣出」收益為55大於採用「不賣出」收益50，所以，阿強最佳策略是「賣出」。此時，林先生的收益20大於林先生採取「不買」的收益0。因此，當阿強採取「詢價後才賣」策略，林先生一定會「購買前，先議價」，而阿強也會採「賣出」的策略，是本子賽局的Nash均衡；

比較兩個子賽局Nash均衡，我們可以得到阿強的最佳策略是「詢價後，才賣出」，但林先生會採「購買前，先議價」策略，此時阿強會採用「賣出」的策略，此種策略組合正是本賽局精煉過的Nash均衡。

前推法

在動態賽局中，先分析賽局第一位決策者的策略選擇後，再逐步往後推論其他決策者的最適策略反應。

二、如何處理賽局中的機率問題

案例 一代軍事奇才孫立人將軍的用兵策略—仁安羌大捷

（一）個案

日本在一九四一年十二月偷襲珍珠港後，同時向英、美兩國宣戰，以其勢如破竹之勢，很快地就席捲亞洲及太平洋沿岸地區。除中國沿海遭佔領外，香港、越南、菲律賓、新加坡、印尼、馬來西亞等英、美屬地，也相繼被日本皇軍攻佔。當時美國政府領導者意識到，在亞洲大陸的中國是牽制日軍最理想的戰略基地，為確保中國戰力，美國積極推動援華抗日並邀請中國出兵保衛緬甸。而後來的十萬餘中國遠征軍於一九四二年分批編組入緬甸，一方面意圖擋住日軍在南亞的攻勢，另一方面也是想保住中國最後對外通路。

日軍初期在緬甸的作戰也是節節勝利。如在一九四五年四月，侵緬日軍佔領仁安羌並包圍了從仰光撤退到此處的英軍。被包圍的英軍不願油田落到日軍之手，開始炸毀仁安羌油田。而日軍第三十三師也陸續佔領賓河大橋及北岸重要據點，切斷了英軍往北撤退的路。此外，日軍第二一四聯隊強渡因河，在仁安羌東北端一處三岔路口將英軍攔截，也切斷了英軍南撤的路。因此，英國緬甸軍軍長斯利姆將軍急電中國遠征軍求援，請求支援被包圍在仁安羌的英軍。但當時的司令官羅卓英將軍卻下令孫立人將軍的三十八師留守曼德勒，不同意孫立人將軍支援英軍。然而孫將軍卻抗命而行，快速出兵救援被困在仁安羌的英軍。

孫立人命令三十八師第一一三團劉放吾團率部趕到巧克伯當（Kyaukpadaung）馳援，英國緬甸軍軍長斯利姆將軍也在當年四月十七日親往會晤，並命令劉放吾團長率該團士兵搭乘英軍汽車，至平牆河地區會同安提司（John Henry Anstice）准將的第七裝甲旅，攻擊並消滅平牆河北岸約兩英哩公路兩側的日軍，當時日軍高延大隊戰敗並撤回至平牆河南岸，僅留一中隊駐守在北岸。孫立人將軍在四月十八日親自從曼德勒趕往前線指揮並發起攻擊，完全肅清日軍駐守北岸的軍隊。

在劉放吾團長完全肅清日軍駐守北岸的軍隊後，英方催請孫立人軍隊立刻渡河攻擊，因當時孫立人軍兵力太少，而且南岸地形較低，日軍居高臨下，仰攻的過程若稍有頓挫，日軍可能立即識破孫立人軍隊的實力，這樣一來，不但不能達成解救英軍的任務，並且可能把一一三團陷入危險境地。因此，孫立人將軍決心暫時停止進擊，並說服英軍再忍耐一天。令一一三團在黃昏以前，用盡各種方法把當前的敵情和地形偵察清楚，再利用夜間布署進攻兵力，準備在第二天拂曉進行攻擊。

在十九日清晨，天剛亮之際，孫立人軍隊便開始攻擊，孫軍左翼部隊與日軍互搶陣地，三失三得。面對日軍優勢兵力的情境下，孫立人利用設置疑兵、虛張聲勢、用小部隊進行擾亂突擊等各種方法，擾亂日軍無法判斷孫軍的虛實。而主攻部隊利用山炮、輕重迫擊炮及輕重機關槍的掩護，進行肉搏戰，讓日軍心生恐懼而逐至潰敗。

在過程中，英軍第一師約七千人與包括美國傳教士、各國新聞記者及婦女在內約五百人向北越過平牆河逃離仁安羌，直到二十日中午英軍才完全逃出重圍。而日軍荒木部隊和原田部隊曾派出四百餘人反攻，但都被一一三團擊退。事後英軍安然撤退至印度，孫立人軍隊亦撤退至巧克伯當。

（二）軍事賽局

從軍事賽局來看仁安羌之役，我們可將孫立人將軍的用兵策略歸類成下列四項：

①用兵貴神速

四月十六日午夜，日軍已包圍在仁安羌的英軍。孫立人將軍的一一三團劉放吾團長在四月十四日接到命令前往馳援後，在四月十七日就與英軍會合發動攻擊。加上日軍剛大勝英軍，容易產生輕敵。

②謀定而後動

在劉放吾團長完全肅清日軍駐守北岸的軍隊後，英方催請孫立人軍隊立刻渡河攻擊，但孫立人將軍顧及兵力太少，而且地形不利於攻擊。因此，孫立人將軍決心暫時停止攻擊，並令一一三團在黃昏以前用盡各種方法，把當前的敵情和地形偵察清楚，再利用夜間完成兵力布署。

③以聲東擊西的迂迴戰術，掩護主力進行肉搏戰

面對日軍優勢兵力，孫立人將軍一方面利用虛張聲勢策略、以及小部隊進行擾亂突擊等各種戰術，擾亂日軍無法準確判斷孫軍軍隊的數目。然後再以主攻部隊利用山炮、輕重迫擊炮及輕重機關槍的掩護，進行肉搏戰，讓日軍心生恐懼而至潰敗。

④以寡擊眾

孫軍的一一三團人數約一千一百二十一人，傷亡約五百人（死亡約二〇四人）；日軍兵力約萬人，死亡約七百人。救出約七千個英軍及約五百人之眷屬和記者等平民。

（三）賽局分析

從以上的軍事攻防過程，參照圖1-11，我們從孫立人將軍決定是否抗命開始，他可選擇抗命或不抗命。若他選擇抗命時，可能面臨和日軍作戰是否勝利（機率為1-P）或失敗（機率為P）。賽局將變成孫立人將軍的軍隊與日軍同時進行戰術策略選擇，孫立人軍可選擇正面戰術或迂迴策

圖 1-11 孫軍與日軍同步出招的訊息不完全賽局

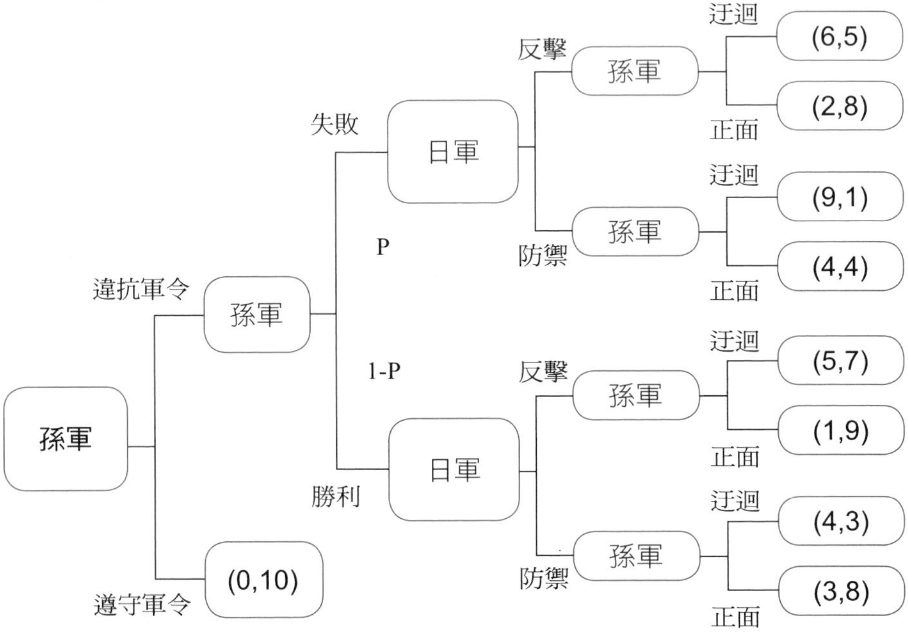

略；日軍可選擇防禦或是主動攻擊兩種策略。圖1-11顯示上述在訊息不完全下兩軍同步出招的軍事動態賽局，虛線代表孫軍與日軍同步出招的訊息不完全賽局。

（四）Nash 均衡

我們可利用前推法，直接解出這個賽局的 Nash 均衡。

①孫軍遵守軍令的收益為0，低於違抗軍令的收益，因此孫立人會選擇違抗軍令。

②對日軍而言，面對孫軍進入戰場，在勝率高時，日軍一定會選擇反擊。因為日軍若選擇防禦，孫軍迂迴戰的收益是4，選擇正面戰的收益是3。因此，孫軍一定會選擇聲東擊西的迂迴戰術。

③當日軍選擇反擊，孫軍也會選擇迂迴戰，當日軍勝率高時，日軍會選擇反擊，因為選擇防禦時，孫軍一定會選擇迂迴，此時日軍的收益為1，孫軍收益為9。因此，日軍一定會選反擊，而孫軍會選擇迂迴的策略。

④因此，若是孫軍勝與敗的機率各為$\frac{2}{3}$及$\frac{1}{3}$時，當日軍採反擊策略時，孫軍採迂迴戰的期望收益為$\frac{16}{3}$（$\frac{2}{3}\times 5+\frac{1}{3}\times 6$），高過正面戰的期望收益為$\frac{4}{3}$（$\frac{2}{3}\times 1+\frac{1}{3}\times 2$）。

⑤所以此賽局的 Nash 均衡為：孫軍違抗軍令，然後進行迂迴戰；日軍一定會採用反擊策略。

若是孫軍勝的機率變為$\frac{1}{2}$時，其採迂迴戰術的預期收益剩$\frac{6}{3}$；當勝率變為$\frac{1}{3}$時，預期收益降為$\frac{3}{4}$。換言之，當日軍認為勝算高而輕敵，不投注太多兵力反擊時，將導致孫軍可獲較高的預期收益；相反的，當日軍覺得勝算不高而積極備戰的時候，反而使孫軍預期收益變少。此結論正符合孫子兵法中：「兵非貴益多也，惟無武進，足以併力、料敵、取人而已」，可見孫立人將軍帶兵時的確掌握了日軍的心理狀態，並且一戰成名。

案例 農民王先生種植蔬菜的選擇—綜合考量政府補助、市場與天氣

（一）個案

所謂坂里三寶是馬祖坂里地區冬令生產的大白菜、高麗菜、蘿蔔。近年來，在地方政府及農政單位大力推廣輔導之下，坂里農地生產的高品質蔬菜日益受到市場的喜愛。地方政府為了照顧農民生計，推出生產過剩農產品保證價格收購，讓農民能安心的栽種三寶，不怕收成沒人要。農政單位同時輔導加強包裝，一個馬祖蔬菜禮盒中有一個大白菜、一顆高麗菜，還有三到四顆大蘿蔔，每盒售價兩百五十元，是健康送禮的最佳選擇。

在農政單位大力推廣坂里三寶並在包裝上力求完整，以順利進入生鮮蔬菜市場之下，農民也配合政府，擴大栽種面積，產量穩定。倘若有過剩的蔬菜，政府還會收購運台加工成三寶韓式泡菜、蘿蔔製品等上市，使得坂里農地的三寶蔬菜銷售管道也跟著市場需求而更加多元化。

農民王先生是務農世家，他有塊農地栽種三寶蔬菜，其中大白菜的產量最難控制，品質也不穩定，完全要看天氣狀態，若將要包心時雨量太多，則爛心比例偏高。每年他都會面臨相同的決策問題，當天氣受到寒流影響持續濕冷，馬祖的三寶會特別甜脆、緊緻與高冷蔬菜品質有得拼，但產期就會拉長一些造成產量過剩，讓王先生不得不把三寶製成蘿蔔乾、泡菜等加工食品。如果當年地方政府沒有辦理收購的計畫，剛好又碰到生產期延長又豐收，天天吃蘿蔔、白菜吃到怕，田裡卻仍有蔬菜待採收。

因此，王先生在面對寒流的衝擊、政府是否有保證收購的計畫，以及三寶的品質與市場價格等因素，必須做出正確的決策，讓收益達到最大。他可以在冬季來臨之前，便將農地一季約一萬五千公斤的三寶蔬菜數量，以每公斤一・七元全部賣給在坂里製作新鮮泡菜及蘿蔔乾的加工廠公司。此外，近年因為有暖冬高溫現象，使得馬祖天候變暖，他預期冬季寒流提早來襲的機率為百分之五十。

另一方面王先生也可以配合農政單位輔導的精緻禮盒銷售，擴大栽種三寶。他必須考量寒流是否來襲的因素。

若無寒流，整季的三寶蔬菜也可以採收包裝成禮盒賣出，每箱能以二百八十元的價格賣出一百四十箱；若三寶品質次好的就直接在傳統市場零售賣出，以每公斤二十元，賣出五百公斤；若當年政府有收購計畫，則以每公斤二元，保價收購一千公斤；若無收購計畫，滯銷的蔬菜就只能自用、待採收或銷毀，因此收益變為0元。就上述三種情況發生的機率各為百分之五十、百分之二十以及百分之三十。

若寒流來襲，天氣持續低溫，整季的三寶蔬菜品質很好且產量過剩。品質很好的就包裝成精緻禮盒賣出，此等級共裝成二百五十箱，每箱賣二百五十元；品質次好的則直接在傳統市場零售賣出，能以每公斤十元，賣出一千一百公斤。若政府有保價收購計畫，以每公斤二元，收購一萬公斤；若無收購計畫，滯銷的除外就自用或待銷毀，因此，效益為零元。上述情況發生的機率也各為百分之五十、百分之二十及百分之三十。再者，王先生也預期當地政府有收購三寶蔬菜計畫的機率為百分之五十。請問王先生面對辛苦栽種的農產品，要採取何種策略，才能讓他的預期收益為最大化？

（二）賽局分析

（一）問題

對於上述個案內容，依照賽局解法，可分成四項子題進行分析：

①若無寒流來襲，王先生的收益為何？王先生有幾種策略可供選擇？

②王先生若在冬季來臨之前，將所有三寶賣掉，製成加工品，其收益為何？

③假設王先生選擇擴大栽種三寶，若寒流來襲，此時他的收益為何？

④若王先生是風險中立者，而他可以花錢去買寒流來襲，以及政府收購計畫的訊息，正確地判斷寒流侵襲農田以及政府保價收購的機率，他願意付出多少錢來買這個訊息？

（二）分析

①可選擇的策略

在整個賽局中，主要依寒流來或不來，探討不同條件下的策略。王先生可以先就以下兩種策略進行選擇：

A 擴大栽種。

B 整批賣給當地加工公司。

若王先生選擇擴大栽種，當無寒流時，又依政府有無收購計畫，而發生以下兩種情況：

當無寒流來時，政府有保價收購，此時，王先生有下列三種策略選擇：

A 包裝成精緻禮盒賣出。

B 散裝賣至傳統市場。

C 政府保証價格收購。

當無寒流來時，政府無收購計畫，此時，王先生同樣有下列三種選擇：

A 包裝成精緻禮盒賣出。

B 散裝賣至傳統市場。

C 自用或待採。

當寒流來時，政府有收購計畫，王先生有下列三種選擇：

A 包裝成精緻禮盒賣出。

B 散裝賣至傳統市場。

C　政府保証價格收購。

當寒流來時，政府無收購計畫，王先生有下列三種選擇：

A　包裝成精緻禮盒賣出。

B　散裝賣至傳統市場。

C　自用或待採。

因此，加上冬季寒流尚未來臨之前，就將三寶整批賣掉給加工廠商的策略，王先生共有十三種策略選擇。

②　零風險的決策收益

若王先生在冬天季節來臨之前，將三寶全數賣給當地加工廠商，其收益應為二萬五千五百元（1.7元×1.5萬公斤）。此方法是一種零風險的決策。因此，王先生在評估具有風險的決策所帶來的收益後，王先生本身對風險的態度就可能影響他最終策略的選擇。對此，可以分為三種情境來分析：

A　若王先生是風險中立者，當他承擔寒流來襲的風險，選擇擴大栽種三寶的預期收益高過零風險的策略收益時，他會採用具有風險的策略。

B　若王先生是風險趨避者，即使具有風險的策略收益高過零風險的策略收益，他仍會選擇零風險的策略。

C　若王先生是風險愛好者，當他面臨具有風險的策略收益低於零風險的策略收益時，他仍有很高的可能性選擇具有風險的策略。

③　具有風險的策略選擇

在本賽局中，若王先生選擇承擔寒流來襲的風險，他的收益將隨著下列策略選擇的不同而改變。

A　寒流未侵襲農田

王先生雖然承擔寒流來襲的風險，但寒流並未來襲，此時，又依政府有無收購，而產生以下兩種情況：

㈠政府無收購計畫

- 對品質良好的三寶可裝成精緻的蔬菜禮盒，每箱以二百八十元銷售至生鮮超市，其收益為三萬九千二百元（280元×140箱）。
- 品質中等的三寶共五百公斤，王先生以每公斤二十元在傳統市場零售賣出，其收益為一萬元（20元×500公斤）。
- 政府無收購時，滯銷的蔬菜只能自用、在田裡待採或銷毀，因此收益為0元。

因此，王先生若選擇擴大栽種，當政府無收購時，其預期收益為二萬一千二百元元（0.5×280×140＋0.2×20×500）。

㈡政府保証價格收購

- 對品質良好的三寶可裝成精緻的蔬菜禮盒，每箱以三百元銷售至生鮮超市，其收益為三萬九千二百元（280元×140箱）。
- 品質中等的三寶共五百公斤，王先生以每公斤二十元在傳統市場流售賣出，其收益為一萬元（20元×500公斤）。
- 為照顧農民，政府保價收購過剩蔬菜一萬公斤，以每公斤二元收購運台，王先生收益為二萬元（2元×10,000公斤）。

因此，王先生若選擇擴大栽種，當政府有保價收購計畫時，其預期收益為二萬七千二百元（0.5×280×140＋0.2×20×500＋0.3×2×10,000）。

B　寒流侵襲農田

若寒流來襲的風險，也因政府有無收購，使王先生面臨兩種情況：

㈠政府無收購

• 對品質很好的三寶可裝成精緻的蔬菜禮盒，每箱以二百五十元銷售至生鮮超市，其收益為六萬二千五百元（250元×250箱）。

• 品質次好的三寶共一千一百公斤，王先生以每公斤十元在傳統市場零售賣出，其收益為一萬一千元（10元×1,100公斤）。

• 政府無收購時，滯銷的蔬菜只能自用、在田裡待採或銷毀，因此收益為0元。

因此，王先生若選擇擴大栽種，當政府無收購時，其預期收益為三萬三千四百五十元（0.5×250×250＋0.2×10×1,100）。

㈡政府保價收購

• 對品質很好的三寶可裝成精緻的蔬菜禮盒，每箱以二百五十元銷售至生鮮超市，其收益為六萬二千五百元（250元×250箱）。

• 品質次好的三寶共一千一百公斤，王先生以每公斤十元在傳統市場零售賣出，其收益為一萬一千元（10元×1,100公斤）。

• 為照顧農民，政府保價收購過剩蔬菜一萬公斤，以每公斤二元收購運台，其收益為二萬元（2元×10,000公斤）。

因此，王先生若選擇擴大栽種，當政府有保價收購計畫時，其預期收益為三萬三百二十五元（0.5×250×250＋0.2×10×1,100＋0.3×2×10,000）。

④訊息的價值

對於第四項的問題，在原賽局中是假設王先生猜測寒流來襲的機率為百分之五十。因此，可以得到王先生的預期收益為三萬零三百二十五元。若王先生以支付現金的方式找氣象分析專家或命理專家詢問，確切掌握政府無收購計畫的機率為百分之三十，而無寒流侵襲農地的機率為百分之三十時，此時，他願意付的價格為九千零七十五元〖〔0.7×（0.8×39,450＋0.2×33,450）＋0.3×（0.8×27,200＋0.2×21,200）〕-25,500）〗。

換言之，此訊息的市場價格為九千零七十五元，只要王先生願意付的價格高於或等於九千零七十五元，他會有意願購買此一訊息。由此題可以理解到，為何很多農民都希望以最低廉的成本（如看電視氣象轉播或詢問相關政府單位），試圖確切了解寒流來襲以及政府收購計畫的機率。但不幸的是，一些有用的訊息，以及學習如何萃取有用的訊息能力，仍必須支付一定的成本才能夠獲得。

（三）Nash 均衡及觀念延伸

（一）Nash 均衡

從圖一－十二賽局擴展式的箭頭方向，可以輕易判斷出王先生擴大栽種三寶蔬菜的策略，是本賽局的 Nash 均衡。但必須注意的是，王先生對風險的偏好態度，若冬季寒流未來臨之前，將農田一季的產量全部賣出製成加工農產品的策略不是二萬五千元，而是小於或接近寒流來襲以及政府收購計畫風險的預期收益三萬零三百二十五元時，王先生若是風險趨避者，他可能選擇全部賣出的零風險策略。

（二）觀念延伸

對於賽局 Nash 均衡的尋找與分析，從本文的個案，我們發現到除了王先生對風險的偏好特徵以外，寒流是否來襲以及政府政策的主觀機率判斷，也影響王先生決策。譬如，他認定寒流來襲的主觀機率不是百分之五十而是百分之二十；政府收購計畫的機率也不是百分之五十而是百分之二十時，他承擔寒流風險的預期收益為兩萬四千八百五十元〔0.2×（0.2×39,450＋0.8×33,450）＋0.8×（0.2×27,200＋0.8×21,200）〕，小於無風險策略的收益二萬五千五百元。他會選擇在冬季寒流來臨前，就將三寶蔬菜全數賣光。因此，寒流來襲農田以及政府收購計畫的客觀機率就變得很重要。換言之，若王先生是風險中立者，他付出一定的價格獲取正確的訊息之後，其可能選擇的最佳策略就會隨之改變。

圖 1-12 王先生賽局擴展式

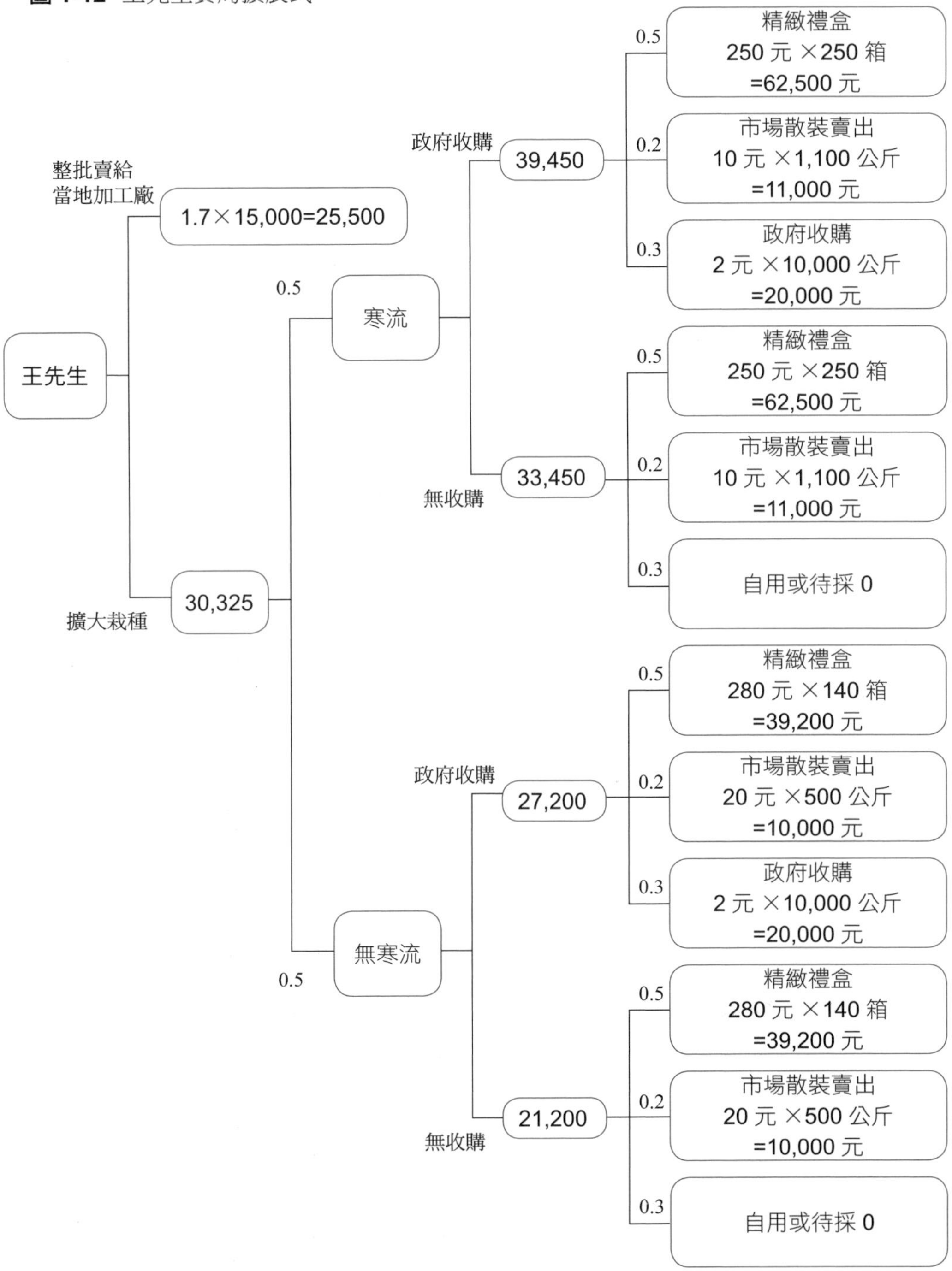

三、當賽局中出現不確定性，如何利用哈尚義轉換？

案例・中鼎工程公司要不要導入工業四・〇策略

（一）背景：

對於一個逐漸步入高齡化（Aged Society）的國家或超高齡的社會（Super Aged Society），不僅工作人口逐年減少，銀髮族比例升高，總人口也會逐年減少。像台灣在一九九三年時，就已經步入高齡化社會，在二〇一五年，台灣六十五歲以上人口數佔總人口數更超過百分之十二，遠超過聯合國世界衛生組織所定義高齡化社會的老年人口比率百分之七。而像二〇一五年的德國和日本，以及在二〇二五年的台灣也將進入超高齡社會。

所以當一個社會的人力資源變得越稀少，工作年齡延長時，為了要提升每位人力的生產力，就必須依賴智能化設備，讓工人不再是機械的操作者，而變成生產流程的決策者和管理者。這種來自解決產業生產力問題的關鍵策略規畫就是工業四・〇誕生的緣由。

（二）工業四・〇

「工業四・〇」一詞於二〇一一年時，首次由德國在漢諾威工業展提出，是指第四次工業革命。依據人類的工業發展過程，從人類所利用的生產工具和提升生產力的要素分類，人類迄今共經過或已面臨過約四個階段。所謂工業一・〇是指在瓦特發明蒸汽機後，人類開始利用蒸氣動力的生產模式，取代馬等動物的動力，大幅提升人類生產力。工業二・〇的時代大致是形容人類大量使用電力為生產及組裝的工業生產模式，而這模式仍繼續存活到現今，只是人類開始加入機器人，作為取代高危險或高度骯髒的工作，而進化到所謂工業三・〇的時代。所以在工業三・〇的時期，我們可以看到自動化及機器人的工業生產模式。在未來工業四・〇的時期，我們將看到人類會應用最新的資通訊（ICT）科技，如感測器（Sensor）、物聯網（IOT）、大數據（Big Data）、雲端（Cloud）等要素，達成工廠生產的自動化與智慧化。

因為工業四・〇的目標是生產全面聯網與智慧製造，工廠智慧化的過程，勢必得面對各種溝通、連結及如何適當應用的問題。在工業聯網的帶動下，廠商必須依循或建立一套共通平台，並確切了解自身智慧化的需求為何，而智慧化的內容則是著重於機器與機器、人與機器之間的智慧互通，以及機器設備的自我調整與自主反應，讓廠商能夠有效降低成本、節能、提升生產力及產值，強化本身競爭力。「工業四・〇」將水平及垂直的價值鏈數位化，在提升客戶滿意度的目標下，對企業內產品及服務組合產生革命性的變革，其潛力遠遠超過只是改善生產技術而已。

未來智慧工廠的理想目標，包括：

①可自主調整廠區與產線之產能配置。

②調整上下游供應配送。

③可自主優化生產環境之資源與能源配置。

④可輔助人員正確完成各種操作與組裝。

⑤可即時逆向追蹤生產進度與履歷。

智慧工廠將由人與機器協同合作，機器主要處理的多為單純操作、繁瑣且耗費許多人力成本的工作內容，而人則逐漸轉變為管理與決策者角色。自動化與智慧化只是為了讓人能有更多時間，進行更有目標性與創新性的工作。

企業導入工業四・〇，將可實現下列五大目標。

①取得垂直整合後，研發、生產和物流的資料。

②有效的資料管理和即時改善的資料分析。

③工廠內所有零組件和系統的個別IP位址。

④單位生產中所有重要製程步驟的自動化。

⑤持續衡量及優化每個生產步驟與參數。

像德國工業四・〇的典範之一是西門子的安貝格（Amberg）工廠，安貝格廠多次獲得全歐最佳工廠，是德國智慧工廠的傳奇，該工廠在廠區空間不變、人手不變的情況下，將產能提高八倍。如果機器與產品是兩個人，在這座廠內，這兩個人會對話、溝通，直到最後包裝完順利出貨，靠的是一片片晶片條碼。生產過程、從焊接、裝配、包裝物流，晶片條碼都有履歷紀錄。這座工廠的機器已經可以思考、溝通，根據來的東西和載具的特殊號碼，判定是什麼物品，運用什麼工法做。全廠只剩下四分之一的工作量需要人工處理。安貝格工廠其最重要的資產，是每天產生的五千萬筆龐大數據，不但能掌握製造端的歷史、客戶的習性，同時也能藉以預測未來的需求。

（三）中鼎公司

中鼎公司是臺灣最大也是唯一自工程規畫、設計、採購、製造、建造施工與監理，甚至到試車操作都能勝任的統包工程公司，素以承攬全球重大工程而聞名。一路發展下來，除原有煉油、石化、化工等服務範圍之工程設計建造外，進而開拓電力、鋼鐵、儲運、交通、焚化爐、公共建設、及環境工程等領域；並成功自國外轉移工程技術於臺灣生根，成為國際知名工程公司指定的合作夥伴。近年來，更積極地朝向國際化與多元化的經營目標邁進，業務穩定成長。

在中鼎的營運中，最重要的生產要素是人力，專案設計團隊動輒數百人，人事費用常達數十億。若設計時程受到延擱及設計品質若發生瑕疵均會導致專案的失敗。因此，產品設計的自動化、智慧化應該是中鼎優先要推動的要務。

（一）機會與挑戰

①依西門子的安貝格工廠實例來看，成功導入「工業四・〇」可以在不增加人力及廠區空間的情境下，有產能倍增、製造成本降低、增加產品與服務的差異化，及提升營業收入的助益。

②「工業四・〇」的未來需求會大幅成長已是可以預期，像德國曾評估過，在導入後的五年內每年可節省企業百分之二・六的成本。

③但企業導入「工業四・〇」仍會面臨失敗的風險及增加成本的挑戰，初期需投入大量資金進行基礎建設，引進

新的資通訊科技及招募專業人才。但問題是企業經常不清楚需要採用那些工業互聯網的應用工具，來達成智能化工廠的目標。另外，還有資訊安全的問題也需要一起解決。

④企業導入「工業四・〇」，有三種策略可選擇：

「領先」：快速回應並承擔風險，以盡早掌握數位化的機會，共同發展工業四・〇的概念，或甚至建立標準，但企業將因導入嶄新且不成熟的解決方案，承受高度風險。

「快速適應」：從先驅者的經驗學習，快速調整並導入初步驗證過的解決方案，但企業可能無法與先進者一樣，獲得工業四・〇最大的效益。

「等待」：等待工業四・〇的普遍化，以導入有標準且可以證明效益的解決方案，但企業可能在快速變化的環境下，落後於競爭對手。

（二）策略分析

①因中鼎的願景是成為「最值得信賴的全球工程服務團隊」，為了在全球擴大事業版圖，及保持領先的地位，可能傾向採取高風險的「領先」策略，盡早在集團內引進新資通訊技術，培養建置智能化工廠的能力。

②中鼎的主要生產要素是人力，為因應高齡化社會的到來，以及公司即將面臨的退休潮，有必要朝向自動化作業方向轉型，一方面將累積多年的工程經驗知識化以順利傳承；一方面將工作自動化，以降低人力依賴及成本支出。

③中鼎目前在全球的主要競爭對手三星，事業版圖包含資通訊產業，如果其將本身的資通訊專業結合工程技術，將會大幅提升其在智慧化工廠上的競爭優勢，若被三星搶先一步，在其效率提升及成本降低的加強循環下，對中鼎而言是一大威脅。

④工程產業面對是B2B的商業模式，每一個工程專案都是客製化，是否要在工廠上加上智慧元素，要看客戶的需求而定，隨著「工業四・〇」的觀念愈來愈熱門，及物聯網的應用愈來愈多，客戶的興趣逐漸升高，唯客

戶還需要有人告訴他們，怎麼將現在的生產模式轉為智能化的工廠，以及需要投入多少成本，中鼎若能率先做出工程實績及口碑，將有助於後續工程專案的承接。若有工程公司能成功幫助客戶，規畫及建置出智慧工廠，同業立即跟進的機率應該會很高。

⑤「工業四・〇」涉及多項新的資通訊技術，以及工作流程與組織的調整，改變幅度不小，要在公司內部建立起智慧化能力，及轉換商業模式，也會有遭遇失敗的風險。沒有企業有把握能轉型成功，在數位化潮流的驅動之下，大家都躍躍欲試，但要做出大改變及投入大量資金人力，也難免會有保守觀望的心態。

（三）賽局分析

我們在這個中鼎與三星之間的不完全訊息賽局中，**增加一個參賽者—自然（Nature）。假設只有他知道工業四・〇主流化的機率，所以兩人賽局會變成三人賽局，自然先決定發生的機率**。在這個個案中，我們將探討機率不同時，對中鼎及三星策略選擇的影響，最後，我們也會看到隨著工業四・〇主流化的機率變動，整個賽局的 Nash 均衡也可能隨之變動。換言之，廠商的最適經營策略可能會隨之改變。

（四）不完全訊息的靜態賽局

由於「工業四・〇」是一個新的趨勢、使用新技術、需要培植專業人力、要投入大量資金、需調整組織及開創新的商業模式，有太多的不確定因素，而且無法獲知彼此的收益，所以適合用不完全訊息靜態賽局的方式進行分析。

① 參考圖1-13，工程業的「工業四・〇」的導入競爭，假設其形成主流的機率為$\frac{3}{4}$，但不幸成為泡沫化的機率為$\frac{1}{4}$。

當工業四・〇形成主流機率為$\frac{3}{4}$時，我們經計算並整理成表1-14，從表1-14的內容，我們可得到下列的結論：

A 對中鼎而言，對「工業四・〇」採取觀望是一種劣策略，其收益都會小於三星的收益，尤其是在三星採取導入策略，雙方的收益差距會擴大。

B　當「工業四・〇」形成主流時，中鼎（導入）若比三星（觀望）早一步成功導入，將會擁有先進者優勢，對中鼎而言是較佳的策略。

C　當中鼎採取導入策略時，此時三星也會跟進採取導入，此時雙方都有較佳的收益，會形成 Nash 均衡，中鼎與三星個別的收益為（3.75，3.75）。

D　當中鼎採取觀望策略時，三星採取導入，會形成 Nash 均衡，此時三星的收益會大幅超越中鼎，且中鼎的收益皆為負數，所以中鼎不會採取觀望策略。因此這是一個不穩定的 Nash 均衡。

② 當「工業四・〇」形成主流的機率為$\frac{1}{2}$時，三星與中鼎導入或觀望的收益見表1-15。

我們發現當工業四・〇形成主流機率為$\frac{1}{2}$時，其結果與工業四・〇形成主流機率為$\frac{3}{4}$時類似，僅收益差距變小，可見工業四・〇形成主流的機率變小時，會影響導入廠商的預期收益。

此外，當中鼎精準掌握趨勢，確定工業四・〇會形成主流時才導入，雖然三星也會跟進導入，但此時中鼎的收益會高於三星，所以獲得工業四・〇會不會形成主流的資訊，對中鼎而言是有價值的。在這種情況下，會形成穩定的 Nash 均衡，中鼎與三星個別的收益為（2.5，1.5）。

哈尚義轉換 (Harsanyi transformation)

將訊息不完全的賽局，利用增加一位虛擬的參與者：自然 (Nature) 或上帝，作為賽局首先行動者，這個「自然」會做出其策略選擇，但其他真正的參與者不知道「自然」的確切策略選擇為何，只知道各種策略選擇的機會分布。哈尚義將不完全訊息賽局透過「自然」的設定，轉換成完全但不完美的訊息賽局，如此，不完全訊息賽局就變成可以利用貝式 (Bayes) 機率理論進行分析各種策略選擇的預期收益。

圖 1-13 中鼎與三星的擴展式賽局 (1)

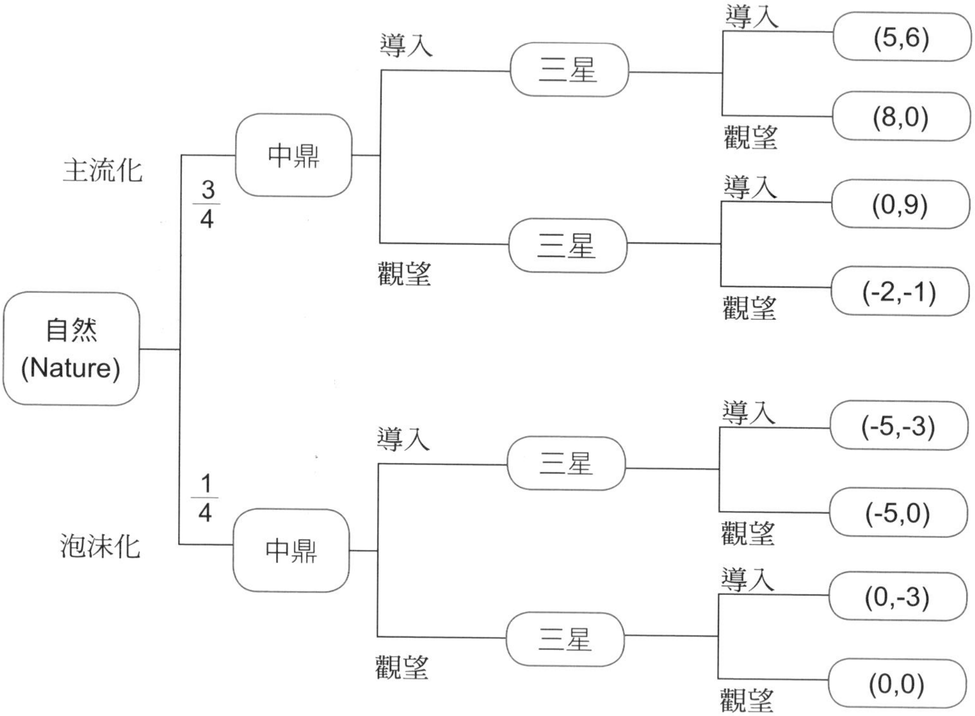

表 1-14 中鼎與三星的標準式賽局（工業四 • ○主流機率為$\frac{3}{4}$時）

		三星	
		導入	觀望
中鼎	導入（主流化／泡沫化）	(2.5,3.75)	(4.75,0)
	觀望（主流化／泡沫化）	(0,6)	(-1.5,-0.75)
	導入（主流化）／觀望（泡沫化）	(3.75,3.75)*	(6,0)
	觀望（主流化）／導入（泡沫化）	(-1.25,6)	(-2.75,-0.75)

表 1-14 當「工業四・〇」主流的機率為$\frac{3}{4}$時，中鼎與三星收益計算。

不管工業四•〇是否主流化，中鼎導入且三星同時也導入時

中鼎的收益為 ➔3/4×5+1/4×(-5)=2.5

三星的收益為 ➔3/4×6+1/4×(-3)=3.75

不管工業四•〇是否主流化，中鼎導入而三星觀望時

中鼎的收益為 ➔3/4×8+1/4×(-5)=4.75

三星的收益為 ➔3/4×0+1/4×0=0

不管工業四•〇是否主流化，中鼎觀望而三星導入時

中鼎的收益為 ➔3/4×0+1/4×0=0

三星的收益為 ➔3/4×9+1/4×(-3)=6

不管工業四•〇是否主流化，中鼎觀望而三星也觀望時

中鼎的收益為 ➔3/4×(-2)+1/4×0=-1.5

三星的收益為 ➔3/4×(-1)+1/4×0=-0.75

工業四•〇主流化時中鼎導入，泡沫化時中鼎觀望，而三星導入

中鼎的收益為 ➔3/4×5+1/4×0=3.75

三星的收益為 ➔3/4×6+1/4×(-3)=3.75

工業四•〇主流化時中鼎導入，泡沫化時中鼎觀望，而三星觀望

中鼎的收益為 ➔3/4×8+1/4×0=6

三星的收益為 ➔3/4×0+1/4×0=0

工業四•〇主流化時中鼎觀望，泡沫化時中鼎導入，而三星導入

中鼎的收益為 ➔3/4×0+1/4×(-5)=-1.25

三星的收益為 ➔3/4×9+1/4×(-3)=6

工業四•〇主流化時中鼎觀望，泡沫化時中鼎導入，而三星觀望

中鼎的收益為 ➔3/4×(-2)+1/4×(-5)=-2.75

三星的收益為 ➔3/4×(-1)+1/4×0=-0.75

結論

參考表1-15，當工業四•○形成主流機率為$\frac{1}{2}$時，其結果與工業四•○形成主流機率為$\frac{3}{4}$時類似，僅收益差距變小，可見工業四•○形成主流的機率變小時，會影響導入廠商的預期收益。

當中鼎精準掌握趨勢，確定工業四•○會形成主流時才導入，雖然三星也會跟進導入，但此時中鼎的收益會高於三星，所以獲得工業四•○會不會形成主流的資訊，對中鼎而言是有價值的。在這種情況下，會形成穩定的Nash均衡，中鼎與三星個別的收益為（2.5，1.5）。

所以，當工業四•○形成主流機率為較低的四分之一時，表1-16顯示中鼎需能精準掌握趨勢，做出正確的決策才能獲取收益，此時三星會採取觀望策略，讓中鼎的收益由1.25提升至2，形成穩定的Nash均衡，中鼎與三星個別的收益為（2，0）。換言之，當工業四•○形成主流機率為較低時，由於三星採取導入會是劣策略，因此三星會傾向採取保守的觀望策略。

表 1-15 中鼎與三星的標準式賽局（工業四•○主流機率為$\frac{1}{2}$時）

		三星	
		導入	觀望
中鼎	導入（主流化／泡沫化）	(0,1.5)	(1.5,0)
	觀望（主流化／泡沫化）	(0,3)	(-1,-0.5)
	導入（主流化）／觀望（泡沫化）	(2.5,1.5*)	(4,0)
	觀望（主流化）／導入（泡沫化）	(-2.5,3)	(-3.5,-0.5)

表 1-15 當「工業四．〇」成為主流的機率為$\frac{1}{2}$時，中鼎與三星收益計算。

不管工業四・〇是否主流化，中鼎導入且三星也導入時

中鼎的收益為 ➔ $\frac{1}{2}\times 5+\frac{1}{2}\times(-5)=0$

三星的收益為 ➔ $\frac{1}{2}\times 6+\frac{1}{2}\times(-3)=1.5$

不管工業四・〇是否主流化，中鼎導入而三星觀望時

中鼎的收益為 ➔ $\frac{1}{2}\times 8+\frac{1}{2}\times(-5)=1.5$

三星的收益為 ➔ $\frac{1}{2}\times 0+\frac{1}{2}\times 0=0$

不管工業四・〇是否主流化，中鼎觀望而三星導入時

中鼎的收益為 ➔ $\frac{1}{2}\times 0+\frac{1}{2}\times 0=0$

三星的收益為 ➔ $\frac{1}{2}\times 9+\frac{1}{2}\times(-3)=3$

不管工業四・〇是否主流化，中鼎觀望而三星也觀望時

中鼎的收益為 ➔ $\frac{1}{2}\times(-2)+\frac{1}{2}\times 0=-1$

三星的收益為 ➔ $\frac{1}{2}\times(-1)+\frac{1}{2}\times 0=-0.5$

工業四・〇主流化時中鼎導入，泡沫化時中鼎觀望，而三星導入

中鼎的收益為 ➔ $\frac{1}{2}\times 5+\frac{1}{2}\times 0=2.5$

三星的收益為 ➔ $\frac{1}{2}\times 6+\frac{1}{2}\times(-3)=1.5$

工業四・〇主流化時中鼎導入，泡沫化時中鼎觀望，而三星觀望

中鼎的收益為 ➔ $\frac{1}{2}\times 8+\frac{1}{2}\times 0=4$

三星的收益為 ➔ $\frac{1}{2}\times 0+\frac{1}{2}\times 0=0$

工業四・〇主流化時中鼎觀望，泡沫化時中鼎導入，而三星導入

中鼎的收益為 ➔ $\frac{1}{2}\times 0+\frac{1}{2}\times(-5)=-2.5$

三星的收益為 ➔ $\frac{1}{2}\times 9+\frac{1}{2}\times(-3)=3$

工業四・〇主流化時中鼎觀望，泡沫化時中鼎導入，而三星觀望

中鼎的收益為 ➔ $\frac{1}{2}\times(-2)+\frac{1}{2}\times(-5)=-3.5$

三星的收益為 ➔ $\frac{1}{2}\times(-1)+\frac{1}{2}\times 0=-0.5$

總結

如表1-17所示，對中鼎而言，不論工業四‧〇形成主流的機率高或低，精準掌握工業四‧〇的趨勢，並做出正確的決策，將會有較佳的收益。但為求讓決策正確，導入工業四‧〇的時間點，應在局勢已漸趨明朗化後再進入，且最好能比三星早一步導入。

但對三星而言，若工業四‧〇形成主流的機率高（如$\frac{3}{4}$）對其較有利，三星收益會較高，可採取導入策略。但若形成主流的機率低（如$\frac{1}{4}$），三星應採取觀望的策略，不宜太早進入。事實上，三星原本在資通訊產業就很強大，導入工業四‧〇的時程會比其他工程公司要短，所以三星是可考慮等到中鼎導入後，再選擇跟進即可。

表 1-16　中鼎與三星的標準式賽局（工業四‧〇主流機率為$\frac{1}{4}$時）

		三星	
		導入	觀望
中鼎	導入（主流化 / 泡沫化）	(-2.5,-0.75)	(-1.75,0)
	觀望（主流化 / 泡沫化）	(0,0)	(-0.5,-0.25)
	導入（主流化）/ 觀望（泡沫化）	(1.25,-0.75)	(2,0)
	觀望（主流化）/ 導入（泡沫化）	(-3.75,0)	(-4.25,-0.25)

表 1-16 當「工業四・〇」形成主流的機率為$\frac{1}{4}$時。

不管工業四・〇是否主流化，中鼎導入且三星也導入時

中鼎的收益為 ➔ $\frac{1}{4}\times 5+\frac{3}{4}\times(-5)=-2.5$

三星的收益為 ➔ $\frac{1}{4}\times 6+\frac{3}{4}\times(-3)=-0.75$

不管工業四・〇是否主流化，中鼎導入而三星觀望時

中鼎的收益為 ➔ $\frac{1}{4}\times 8+\frac{3}{4}\times(-5)=-1.75$

三星的收益為 ➔ $\frac{1}{4}\times 0+\frac{3}{4}\times 0=0$

不管工業四・〇是否主流化，中鼎觀望而三星導入時

中鼎的收益為 ➔ $\frac{1}{4}\times 0+\frac{3}{4}\times 0=0$

三星的收益為 ➔ $\frac{1}{4}\times 9+\frac{3}{4}\times(-3)=0$

不管工業四・〇是否主流化，中鼎觀望而三星也觀望時

中鼎的收益為 ➔ $\frac{1}{4}\times(-2)+\frac{3}{4}\times 0=-0.5$

三星的收益為 ➔ $\frac{1}{4}\times(-1)+\frac{3}{4}\times 0=-0.25$

工業四・〇主流化時中鼎導入，泡沫化時中鼎觀望，而三星導入

中鼎的收益為 ➔ $\frac{1}{4}\times 5+\frac{3}{4}\times 0=1.25$

三星的收益為 ➔ $\frac{1}{4}\times 6+\frac{3}{4}\times(-3)=-0.75$

工業四・〇主流化時中鼎導入，泡沫化時中鼎觀望，而三星觀望

中鼎的收益為 ➔ $\frac{1}{4}\times 8+\frac{3}{4}\times 0=2$

三星的收益為 ➔ $\frac{1}{4}\times 0+\frac{3}{4}\times 0=0$

工業四・〇主流化時中鼎觀望，泡沫化時中鼎導入，而三星導入

中鼎的收益為 ➔ $\frac{1}{4}\times 0+\frac{3}{4}\times(-5)=-3.75$

三星的收益為 ➔ $\frac{1}{4}\times 9+\frac{3}{4}\times(-3)=0$

工業四・〇主流化時中鼎觀望，泡沫化時中鼎導入，而三星觀望

中鼎的收益為 ➔ $\frac{1}{4}\times(-2)+\frac{3}{4}\times(-5)=-4.25$

三星的收益為 ➔ $\frac{1}{4}\times(-1)+\frac{3}{4}\times 0=-0.25$

表 1-17 中鼎與三星的標準式賽局彙總

		形成主流 (3/4)		形成主流 (1/2)		形成主流 (1/4)	
		三星		三星		三星	
		導入	觀望	導入	觀望	導入	觀望
中鼎	導入 (主流化 / 泡沫化)	(2.5,3.75)	(4,75,0)	(0,1.5)	(1.5,0)	(-2.5,-0.75)	(-1.75,0)
	觀望 (主流化 / 泡沫化)	(0,6)	(-1.5,-0.75)	(0,3)	(-1,-0.5)	(0,0)	(-0.5,-0.25)
	導入 (主流化)/ 觀望 (泡沫化)	(3.75,3.75)	(6,0)	(2.5,1.5)	(4,0)	(1.25,-0.75)	(2,0)
	觀望 (主流化)/ 導入 (泡沫化)	(-1.25,6)	(-2.75,-0.75)	(-2.5,3)	(-3.5,-0.5)	(-3.75,0)	(-4.25,-0.25)

案例 阿富汗敵後的海豹隊要不要射殺有通敵可能的牧羊人

（一）背景說明

二〇〇五年六月二十七日，美軍在阿富汗展開名為「紅翼行動」的軍事行動，由駐紮拉特勒爾的海豹突擊隊四人偵查小組負責執行。在阿富汗，塔利班領導人艾哈邁德・沙阿被指控殺害超過二十名美國海軍陸戰隊隊員，以及一些給予美軍幫助的當地居民。根據情報顯示，他可能藏匿在阿南部庫爾納省的山區，而沙阿與基地組織頭目賓拉登聯繫密切。這一次偵察小組的主要任務則是靠近並監視附近村莊以確認沙阿的具體位置。

這支偵察小組為何會被塔利班發現，是因為他們在任務進行的時候遇到了當地的三個牧羊人（一個老人與兩個青年），這三個阿富汗人看似平民，實際上有可能就是塔利班成員，或者與塔利班聯繫。這時候他們遇到一個抉擇：

① 直接擊斃，因為他們有可能會去通風報信，偵察小組的行蹤就可能暴露。

② 釋放他們，因為屠殺平民可能會被送上軍事法庭。

最後，偵察小組選擇釋放這三個阿富汗牧羊人。然而，四十分鐘過後，二百五十多名塔利班武裝人員便包圍了偵察小組。因為釋放的三人之中有一位向塔利班通風報信。

激戰之後，偵察小組的四位隊員中有三名先後犧牲，最後只剩下一名隊員馬庫斯。而馬庫斯被當地的阿富汗村民所救，按照那裏的習俗，村民們一旦將需要幫助的人救回村子，就必須承擔起保護他的義務。所幸阿富汗村莊的長老將他的消息告知了一個美軍哨所，於是馬庫斯踏上回家的路。

戰場上總是殘酷且無情，任何選擇和決定，不只是影響自己更會牽連到周遭的夥伴們，甚至影響整個國家大局，如果是你遇到此情況，會像海豹偵察小組一樣以人道理由選擇釋放牧羊人？還是為了生存及安全考量，冷血殘忍的殺掉牧羊人？要怎麼做才是最好，這沒有所謂的對錯，端看個人的角度及立場。

（二）靜態賽局

（二）策略選擇及分析

美軍必須在下列兩個方案進行抉擇：

① 直接擊斃牧羊人

因為牧羊人有可能會去通風報信，偵察小組的行蹤就會暴露，引來塔利班士兵的追殺。且此海豹偵測小組成員僅四人，一定寡不敵眾，萬一被塔利班士兵發現，在地形崎嶇又收訊不良的阿富汗村莊，是無法立即請求總部的支援。

② 釋放牧羊人

因為屠殺牧羊人可能會被送上軍事法庭，且塔利班可能放出消息說美軍濫殺無辜，引起反戰聲浪。雖海豹偵測小組成員僅四人，但個個皆是特戰隊內菁英中的菁英，也許四個人能夠迅速的離開此區。且殺了無辜的百姓有違自己的良心。

而塔利班意外發現美軍偵測小組，這時候他們也必須選擇進行抉擇：

① 選擇開戰

直接殺掉美軍，以免塔利班領導人艾哈邁德・沙阿行蹤被發現或被殺，且讓美軍發現這一區域塔利班的軍事部署機密。

② 選擇不開戰

無法確認美軍此次任務實際參與人數與目的，先觀察美軍動向及其人力配置，暫不開戰，以免塔利班行蹤曝光。

從表1-18，我們可得知開戰是塔利班的優勢策略，所以海豹偵測小組會選擇擊斃牧羊人。此賽局的Nash均衡為（海豹偵察小組擊斃牧羊人；塔利班選擇開戰），海豹偵測小組的收益為1，塔利班的收益為3。

（二）不完全訊息動態賽局

① 依上述個案，海豹偵察小組確定執行任務時，盡量避免遇到與目標不相干的人是一項重要的原則。此個案因海豹偵測小組在任務執行中，遇到當地阿富汗的牧羊人，如果海豹偵測小組擊斃了牧羊人，則被塔利班發現的機會就較小，相反的，若牧羊人向塔利班士兵告密，則海豹偵測小組有可能會全軍覆沒。我們進行哈尚義轉換（Harsanyi transformation），利用自然（N）代表牧羊人向塔利班告密的機率分配，其中牧羊人告密為P；牧羊人不告密為1-P。

② 對海豹偵測小組而言，僅能猜測牧羊人告密的機率為高或低，若告密的機率為高，則塔利班士兵開戰的機會就很大。若牧羊人選擇不告密，則塔利班士兵有可能就沒發現海豹偵測小組。

③ 海豹偵測小組，各個都是菁英中的菁英，皆身經百戰，且此次任務僅探勘，人數不多，行動敏捷。但若在途中擊斃牧羊人，可能會被送上軍事法庭，且美軍或美國均會遭受譴責。

④ 對塔利班士兵而言，牧羊人一旦發現美軍行蹤，一定會向塔利班士兵告密。所以，塔利班在選擇攻擊或不攻擊美軍時，已經獲得牧羊人的密告。

⑤ 對海豹部隊而言，他們在觀察到塔利班士兵的行動（攻擊或不攻擊）後，再做決定是否要開戰或不開戰。

⑥ 從圖1-19，我們可得到對海豹偵測小組而言，海豹偵測小組釋放牧羊人的收益都高過擊斃牧羊人的收益，所以海豹偵測小組一定會選擇釋放牧羊人。對塔利班而言，開戰的收益都高過不開戰，所以對海豹部隊而言，亦有同樣結果，就是對方

表 1-18 海豹部隊與塔利班游擊隊標準式賽局

		塔利班	
		開戰	不開戰
海豹偵察小組	擊斃牧羊人	(1,3)*	(3,2)
	釋放牧羊人	(0,3)	(4,1)

開戰時，他們一定會開戰。所以，本賽局的 Nash 均衡是不論牧羊人是否告密，海豹部隊與塔利班只要有機會碰面，雙方一定開戰。

（三）Nash 均衡分析

① 此賽局有前後順序，故使用後推法（backward induction）或以各種策略組合的期望收益組成的標準式賽局尋找 Nash 均衡。

② 對海豹偵測小組而言，從八個配對策略收益來看，海豹偵測小組一定選擇不開戰。

③ 對塔利班而言，他若選擇開戰，收益會大於不開戰。

④ 因此，在牧羊人不告密的機率為較高時，海豹偵測小組會選擇不開戰，塔利班亦選擇不開戰；在牧羊人有可能告密的情況下，海豹偵測小組會選擇不開戰，塔利班會選擇開戰。以上述推論為此賽局的 Nash 均衡。因此，這個賽局的 Nash 均衡預期收益組合為 $\frac{2}{3}$ ×（5，3）+ $\frac{1}{3}$ ×（2，3）=（4，3）。即海豹偵測小組的收益為4，塔利班的收益為3。

圖 1-19 海豹偵測小組與塔利班競爭之兩回合不完全動態賽局

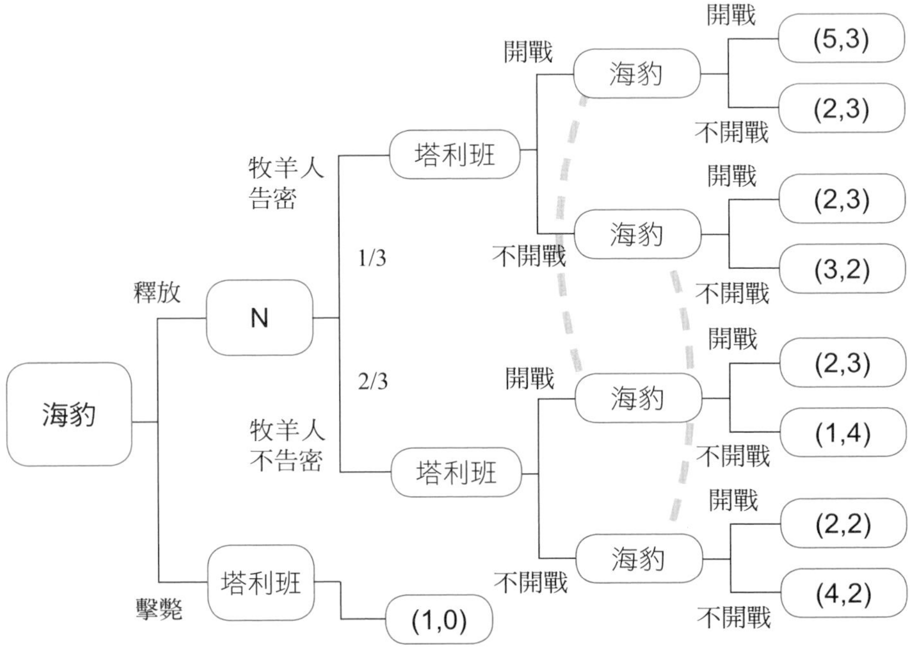

案例 美國惠普（HP）電腦是否要分拆成兩家公司？

（一）背景說明

惠普（HP）曾經是全球個人電腦產業的龍頭，也是世界目前印表機產業界的翹楚。事實上惠普已深入其他專業領域，例如醫療器材與資料庫等。矽谷的車庫創業文化，也是由惠普創辦人所建立的，它被加州政府標示為「矽谷誕生地」。

但惠普如今卻光環不再，不僅個人電腦產業的龍頭地位已經拱手讓給了聯想，收購 Palm 的結果可說是完全失敗，以致無法成功打入智慧型手機市場；在平板裝置的市場也可說是全軍覆沒。此外，收購英國資料分析軟體公司 Autonomy 更是爆出被騙八十八億美金的財務醜聞。

為了振衰起敝，二〇一四年十月惠普宣布進行公司分家，就是將個人電腦與印表機相關事業分割為獨立公司，成為 HP Inc.，專攻企業解決方案的伺服器、雲端服務、網路及軟體等部門則成為 Hewlett-Packard Enterprise。

電腦產業的廠商大多認為由個人電腦與印表機相關事業組成的 HP Inc. 受限於大環境，只有逐漸萎縮一途。而以針對企業解決方案為主的 HP Enterprise，面臨的挑戰也不小，分家前此事業部營收較二〇一三年同期下滑百分之十九，萎縮速度其實比個人電腦與印表機事業還更快。

而 HP Enterprise 也將與早一步拋棄個人電腦部門的 IBM 直接競爭，此外這個市場中還有思科（Cisco）、甲骨文（Oracle）等對手；還有亞馬遜（Amazon）不惜虧損也要搶攻雲端服務，並正與微軟、Google 激烈爭奪市場；各資通訊（ICT）大廠早都已經看準這是個以軟體和服務為主流的年代，無不積極投入。

所以惠普面臨下列兩個問題：

①惠普的伺服器產品與個人電腦產品面臨下滑的窘境，加上兩個產品目標市場相異，惠普採取的策略是：（一）不分家，維持現狀？（二）分家，讓兩個不同市場的產品可以好好發展？還是乾脆出售個人電腦部門，

出售給競爭廠商，專心在伺服器產品？

② 惠普分家後，中低階伺服器產品面對聯想在市場上的競爭，經營策略應該要怎麼調整，才可以讓分家後的功效達到最大？

分家的目的主要是為了在資本市場上取得更好的本益比，例如一家夕陽產業旗下有個新興部門，只能享受中庸的本益比，若分拆開來，新興部門可享受較高本益比，有利於籌資。但惠普並不需要市場資金，所以分家在經營上沒有很大的意義。

從圖1-20所顯示的惠普歷年來營收狀況來看，惠普從二〇〇二年開始進行資通訊產業併購案，剛開始公司營收呈現上升趨勢。一直到二〇一〇年開始，營收開始下滑，因此，藉由併購來增加營收的方式遇到了瓶頸。

（二）惠普的策略選擇：（一）不分家，維持現狀？（二）分家，讓兩個不同市場的產品可以好好發展？還是乾脆出售個人電腦部門，出售給競爭廠商，專心在伺服器產品？

（一）惠普與競爭者可選擇的策略：

為了因應快速變化的市場，惠普的策略選擇如下：

① 不分家：維持目前一家公司的狀況，但是兩大部門充分合作，打破現在各自為政的狀況，成立共同的業務單位，提供客戶一條龍的解決方案。

此方案面臨的問題是：

圖 1-20 惠普年度營收狀況

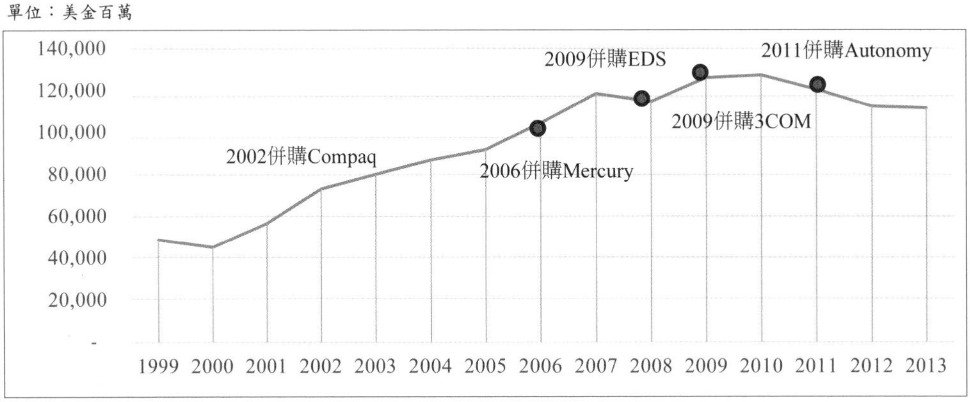

A 客戶目前對資通訊產品的熟悉度與整合能力非常成熟，且資通訊產品的差異化不大，客戶往往為了降低風險會選擇不同品牌的IT設備與產品。

B 不同部門多數客戶屬性不一，提供一條龍解決方案在整合上有難度。

而競爭廠商的可能對應方式：

A 不降價，保持既有利潤，但客戶因風險考量，有機會搶到惠普的客戶。

B 降價，降低利潤，增加惠普客戶購買意願。

②分家：將兩大部門分割成兩家各自成立公司，用集團的方式管理經營。讓客戶可以依照需求選擇各品牌的產品，而兩大部門也可以依照不同屬性的產品優勢，創造新的產品與服務價值。

此方案面臨的問題是：

A 競爭廠商會趁機而入，用較低的價格與服務搶目前既有客戶。

競爭廠商的因應方式：

A 不降價，保持既有利潤，趁惠普分家組織重整之際，客戶有所顧慮而出手搶惠普的客戶。

B 降價，降低利潤，趁惠普分家組織重整之際，用降價吸引惠普客戶購買意願。

③出售桌上型電腦部門：因為桌上型電腦部門是屬於消費性產品，目前在市場上處於競爭劣勢，且利潤不高。加上桌上型電腦部門沒有企業型產品，一旦出售可以讓惠普定位企業型產品與服務的公司，目標市場非常明確。

競爭廠商的因應方式：

出手收購，消滅主要競爭對手，增加市占率。

參照實際的產業案例，我們假設：

① 若競爭廠商選擇不降價策略的情況下，惠普會選擇分家策略，獲得最大效益為6。

② 若競爭廠商採取降價策略的情況下，惠普會選擇分家策略，獲得最大效益為2。

③ 若競爭廠商購買桌上型電腦部門策略的情況下，惠普會選擇不分家策略，獲得最大效益為3。

④ 若惠普選擇不分家策略的情況下，競爭廠商會選擇降價策略，獲得最大效益為2。

⑤ 若惠普選擇分家策略的情況下，競爭廠商會選擇降價策略，獲得最大效益為5。

⑥ 若惠普選擇出售桌上型電腦部門策略的情況下，競爭廠商會選擇購買桌上型電腦部門策略，獲得最大效益為6。

據此，我們可以整理成表1-21賽局標準式，作為分析Nash均衡的開始。

（三）Nash 均衡的尋找

① 純策略 Nash 均衡

因此，透過刪除法，我們可以得純策略 Nash 均衡為（競爭廠商選擇不降價；惠普選擇分家），競爭廠商與惠普的收益各為5和6。

表 1-21 惠普與競爭者的靜態賽局

惠普／競爭者	不分家 (q_1)	分家 (q_2)	出售桌上型電腦部門 ($q_3 = q_1 - q_2$)
不降價 (p_1)	(1,1)	(5,6)*	(4,5)
降價 (p_2)	(2,1)	(3,2)	(2,1)
購買桌上型電腦部門 ($p_3 = p_1 - p_2$)	(1,3)	(3,1)	(6,2)

註：q1、q2、q3、p1、p2、p3 等數字代表發生該事件的機率

② 存在混合策略 Nash 均衡

參照表1-21，理論上我們必須從以下假設開始：

A 惠普的競爭者選擇不降價、降價、購買桌上型電腦部門的機率各為 p1、p2、p3。

B 惠普選擇不分家、分家、出售桌上型電腦部門的機率各為 q1、q2、q3開始。

但因純策略 Nash 均衡的收益組合為（5，6），對惠普而言，因所有可能混和策略組合的收益都小於6，所以該公司絕對不會選擇混合策略的組合。若此，其對手聯想也一定會選擇純策略就是不降價，因此本賽局不存在混合策略 Nash 均衡。

（四）惠普分家後，如何面對聯想挑戰？

（一）全球伺服器產業狀況

目前全球伺服器主要前三家廠商—惠普、IBM、戴爾佔有市場近七成的營收，其中惠普與IBM不論是在開放或專屬架構，從高階主機到入門直立式的伺服器產品線皆完整。其中x86伺服器佔惠普企業事業群營收超過百分之三十，所以x86伺服器是惠普非常重要的產品。而這個產品與IBM在市場上長久以來競爭相當激烈，兩家公司的營收與市占率差距不大。x86產品主要以企業客戶為銷售對象，因此相當注重產品的穩定性與售後服務。

以臺灣伺服器市場為例，二〇一四上半年止，x86伺服器的營收市占率從二〇一三年上半年的百分之七十四・六上升到百分之八十四・三。依品牌廠商營收來看，惠普穩坐龍頭，其他廠商依序為IBM、戴爾、甲骨文（Oracle）與思科（IDC）。

（二）主要競爭廠商聯想（Lenovo）的競爭策略

聯想由中國科學院計算技術研究所在一九八四所成立的公司，近年來為了打進國際市場，於是在二〇〇五年以現金六・五億美元及聯想股票六億美元併購IBM桌上型電腦部門。由於聯想x86伺服器市占率不到百分之一。隨著雲端運算的興起，聯想有「四屏一雲」策略，因此必須有伺服器產品及雲端運算系統支援，才能夠使產品線完整。因為缺乏伺服器產品及系統服務，相較於惠普 及 戴爾 等廠商顯得較為弱勢

因此，聯想在二〇一四年一月以二十六億美元買下 IBM 伺服器業務，一躍成為大陸最大伺服器供應商，而且是全球前三大伺服器廠商。而惠普主要競爭廠商也從 IBM 轉為聯想。

對惠普的桌上型電腦部門而言，聯想是一個強勁的對手，從二〇〇九年開始，聯想的成長率均高於業界平均，公司營收規模更是二〇〇五年購併 IBM 個人電腦事業部時的三倍多，達到三百四十億美元。當時所採取的就是訂定了「PC＋」的全球策略，什麼是「PC＋」？也就是除了固守桌上型電腦第一品牌外，聯想也積極轉進筆記型電腦，手機，平板及智慧電視等領域。

但在各領域已各有強力競爭對手的情況下，聯想秉持著四個原則來逐步進取各個市場：

①全球攻守策略：

聯想以「保衛桌上型電腦，進攻桌上型電腦＋」為全球策略，但各個國家的發展狀況不同，所以在不同國家有不一樣的「攻守策略」。例如，在台灣的攻守策略是「保護商用市場，進攻消費性市場」，也就是延續過去 IBM 留下的商用市場，但在平板等新市場中積極進入。

②創新的差異化商品：

聯想為了維持規模經濟，也有許多 ME TOO 的商品，但創新及差異化一直是聯想的目標，特別是針對消費性市場，聯想的原則是，有差異化的商品才積極造勢行銷，例如二〇一三年推出可三百六十度翻轉的 YOGA 筆電，及 YOGA 平板，都是評估在既有市場上有足夠的特色和競爭力，才投入資源行銷。

③跨產品線的前端銷售到後端支援：

為了讓產銷合一，聯想將事業體分成兩個集團，分別是THINK BUSINESS GROUP以及聯想BUSINESS GROUP，針對商用及消費市場分別操作，以保持產銷的一致性。

④全球化組織：

這點是聯想購併IBM後能不斷成長的關鍵。聯想購併IBM電腦部門，是包括THINK PAD的品牌名，以及附屬的智慧財產權，還有日本大和研發團隊及原有IBM的人員，為了讓聯想和IBM的接軌能順利，不會因為企業文化的不同而遭致內部的分裂。現在聯想前十大主管，來自七個國家，前百大的主管，也來自十七個國家，顯示聯想努力朝向國際化邁進的企圖及作法。

（三）惠普面臨的抉擇

對於惠普分家後的企業事業群而言，目前最大的營收來自高科技製造業與電信服務業。但目前這兩個產業在資通訊的採購預算上，已經逐漸萎縮。唯有金融業一直以來採用IBM伺服器的比例高於百分之六十來因應金融三•〇的發展，金融業在資通訊預算上不斷增加，所以金融業已是惠普一直想要滲透進入的產業。對此，面對聯想在二〇一四年收購IBM中低階伺服器部門，正式進入x86伺服器領域之後，聯想在金融業反成了先入者。對此，惠普企業事業群是否應該進入金融業賺取奪取更多客戶與定單增加營收？若惠普採進入策略，聯想觀察到後，聯想是否該採取價格戰的策略？或是以默許的方式因應？

我們假設惠普並不清楚聯想的生產成本如何？惠普猜測聯想生產是屬成本高（H）的機率P為$\frac{1}{2}$；低成本（L）為1-P亦為$\frac{1}{2}$。圖1-23經過下列計算後可轉成圖1-24的混合式賽局。

（四）賽局分析

①對惠普而言，進入金融業伺服器市場所有的收益都大於0，所以惠普一定會進入。

②對於聯想而言，無論成本高低都採用價格戰的策略最優。所以聯想不會跟IBM一樣，先考慮到生產成本與

需要一定的利潤，才會進入市場。聯想的策略是不管高、低生產成本，只要是競爭者想搶市場的，一律祭出價格戰。目標就是佔有市場，以及保有客戶。

③ 對惠普而言，聯想的策略就是無論生產成本高低，一定採價格戰，所以惠普也一定會採用價格戰應對。在雙方都採用戰格戰的情況下，惠普進入金融產業的收益是5.5，而聯想的收益是6.5。

④ 惠普與聯想都採價格戰是這個賽局的Nash均衡。

當惠普想進入金融業，但當生產成本不是聯想的考量重點，能夠順利接到更多的訂單才是優先考量，因為聯想的策略就是價格戰。因此惠普若想避免陷入價格戰，利潤收益低，必須要在提供針對金融業的提供更好的服務，比如三年保固，三小時內解決客戶問題，研發更穩定的產品或者提供金融雲、大數據、資安等解決方案，如此一來可以增加產品價值，無需與聯想打價格戰。

圖 1-23 惠普與聯想價格競爭賽局

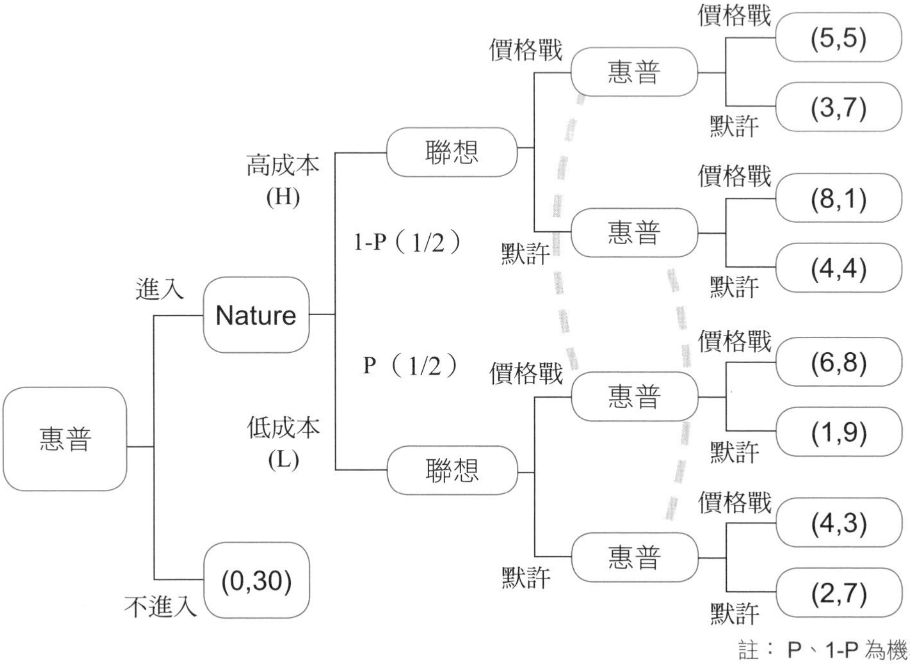

註： P、1-P 為機率

圖 1-24 惠普和聯想的混合式賽局

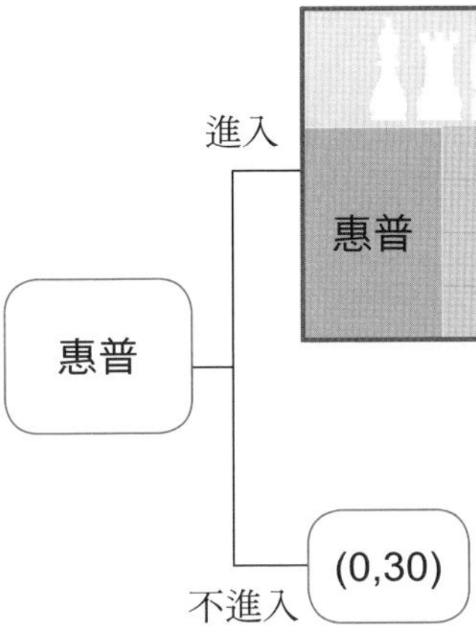

		聯想			
		FF	FS	SF	SS
惠普	FF	(5.5,6.5)	(7,4.5)	(4.5,4)	(6,2)
	FS	(4.5,7.5)	(5,6)	(6,2)	(4,3.5)
	SF	(3,7)	(4.5,5)	(3.5,6)	(2.5,7)
	SS	(2,8)	(2.5,6.5)	(2.5,7)	(3,5.5)

F 為價格戰 S 為不進行價格戰或是默許對手進行價格戰

惠普採價格戰：

1 聯想也採價格戰	1/2(6,8) + 1/2(5,5)=(5.5, 6.5)
2 聯想在成本高時默許成本低時價格戰	1/2(6,8) + 1/2(8,1)=(7, 4.5)
3 聯想在成本高時價格戰成本低時默許	1/2(4,3) + 1/2(5,5) =(4.5, 4)
4 聯想無論高低成本皆默許	1/2(4,3) + 1/2(8,1)=(6, 2)

惠普在聯想低成本時採價格價，高成本時默許：

1 聯想皆採價格戰	1/2(6,8) + 1/2(3,7)=(4.5, 7.5)
2 聯想在成本高時默許成本低時價格戰	1/2(6,8) + 1/2(4,4)=(5, 6)
3 聯想在成本高時價格戰成本低時默許	1/2(4,3) + 1/2(8,1)=(6, 2)
4 聯想無論高低成本皆默許	1/2(4,3) + 1/2(4,4)=(4, 3.5)

惠普在聯想高成本時採價格價，低成本時默許；

1 聯想皆採價格戰	1/2 (1,9)+1/2 (5,5)=(3, 7)
2 聯想在成本高時默許成本低時價格戰	1/2(1,9)+1/2(8,1)=(4.5, 5)
3 聯想在成本高時價格戰成本低時默許	1/2(2,7)+1/2(5,5)=(3.5, 6)
4 聯想無論高低成本皆默許	1/2(2,7)+1/2(8,1)=(2.5, 7)

惠普不進行價格戰：

1 聯想皆採價格戰	1/2(1,9)+1/2(3,7)=(2,8)
2 聯想在成本高時默許成本低時價格戰	1/2(1,9)+1/2(4,4)=(2.5, 6.5)
3 聯想在成本高時價格戰成本低時默許	1/2(2,7)+1/2(3,7)=(2.5,7)
4 聯想無論高低成本皆默許	1/2(2,7)+1/2(4,4)=(3, 5.5)

案例 Garcia Marquez 狗頭包的價格戰

（一）個案

近年來，在日本時尚圈造成話題的 Garcia Marquez 狗頭包，其品牌起源來自一塊庫存布料。Hello Kitty 原創者清水侑子（Shimits Yuko）在一九九九年與她的設計師朋友合夥創立第一家服飾店，她們從歐洲採購回來的二手服飾，再加上獨立企劃的商品，在當時的日本街頭非常受到矚目。經過了一年多的二手服飾店經營，正當在煩惱印花大衣布料的庫存問題時，侑子突發奇想地將防水印花布料設計成一個手提包 Garcia，第一個包包在二〇〇〇年誕生。銷售團隊利用柏金包的設計概念，將款式固定開發新的圖樣，用充滿藝術與流行感的視覺效果吸引顧客，印上鑲銀色的法國鬥牛犬品牌 LOGO 打響了名氣，並創下亮眼的銷售量。曾短短三個月之內就賣出近千個包款，而且在日本百貨不斷開分店，並開始拓展海外市場，讓 Garcia 成為各家品牌爭相模仿的對象。

但始終防不勝防的鬧出了兄弟鬩牆的劇碼，因為兩位合夥人的經營理念不合而分家。在二〇〇七年九月原 Garcia Marquez 發出聲明：為提供消費者更細緻卓越的設計理念，正式將品牌名稱更改為 Crystal Ball，希望將時尚的奢華氣息融入於品牌意象中，展現不凡的創作風華。

同年，拆夥的設計師也在考慮是否要另起爐灶，產品設計對她來說是易如反掌，包包的布料、配料、五金，根據過往的經驗與人脈也都不是難題。於是她默默的設計新創品牌 mimo，她以波士頓梗犬作為 mimo 品牌代表物，化身為擁有纖長睫毛、微吐小舌頭和心型的額頭斑點的波士頓梗犬，給人印象有如甜美可愛的小魔女，充滿熱情拉丁魅力的設計風格表露無遺。mimo 期望能夠以一個全新的陣容打入市場，並強調與 Crystal Ball 擁有一樣規格品質的精緻包。

Crystal Ball 收到了這個小道消息，面對過去曾一起攜手合作的好友，將成為市場上的強勁對手，Crystal Ball 要如何擬定戰略。而兩個品牌也都不太清楚未來市場需求成長是大或小，雙方都在擬定要採取何種策略，讓收益最大化。

（二）賽局問題分析

對於上述的個案內容，我們可以彙整成下列三個問題：

① 面對市場已經有同質性高且高聲譽商品的對手，mimo 是否要進入市場，其進入或不進入的收益為何？

② Crystal Ball 在不太清楚未來市場需求成長是高或低的情況下，面對 mimo 的進入，要採取默許亦或是價格戰？其收益又為何？

③ 在不太清楚未來市場需求成長是高或低的情況下，mimo 如果選擇進入市場，首要面對問題即為產品價格定位，是要選擇默許的策略與 Crystal Ball 使用同價位抗衡，還是要採用價格戰殺出自己的市場，其默許或價格戰的收益為何？

（三）賽局分析與 Nash 均衡

Crystal Ball 和 mimo 在不完全了解市場需求成長的型態下，兩者同時進行策略選擇。假設市場需求高成長的機率為 $\frac{2}{3}$，低成長的機率為 $\frac{1}{3}$，這裡我們利用哈尚義轉換，假設此賽局多存在一個參與者：自然（N），即圖 1-25 中的 N。

① 後推法

A mimo 不管在市場需求成長高或低的情況下，以及不管 Crystal Ball 的策略為何，mimo 採用價格戰的收益都大於默許。因此，mimo 一定採用價格戰。

B 當 mimo 採用價格戰時，在市場需求成長高的情況下，Crystal Ball 會採用價格戰，因為價格戰收益為 6，高於採默許的收益 2；在市場需求成長低的情況下，在收益比較之下，Crystal Ball 依舊會採用價格戰。

C 當 mimo 進入的收益，在市場需求成長高及低的情況下分別為 4 及 3，都大於不進入的收益 0，因此 mimo 一定會進入市場。

D 因此，在市場需求呈現高成長時，mimo 會選擇價格戰，Crystal Ball 亦會選擇價格戰；在市場需求呈現低成長時，mimo 會選擇價格戰，Crystal Ball 亦會選擇價格戰。此為本賽局的 Nash 均衡，雙方預期收益組合為（$\frac{11}{3}$，$\frac{17}{3}$）。即 mimo 預期收益為 $\frac{11}{3}$；Crystal Ball 預期收益為 $\frac{17}{3}$。

圖 1-25 mimo 與 Crystal Ball 同步出招之擴展式

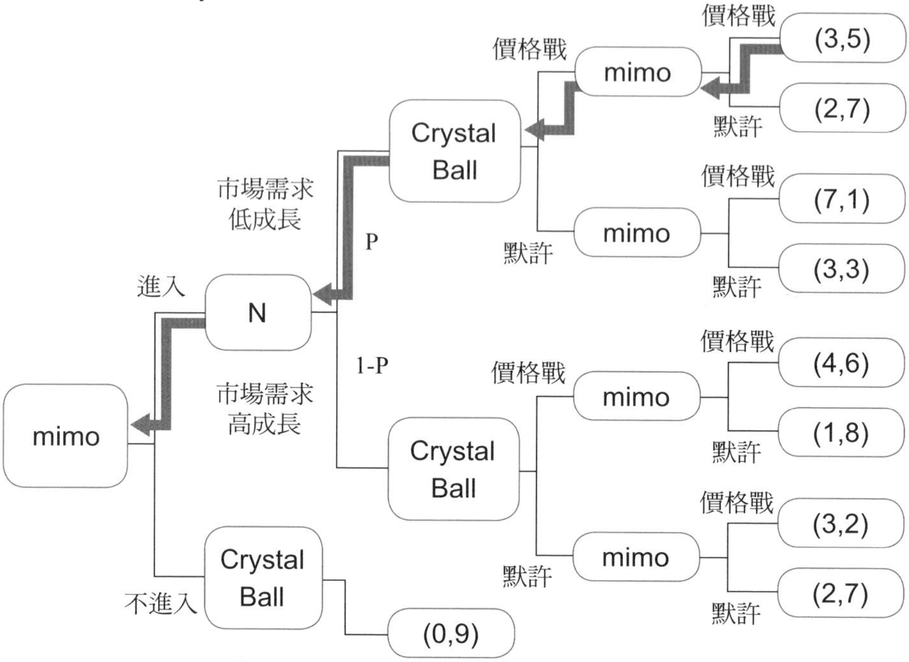

圖 1-26 mimo 與 Crystal Ball 同步出招之標準式子賽局

N

市場需求低成長

		Crystal Ball	
		默許	價格戰
mimo	默許	(3,3)	(2,7)
	價格戰	(7,1)	(3,5)

市場需求高成長

		Crystal Ball	
		默許	價格戰
mimo	默許	(2,7)	(1,8)
	價格戰	(3,2)	(4,6)

② 以標準式賽局尋找 Nash 均衡

我們將 1-25 的圖賽局樹轉成圖 1-26 的標準式子賽局。從圖 1-26 的兩個標準式子賽局，我們可以進一步的計算，將濃縮成表 1-27 的標準式賽局。

參照表 1-27 各種策略組合的預期收益，我們利用下列三個步驟，推論出 Nash 均衡：

A 對於 mimo 而言，採用價格戰的收益無論 Crystal Ball 如何反應都高於默許，所以 mimo 一定會採價格戰。而在 mimo 採用價格戰的情況下，Crystal Ball 默許與價格戰 Crystal Ball 的收益分別為 $\frac{5}{3}$、$\frac{17}{3}$，因此 Crystal Ball 也會選擇價格戰。

B 對於 Crystal Ball 而言，採用價格戰的收益都高於默許，所以 Crystal Ball 一定會採價格戰。而在 Crystal Ball 採用價格戰的情況下，mimo 默許與價格戰的收益分別為 $\frac{4}{3}$、$\frac{11}{3}$，因此 mimo 會選擇價格戰。

C 因此，Nash 均衡為（mimo 選擇價格戰；Crystal Ball 選擇價格戰），雙方的預期收益組合為（$\frac{11}{3}$，$\frac{17}{3}$）。

③ Nash 均衡

A 對 mimo 而言，mimo 進入的所有可能收益都超過 0，所以 mimo 一定會進入。

B 對 Crystal Ball 而言，價格戰是優勢策略。因此，不管 mimo 策略為何，以及市場需求成長高或低，Crystal Ball 都會採價格戰。

C 對 mimo 而言，她知道 Crystal Ball 一定會採用價格戰，因此不管市場需求成長高或低，mimo 一定採用價格戰，此時她可獲得的收益為 $\frac{11}{3}$；Crystal Ball 的收益為 $\frac{17}{3}$。

D 所以，雙方都採用價格戰是此賽局的 Nash 均衡。

mimo & Crystal Ball 預期組合計算過程：$\frac{2}{3}(4，6)+\frac{1}{3}(3,5)=(\frac{11}{3},\frac{17}{3})$。

（四）、討論

① 以市場實際發生的雙方價格競爭來看，mimo 選擇進入了市場，且使用了價格戰，定價的部分是 Crystal Ball 的價錢一半，這種削價策略替 mimo 殺出一片藍海。在品質差異不大的情況下，市場消費者容易認為 mimo 雖是 Crystal Ball 的副牌，但僅用一半的價錢就可以買到與 Crystal Ball 包差不多樣式的包包。

② Crystal Ball 原先在市場上，價格算是很硬，除非遇上百貨周年慶，否則都沒有甚麼額外的折扣。而 Crystal Ball 在面對 mimo 加入戰局後，我們也看到 Crystal Ball 開始使用價格戰，但使用價格戰的方式多為新品打折、過季品五折出清、買大送小的噱頭來吸引人，並不是真正在價格上做調整。所以，Crystal Ball 包才會被 mimo 包搶走一部分的市場。

③ 在商場上我們常常可以看到合夥人拆夥、家族分家另起爐灶的案例。也因此，我們常可以看到現在有很多公司對於資安的部分加強管制，讓部門與部門之間的訊息不是很流通，甚至需要簽署保密協議，目標就是希望不要將公司重要訊息或技術被有心人士劫取或壟斷。

表 1-27 mimo 與 Crystal Ball 同步出招之標準式

		Crystal Ball	
		默許	價格戰
mimo	默許	$(\frac{7}{3}, \frac{17}{3})$	$(\frac{4}{3}, \frac{23}{3})$
	價格戰	$(\frac{13}{3}, \frac{5}{3})$	$(\frac{11}{3}, \frac{17}{3})$

表 1-27 mimo 與 Crystal Ball 同步出招之標準式計算過程

雙方皆不進行價格戰	$\frac{2}{3}(2,7)+\frac{1}{3}(3,3)=(\frac{7}{3}, \frac{17}{3})$
mimo 默許，Crystal Ball 價格戰	$\frac{2}{3}(1,8)+\frac{1}{3}(2,7)=(\frac{4}{3}, \frac{23}{3})$
Crystal Ball 價格戰，mimo 默許	$\frac{2}{3}(3,2)+\frac{1}{3}(7,1)=(\frac{13}{3}, \frac{5}{3})$
雙方皆進行價格戰	$\frac{2}{3}(4,6)+\frac{1}{3}(3,5)=(\frac{11}{3}, \frac{17}{3})$

案例 W公司的人力需求檢討

（一）個案

W公司是一家桌上型電腦的ODM代工廠，所有世界知名品牌的桌上型電腦公司皆是其服務的客戶。一年的總出貨量約在五千五百萬台的桌上型電腦。H先生是W公司的研發部門主管，主要負責桌上型電腦的研發部門管理。二〇一四年由於公司推行精實專案，人員遇缺不補。造成研發部門負擔過重，二〇一五農曆年過後，研發部門離職率飆高到百分之十八 遠遠高於過去的平均百分之六到百分之八的水準。其中考績表現為前百分之三十之同仁的離職率也由百分之二上升到百分之六。二〇一五年第一季整個桌上型電腦產業出貨量年減百分之八。W公司的出貨量也略微受到影響。H先生隱約感覺到勒緊褲帶的日子不遠了。

二〇一五年五月底的某一天，W公司的總經理召開了每一季的公司營運績效的說明會。會中除了說明各個事業群的營運績效外，也提出了高階經理人對桌上型電腦產業未來的看法。高階經理人對於桌上型電腦產業未來一年的走向，也偏向悲觀。同時總經理要求所有部門須配合人資部門，在一個月內完成所有部門的人力檢視與規畫。

H先生根據過去的經驗，人資部門一旦完成人力評估，接下來總經理會採取人力凍結的政策。依照部門內目前的工作量與人力狀況而言，略有餘裕。可是接著下來的第三季，業務單位會去接新年度的案件。若是接案量與去年相當，估人力會出現不足的現象。且因為二〇一五年業績下降，為了二〇一六年的業績，業務單位勢必想盡辦法接更多的新案子。若是不能適當的補充人力，二〇一四年的問題會再次的衝擊這個部門。若是採取接單後再補充人力的方法應對，則因為人員也要經過三至六個月的訓練，才能對公司有所貢獻，所以可能緩不濟急。

人資部門主管也因為二〇一五年農曆年後的離職潮，而被要求寫一份事件報告，解釋為何人資部門無法了解研發的工作負擔狀況。因而造成過完農曆年後的大量離職。並且因為前百分之三十優秀員工的離職率，遠遠超過其部門關鍵績效指標所設定的離職率，進而嚴重影響其部門績效。而且還發生離職的優秀員工到社群網站，發文批評W公司。這對公司的整體形象造成很大的傷害。

以人資部門而言，很難去深入了解研發部門的人力需求的真實狀況。另一方面人資單位也怕研發部門會以人力不足作為無法接案的主要原因。可是總經理的態度明顯地表示要縮減人力，以度過 桌上型電腦 業的冬季。

（二）賽局分析

依照上述的個案內容，我們可了解到新年度新機種訂單的多寡，將是影響H先生是否敢向人資部門要更多研發人員的關鍵因素，而人資部門也有兩種策略選擇：答應增人或拒絕增人。但新機種訂單不是W公司說了算，市場只會事後才完全顯現。所以我們可以利用哈尚義轉換，設定此賽局中來自市場新機訂單比去年增加或減少的機率P和1-P是由上帝或自然（nature）來決定。

圖1-29顯示H先生與人資部門的動態賽局，H先生與人資部門都對市場新訂單是否比去年多或少並不完全了解，只能猜測對應發生的機率，所以圖1-29中自然（N）選擇增加或減少後，對H先生和人資部門而言，只能以粗虛線方式表示。但此賽局是H先生先出招，決定要不要申請增加人員，人資部門在觀察到H先生策略後，再決定同意或不同意。

再者，從雙方的不同策略選擇，我們可以用後推法推出可能的均衡策略組合：

① 在新機種比去年多時，人資部門不管H先生決策如何，一定會同意增人，所以H先生會選擇增人的策略。

② 在新機種比去年少時，人資部門不管H先生決策如何，一定不會同意增人，所以H先生最好的選擇是不增人。

（三）Nash均衡的探討

但問題是在市場不確定的情況下，整個賽局的Nash均衡就可能受到新訂單好或不好的機率所影響。我們先將圖1-29的賽局樹轉成圖1-30，H先生與人資部門的混合型動態賽局，然後再將市場新機訂單比去年增加或減少的機率P和1-P乘上對應策略組合的收益值，我們就可收斂成表1-31 H先生與人資部門的標準賽局。譬如，當P等於〇・八時，下表呈現部門一定會同意徵人，而H先生也會選擇增人的建議。但當P等於〇・三時，下表呈現部門一定會選擇不同意徵人的策略，而H先生也當然會選擇不增人的策略。

事實上，我們也可以算出P大於〇・七五時，部門一定會同意徵人，H先生也會選擇增人；而P小於〇・三時，部門會選擇不同意徵人，H先生會選擇不增人的策略。此時才會出現此賽局的Nash均衡。換言之，除非市場新訂單很明顯的增加或減少，否則產業經驗告訴我們，即使是產業老手也常陷於判斷失準的窘境。

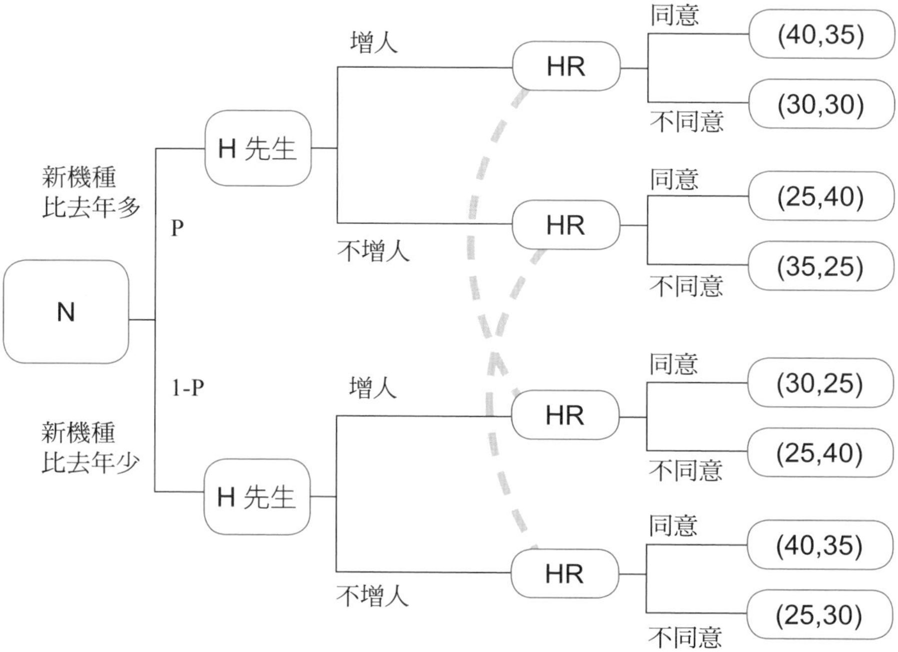

圖 1-29 H先生與人資部門的動態賽局樹

圖 1-30 H 先生與人資部門的混合型動態賽局

N

P：新機種比去年多

		HR	
		同意	不同意
H 先生	增人	(40,35)	(30,30)
	不增人	(25,40)	(35,25)

1-P：新機種比去年少

		HR	
		同意	不同意
H 先生	增人	(25,25)	(20,40)
	不增人	(35,35)	(30,30)

表 1-31 H 先生與人資部門的標準賽局

		HR	
		同意	不同意
H 先生	增人	[40P+30*(1-P),35P+25*(1-P)]	[30P+25*(1-P),30P+40*(1-P)]
	不增人	[25P+40*(1-P),40P+35*(1-P)]	[35P+35*(1-P),25P+30*(1-P)]

當 P=0.8 時的計算結果，H 先生會增人， 人資部門也會同意

		HR	
		同意	不同意
H 先生	增人	(38,33)	(29,32)
	不增人	(20,34)	(35,26)

當 P=0.3 時的計算結果，人資部門不會同意增人，H 先生也不會增人

		HR	
		同意	不同意
H 先生	增人	(33,28)	(26.5,37)
	不增人	(35.5,33.5)	(35,28.5)

案例 王品集團的抉擇

（一）個案

王品餐飲是台灣的餐廳連鎖集團，總部位於台中市西區，創立於西元一九九三年，創辦人為戴勝益，整個王品集團旗下約有十四個品牌。在王品集團創立之初，戴勝益因為嗅出當時台塑集團王永慶董事長最愛的私房菜——台塑牛排商機，於是在台中開設第一家王品台塑牛排，以一頭牛只能做六客牛排的行銷手法，在台灣的餐飲界中一炮而紅。從此戴勝益決定犧牲掉其他事業（如一品粽等），將所有的資源投入在王品牛排，並全面導入麥當勞的經營架構與組織，建立起一套屬於王品的標準化制度，無論是「展店流程」、「店面清潔」、「顧客服務流程」到「員工升遷」等，都個別有一本準則手冊與營運規則。

王品透過這一套鉅細靡遺的標準流程，在二〇〇一年啟動了「醒獅計畫」，派遣優秀的資深幹部走出原單位，擔任開創新品牌的「獅王」角色，把王品台塑牛排經營成功的經驗進行複製，為王品帶來新品牌。把這些新品牌除了擁有王品一貫SOP的服務流程以外，為了避免產生自家人打自家人的局面，每個新品牌的消費與產品定位均不相同，但各品牌間是採聯合採購的方式，降低食材和人事成本。王品的獲利也開始隨著快速擴店與多品牌的策略持續上升，在二〇一二年正式掛牌上市後，在二〇一三年底股價甚至上升至接近五百元的高點。

但在二〇一四年食安風暴期間，以董事長戴勝益為主的經營團隊危機處理失當，股價攔腰折半，二〇一四年度配發的現金股利更較前一年少了百分之三十四，創下掛牌以來的最低點。其實從王品掛牌以來，兩岸店數與年營收均有大幅度的成長，兩岸店數成長三成，營收成長兩成，可是獲利卻不增反減，縮水了約百分之十三。

深究王品衰退的原因有四：

① 王品為了搶攻庶民經濟，開發了許多新的平價品牌，但也跨入了競爭最激烈的紅海市場，拉低了整體公司的獲利水準是很正常的結果。尤其是平均每客單價在三百元左右的品田牧場、曼咖啡與石二鍋，二〇一四年的營業

利益率僅有百分之二點五，完全無法跟中高價位品牌動輒十個百分點的營業利益率相比。

②雖然王品向來以SOP服務流程享譽業界，但這種模式也讓王品的服務不易客製化及深化，以致當新開幕的店的新鮮期（約二年）過後，就不易有更好的業績。所以，王品只好繼續以衝店數與多品牌的策略，勉力維持公司的業績。但在面臨食安危機的衝擊時，就容易露出敗績。

③王品的快速展店策略同時也產生了人力資源嚴重不足的現象。一方面是因公司文化造成高階主管的大量離職；另一方面公司雇用過多的工讀生及人力培訓資源被稀釋嚴重的情況下，蜀中無大將的窘況讓王品不易有更好的戰將為整個集團打拼。

④為了搶攻中餐市場，王品集團在台灣與中國大陸推出一個中高價位的全新餐飲品牌，這是向來以異國料理見長的王品首度跨足中餐市場。王品二〇一四年在對岸的店數已經破百，預定在二〇二二年在中國大陸的店數將突破千家，希望透過發展中餐品牌能夠帶來快速成長的新動能。但是面臨中式料理不容易標準化，而且在中國大陸的中餐市場早就已經有許多有特色的中餐品牌占有一席之地，如擅長西北特色菜的「面貝筱面村」、快餐連鎖店的「老娘舊」等，王品集團的經營面臨重大挑戰已是必然之事。

（二）賽局分析

對於王品集團來說，除了營運資金之外，若想要快速展店，也必須要有完整的人力資源規畫，但不幸的從整體人力結構來看，這正是王品最弱的一環。如今在面對是否繼續拓展低價位品牌與創立新的中餐品牌的問題上，有必要選擇對集團營運最有力的策略，才有機會再度提升集團營收與獲利。

王品可選擇的策略賽局是王品集團面對獲利減少而且集團資源有限的關係，在低價品牌店數策略中可以選擇繼續或不繼續擴展；在發展新中餐品牌的策略中可以選擇進入或是不進入。

但從表1-32王品集團經營策略賽局，我們可以發現：

① 對於王品集團來說，絕對不會選擇繼續進行低價品牌策略，因為繼續進行低價品牌策略為集團帶來的利益都小於不繼續的策略。

② 如果說王品決定不繼續低價品牌策略的話，那麼對於進入或不進入中餐市場的策略來說，選擇進入的收益為3，大於不進入中餐市場的收益。

③ 所以此賽局的優勢策略 Nash 均衡為（不繼續低價品牌策略；進入兩岸的中餐市場）。

事實上，基於王品集團需要提升集團的獲利，繼續低價品牌拓展的進行是一種吃力不討好的策略，因為面對進入門檻低與獲利率的這片紅海市場，競爭對手通常是靠著靈活的人事與結構成本的個體戶，如拉麵店或是臭臭鍋等。但王品卻是利用正規軍切入市場，如石安牧場既要符合最高標準，員工勞健保與福利又要向集團中高價位看齊，所以要達到高獲利並非容易。對於切入中餐市場來說，若王品能在中餐市場取得區隔，提供一般台式餐廳不一樣的服務與餐點，受消費者青睞的機率會較高。

因此，從賽局的優勢策略來看，集中資源投入高獲利市場並暫停中低價位策略對王品集團來說將可獲得最大利益（利益為3＋2＝5，其他選擇的收益最高只有1），較有利於公司經營與長期成長。

（三）另一種賽局分析：王品在中餐市場與欣葉集團間的競爭

在王品集團採行在台灣與中國大陸推出中餐新品牌的策略後，目前在台灣中式餐飲界擁有一席之地的欣葉餐廳集團必然面臨成長的挑戰。欣葉台菜集團於一九七七年，由李秀英女士在台北市雙城街的巷子裡創立，欣葉打破當時大眾對於台菜餐廳只有清粥小菜並無大菜的刻板印象，為台灣第一家將台灣筵席菜帶入台菜的餐廳。欣葉

表 1-32 王品集團經營策略賽局

		低價品牌策略	
		繼續	不繼續
中餐市場	進入	(2,-1)	(3,2)*
	不進入	(1,-2)	(0,0)

集團目前擁有六個獨立品牌與國內十五家餐廳與三家海外餐廳，預估二〇一五年的營業額約二十億元。

但其實欣葉集團也並非一帆風順，早在二〇〇五年欣葉就已經進入中國市場，在北京開設過海外分店。但是最終仍因食材運送、當地法令限制等各種問題，讓欣葉在中國大陸始終無法站穩腳步，於是在二〇一一年結束經營，並將品牌長江以北的經營權交由合作夥伴大成長城集團經營管理。目前，欣葉集團所有的品牌海外市場均以合作方式進行，除了前面提到的長江以北與大成長城集團合作，長江以南地區與中國市值最高的上市餐飲集團唐宮合作，新加坡分店則與當地同樂集團合作，所有海外品牌餐廳的後勤由當地合作方提供，欣葉則負責市場經營。

欣葉也與中國最大的餐飲集團唐宮合作，在台灣設立「金爸爸」公司，這家公司將做為欣葉集團引進國外品牌的溝通橋樑，像在二〇一四年引進另外一個唐宮旗下的中餐品牌，專營中式餐點與小菜的「唐宮小菜」。

在王品集團與欣葉集團都想藉由新品牌進軍中餐市場的前提下，需要考量到的就是市場接受度、價位區間和展店店址。雖然欣葉比王品早先進入中餐市場，欣葉與王品之間的拓展新中餐品牌的策略模式可視為同時進行時，圖1-33中的虛線代表王品與欣葉同步出招。因王品必須面對市場對於他們所推出中餐品牌接受度或評價的不確定性，王品與欣葉之間的賽局變成一種不完全訊息的動態賽局。所以王品對於中餐品牌在市場接受度高或低機率的預期，就會影響王品的預期獲利，以及王品的最適策略選擇。我們假設王品預期其新中餐品牌市場接受度高的機率是$\frac{3}{5}$；市場接受度低的機率是$\frac{2}{5}$。

因此，我們可用前推法，找出此王品和欣葉在不完全訊息動態賽局的均衡策略。

① 參照圖1-33，對於欣葉來說，不進入中餐市場收益為0，進入市場的收益都大於0，所以欣葉一定選擇進入市場。

② 對欣葉來說，無論顧客接受度高低，也不論王品採取何種經營策略，他一定會選擇積極展店。因為在各種情況下，欣葉採取積極展店的策略都優於保守經營。

③ 當王品選擇積極展店的策略時，欣葉也會選擇積極展店。主要理由是當王品在市場接受度低的時候，王品一定會選擇積極展店，若此時王品選擇保守經營，欣葉一定會選擇積極展店的策略，此時王品收益為3；欣葉收益

為11。因此，王品一定會選擇積極展店的策略，而且欣葉也會選擇積極展店的策略。

④當王品預期市場接受度高與接受度低的機率各為 $\frac{3}{5}$ 與 $\frac{2}{5}$ 時，欣葉採取積極展店的期望收益為 $\frac{3}{5}\times 7+\frac{2}{5}\times 8=\frac{37}{5}$，明顯高過採取保守經營的期望收益 $\frac{3}{5}\times 7+\frac{2}{5}\times 4=\frac{17}{5}$。

⑤所以此賽局的貝式均衡為欣葉一定會進入市場，然後會選擇積極展店的策略，預期的收益為 $\frac{37}{5}$；而王品不論市場接受度高或低，王品還是會選擇積極展店的策略。只是當市場接受度高時，王品的收益為9；市場接受度低的時候，採用積極展店的策略收益為7。

上述的均衡解顯示積極展店是欣葉在此賽局的優勢策略。對於王品來說，他知道欣葉一定會採取積極展店的策略，所以王品最佳的策略也是積極展店。故欣葉選擇進入市場並採取積極展店的策略，王品也採積極展店的策略將成為本賽局中的貝氏 Nash 均衡。（有關貝氏均衡的說明見一百四十三頁）

圖 1-33 欣葉與王品同時進行新品牌拓展賽局

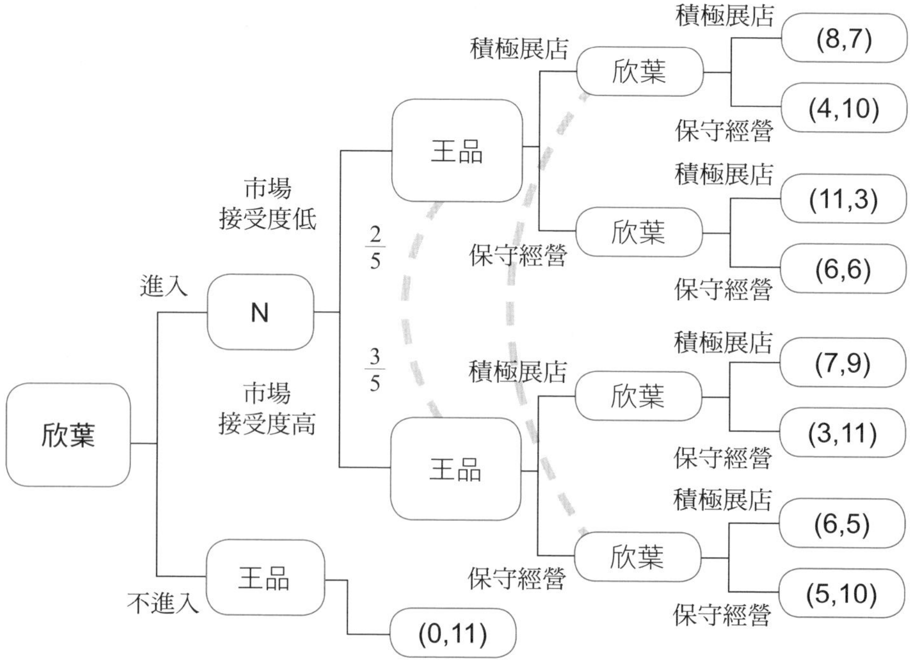

第二篇

成為談判贏家的八大策略

要成為賽局贏家的策略組合可說是相當多元，擁有良好的分析及推論工具是必要條件之一，如何將這些工具善加整合，適時適點地針對不同類型的賽局參與者，做出最適當的策略回應才是一門真功夫。下文是以實務應用為導向，羅列出讓讀者成為賽局贏家的八大策略原則，我們並以各種不同的個案來說明如何應用這些原則。

在此，我們必須先聲明的是，這八項是屬賽局中較為重要的策略原則，而非全部賽局策略的代表。但讀者只要能將此八項策略原則混合使用，應會有更好的結果。

在一個賽局當中，若參加的人選擇某一個特定的策略，能夠帶給他的收益是所有策略當中最高的，我們可以把這個特定的策略，稱為這個賽局參與者的優勢策略。因此，我們可以把優勢策略直接定義為在一個賽局當中，不論其他競爭或合作的對手採用甚麼策略，這個參與者的優勢策略應該只有一個。所以，我們也可以推論出，在一個賽局當中，**若每個賽局的參與者都有一個優勢策略，而且這種所有參與者的優勢策略組合存在，我們可以稱為這種組合是一個優勢策略的 Nash 均衡**。譬如，在美國、歐洲、台灣及其他民主國家歷年的總統大選中，因為中間選民常是最大的選票族群，兩大政黨總統候選人的優勢策略幾乎都會選擇中間路線的政策。

此外，像我們常在講的囚犯困境賽局（表 2-1），大家都知道對囚犯乙而言，不管囚犯甲選擇招供或不招供，囚犯乙的優勢策略是招供，因此對囚犯甲而言，他知道囚犯乙一定會招供，所以囚犯甲的最佳策略也是招供。此時，（囚犯甲招供；囚犯乙招供）成為這個囚犯困境賽局的優勢策略 Nash 均衡。

可是，並不代表所有具有優勢策略 Nash 均衡的賽局就是最好的，甚至可能不是大家所希望出現的結果。像現在開車族或機車族都必須使用馬路，它對大家而言是很重要，但若提到要共同出錢維修馬路或把路鋪得更平，大家的優勢策略均衡是「我不出錢，等別人修好路，我享受就好。」但若大家一起出錢把馬路鋪好，這是對所有的人最好的結果。像這種具有優勢策略均衡，剛好與大家或社會所期望相反的現象，我們可以稱之為社會困境。所以對這種社會困境，就需要政府出面，向大家課稅，然後將

表 2-1 囚犯困境賽局

		囚犯乙	
		招供	不招供
囚犯甲	招供	(-8,-8)*	(8,-10)
	不招供	(-10,8)	(1,1)

馬路鋪平，讓具有社會福利最大的優勢策略均衡出現。

譬如，在二〇一四年高雄某一家晶片封裝測試企業，因長年違反環保法規，排放未經處理或未完全處理的廢水，嚴重汙染附近農田與河川。附近農夫及環保團體檢舉，以及經媒體大幅報導以後，引發政府與民眾的憤怒，到後來甚至被地方政府勒令停工，直到該公司增購完整的汙染處理設備，才得以申請復工。這種企業污染的模式，在台灣或很多開發中國家屢見不鮮，最主要的理由是因為環保稽查不夠嚴厲，以及排放汙水被查獲的處罰成本不高所造成的結果。

以表2-2汙水汙染環境的賽局為例，當地方政府處罰的機會成本不高時，雖然兩家企業日月明及日月暗若均採用自行處理策略時的收益，高過兩家企業同時排放汙水的收益，但因為兩家企業都會選擇他們各自的優勢策略，而形成兩家企業都排放汙水的策略組合，成為這個賽局的優勢策略Nash均衡。

對於地方政府而言，若地方政府可提供一個機制，讓兩家企業可以彼此約定都自行處理汙水，如果其中有一家企業偷偷排放汙水，不僅會被地方政府處罰高過偷排汙水收益的罰款，甚至會賠上社會聲譽的時候，兩家企業就有可能以「合作」的方式，彼此達成「自行處理」的合作解，達到企業與社會雙贏的局面。其實，這種論點也是多年來經濟或環保學者，所強調的一個進步社會為何需要有效率或力量強大的公益團體存在的理由。

表 2-2 汙水汙染環境賽局

		日月明	
		排放汙水	自行處理
日月暗	排放汙水	(40,40)*	(50,35)
	自行處理	(35,50)	(45,45)

案例 各國在南海主權的爭議

（一）南海問題

南海是一個位於東南亞，被中國大陸、台灣本島、菲律賓群島、馬來群島及中南半島所環繞的陸緣海，為西太平洋的一部分。東南亞國家對南海有不同的稱呼，如越南稱其為東海，菲律賓則稱其為呂宋海或西菲律賓海。中國漢代、南北朝時稱其為漲海、沸海，清代以後逐漸改稱南海，並延續至今。近代亦有人從國際上通用的英語名稱「South China Sea」譯為南中國海。

南海海域面積有三百五十萬平方公里，其中有超過兩百個無人居住的島嶼和岩礁，這些島礁被合稱為南海諸島。除了海上運輸航線、熱帶漁場外，南海還蘊藏著豐富的石油和天然氣。譬如接近印尼的納土納群島近海專屬經濟區（EEZ）、馬來西亞沙巴與沙勞越外海的海底、菲律賓外海巴拉望島附近、越南的青龍與大熊油田等都已證明含有豐富石油。所以南海海域因牽涉到許多國家的利益，而衍生成為一個非常敏感的地區。目前各國的爭執焦點是在中國南海海域中最南端的南沙群島。

近年來中國大陸在南海諸島（以永暑礁、渚碧礁、美濟礁及赤瓜礁周邊海域為主）的國土擴張方面，成長的速度常讓人震驚。二〇一五年四月初，一系列中國在南海島嶼填海造地工程的衛星照片流傳開來，尤其是其中的永暑島（Fiery Cross Island），外界估計面積增加了約一百倍，從一個足球場大小，到現在約二點八平方公里的島嶼，且已增設可供戰機升降的跑道。

中國大陸所實際控制的數個島嶼，約從二〇一四年八月開始快速的變化，像海灘被填成陸地，房屋、碼頭、淡水工廠拔地而起。加上在二〇一二年起占領鄰近菲律賓的黃岩島等事件，都已引起了環南海海域一些國家像菲律賓、越南、印尼和馬來西亞的不滿。美國當局更表態，批評中國填海造陸行為，並說中國填海不可能「製造」出主權。事實上，菲律賓、越南、馬來西亞都早已在南海島嶼上擴建房屋、碼頭及興建跑道，甚至開採石油等礦產。而美國除分別在日本、菲律賓與新加坡提供海神空中偵察機（P-8 Poseidon）外，也開始大量利用菲律賓與新加坡的軍事設施作為監控南海之用。

這種中美之間的「暗戰」可說屢見不鮮，後來美國派遣偵察機與拉森號（USS Lassen）導彈驅逐艦到南海，並進入中國軍隊所控制南海南沙群島的渚碧礁與美濟礁十二海里內航行；但中國也強烈回應，放話中國解放軍在南海危機中不畏一戰，但中國也希望中美兩國在南海的相互合作應該是兩國未來關係發展的主要趨勢。讓各方憂慮中美是否會在南海擦槍走火，引爆局部戰爭。

（二）中美雙方的策略原則

對中國而言，南海島礁不僅是生存空間與軍事戰略的問題，也是領土主權爭奪的問題。但從中國處理新疆維吾爾族抗爭、西藏賴達喇嘛和藏獨問題、台灣獨立問題、在東海與日本的釣魚台列嶼主權爭奪，以及在南海與菲律賓、越南、馬來西亞等國領土糾紛等事件的方式來看，中國對於南海問題的優勢策略應該會在政治經濟與東協合作，但自行擴建島礁的部分合作前提下，採用穩健擴張的策略而非不合作主義。因為採用為島礁擴建而與東協和美國撕破臉的不合作主義，會讓中國經貿損失更大。

但隨著南海緊張局勢的升級後，以美日為主的國家或是鄰近地區的國家如菲律賓、越南、馬來西亞等國，基於各自不同的戰略目的，都想趁機擴大在南海地區的影響力。二〇一五年菲律賓總統艾奎諾三世，六月初訪問日本，在日本演說時點名中國就像納粹德國，並引用德國兼併蘇台德區這段歷史，提醒相關國家不應對中國採取姑息主義，避免第二次世界大戰的悲劇再次發生。艾奎諾擔心的是，中國在南沙群島填海造陸的作為，軍事實力堅強的美國與日本如不採取因應作為制止中國，中國勢必逐步蠶食在南海的版圖。對菲律賓及越南這些在東亞權力相對弱勢的國家來說，在南海與中國核心利益相互衝突，因自身總體國力比不上中國，引入國際勢力加持成為他們戰術上優先選擇的策略。

對美國而言，美國介入南海問題的企圖由來已久，像『聯合國海洋法公約』在一九九四年十一月十六日正式生效後，美國對南海的基本政策便由不介入轉為介入但不陷入。所以迄今美國的戰略目標是在不發生軍事衝突的前提下，維持美國在南海地區的軍事存在與政治外交主導的地位，所以其戰略主軸可略分為三：

① 希望利用國際公約或國際仲裁的方式，阻擋中國的持續擴張。

② 防止中國大陸改變南海現狀，維持國際航行與飛越權力的自由。

③ 加強與東協發展政治、軍事、經濟、及戰略關係。

對日本而言，其策略主軸除協助菲律賓，象徵與美國盟邦站在同一陣線外，更重要的是日本可藉南海問題化解其在東海及釣魚台列嶼所面臨的壓力。另外菲律賓亦同意與日本簽署防衛裝備轉移協議，或往後可能達成的訪問部隊協議，日本自衛隊藉此將軍力投射到海外，符合日本成為正常化國家的願望。日本也積極加強與印度在海洋安全問題上的合作。像在二〇一三年五月，印度總理辛格訪問日本期間，日印雙方達成協議，由日本的海上自衛隊和印度海軍實施定期聯合演習。

對於澳洲，目前除了與美國和日本共同舉行澳美日戰略安全對話部長會議外，澳洲還是強調各國彼此在南海合作的重要性。所以美、日和澳各國的優勢策略應該會是利用非軍事衝突的方式，維持彼此在南海的利益與和平。

表2-3顯示中國大陸、東協與美日澳聯盟之間的策略組合而產生的收益。譬如，若中國大陸採部分合作、東協與美日澳聯盟採部分合作策略，三個的總收益為18；個別收益為6。但若中國大陸採部分合作、東協採不合作策略；美日澳聯盟採部分合作策略，則中國大陸的收益為7；東協的收益為1；美日澳聯盟收益為7（即表2-3的（7，1，7））。但若中國大陸採不合作、東協採部分合作策略；美日澳聯盟也採部分合作策略時，則美日澳聯盟和東協收益最大，中

聯盟結構（Coalition Structure）

在賽局中，若所有的參與者會彼此合作組成數個聯盟，則此聯盟可稱為大聯盟（Grand Coalition）；若參與者並不組成聯盟則稱為單一聯盟（Singleton Coalition）。

國大陸的收益為1；東協的收益為7；美日澳聯盟收益為7（即表2-3的（1，7，7））。

因此，從表2-3我們可以得到，Nash均衡（表2-3的*）：三方都採合作的策略。因為對三個聯盟而言，他們知道中國大陸一定會採用部分合作的策略，所以東協各國和美國也一定會採用合作策略。此時三方所共同組成大聯盟的總收益為18，每方各得6。因為戰爭的代價實在太大，任何一方都負擔不起。

表 2-3　三個聯盟之間的賽局

		美日澳聯盟			
		部分合作		不合作	
		東協		東協	
		部分合作	不合作	部分合作	不合作
中國	部分合作	(6,6,6)*	(7,1,7)	(7,7,1)	(3,0,0)
	不合作	(1,7,7)	(1,0,2)	(2,1,0)	(2,0,0)

案例 微軟與諾基亞的合作賽局

微軟在二〇一四年四月二十五日正式完成對諾基亞（Nokia）行動通訊與服務部門的收購，微軟以十六點五億歐元取得諾基亞所有手機專利的授權，以及轉移諾基亞與第三方簽署的授權合約。從此諾基亞品牌的手機正式走入歷史，並改名為 Microsoft Mobile Oy。至於諾基亞本身仍保留網路通訊部門、HERE 地圖與圖資相關事業部門、核心技術中心、Advanced Technology（專利授權部門）及八百五十件專利，只是諾基亞不再從事手機製造而轉型成為網路技術公司。

這件智慧型行動裝置產業的重大併購案，是否會牽動全球整個智慧行動裝置的產業？從二〇一五年微軟所推出的各種手機的成績來看，併購諾基亞的成效似乎不是很好。因為微軟的 Windows Phone 目前在智慧型行動裝置作業平台的市占率方面，遠落後於 Google 的 Android 與 Apple 的 iOS 作業系統。而在商標權方面，諾基亞只同意微軟於現存的諾基亞手機使用諾基亞品牌，至於中低階智慧手機的 Asha 品牌則併入 Windows Phone 智慧型手機的 Lumia 品牌之中。其實到二〇一五年，諾基亞品牌的手機已完全由 Lumia 品牌取而代之，這能看出微軟在此併購案中強勢維持本身品牌，以凸顯微軟本身品牌價值的策略。

若以賽局角度來看，諾基亞因二〇一〇至二〇一二年間的手機銷售不佳而產生約三億美元的現金缺口，對此，諾基亞有兩種策略選擇：一是出售手機設計與製造部門，或是選擇不出售，進行部門重整，但重整成本

圖 2-4 微軟與諾基亞的賽局樹

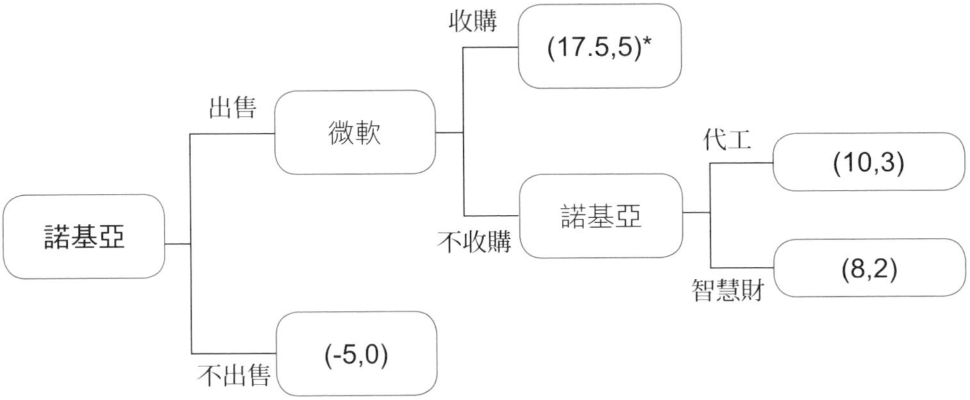

會讓諾基亞的成本增加約五億歐元。對微軟而言，它在伺服器與桌上型設備上擁有龐大的軟體工程師群，但於行動裝置方面卻缺乏，若不擴大自身行動裝置的市場，提供行動裝置軟體平台，在未來的行動化市場將受到壓迫而難以施展，故無論如何必須積極拓展搭載 **Windows Phone** 作業系統的手機。所以若微軟採用收購諾基亞的策略，微軟須支付十六點五億歐元，若因其他因素（如違反公平交易法或壟斷法）造成諾基亞願意賣而微軟被迫選擇不能收購或無法收購，則微軟可選擇向諾基亞購買手機通訊軟體相關專利權，或是與諾基亞或其他廠商合作，委託他們代工手機產品。

所以雙方的策略選擇組合及對應收益如下：

① 當諾基亞選擇出售策略，微軟選擇收購，諾基亞得到十六點五億歐元，微軟收益為三億歐元。

② 當諾基亞選擇出售策略，微軟被迫選擇不收購，此時依微軟的策略可再提出尋求諾基亞合作代工微軟手機，此時諾基亞收益為十億歐元，微軟收益為三億歐元；若諾基亞僅出售智財權給微軟，此時諾基亞收益為八億歐元，微軟收益為二億歐元。

③ 當諾基亞選擇重整，其收益為負五億歐元，對微軟沒有任何影響。

對於上述各種微軟及諾基亞的策略選擇組合及對應的收益，以圖2-4的賽局樹來呈現，從賽局樹中，我們可以發現（微軟的優勢策略是收購諾基亞；諾基亞的最佳策略是出售手機部門），諾基亞獲得充裕的資金彌補現金缺口，而微軟可以獲得產品的垂直整合及智財的助益，這也是呈現對雙方都有助益的一種合作賽局。

案例 台灣香菸市場的競合賽局

台灣菸酒公司屬於政府的國營事業之一，自日據時代即為香煙專賣之政府機構，也是本土唯一製煙公司。政府為因應加入WTO，在二〇〇二年將專賣制度廢除，開放市場自由競爭，同時准許進口品牌香煙在台灣當地設廠製造銷售。由於長期專賣的獨佔地位，本土品牌香煙成為台灣消費者的香菸品牌唯一選擇。因此，雖然開始開放市場自由競爭，在初期階段因進口香煙仍需課徵高關稅及菸稅，所以本土品牌在價格上有其優勢而穩坐市佔龍頭地位。

隨著促進健康與維護環保之社會意識高漲，台灣香煙市場在政府對法規制定愈趨嚴格的情況下，香菸經營環境及市場推廣面臨前所未有之困難，再加上近年來國外知名品牌香煙不斷運用靈活行銷手法強勢攻佔本土市場，台灣菸酒公司由於組織僵化、人員老化、官僚心態及經營管理較為被動等因素，在面對激烈競爭的對手，本土香菸銷量逐年遞減，至二〇一〇年時，整體市佔率已滑落只剩約百分之四十，但仍維持市佔率第一的排名。

但到二〇一三年，台灣香煙市場競爭經過更激烈的競爭，原本高居市佔率第一的本土品牌，終於敵不過進口煙，而掉落為第二。該公司二〇一四年的市場調查資料顯示，二〇一三年市售主要品牌香煙之市佔率分別為：M牌（日本）百分之四十；長壽牌（本土）百分之三十；P牌（英國）百分之九；D牌（德國）百分之八。

當日本M牌在台灣市場市佔率站上百分之四十後，日本總公司便開始思考委託代工或自行在台灣設廠生產，何種策略對公司香菸經營更有利？於此同時，長壽牌因銷量銳減導致產能嚴重過剩，又因菸酒公司不易像私人企業一般，利用人事縮編或關廠整併進行成本管控，所以為了維護員工工作權益及填補閒置產能，於是公司高層也開始考慮是否應選擇幫M牌代工，以提升營運績效。但此策略將讓長壽牌與M牌之間形成既競爭又合作關係。這對台灣菸酒公司而言，是一種經營困境的抉擇，一方面要積極努力經營自己的產品，以利在市場上設法與M牌競爭；另一方面又不得不思考以幫M代工以脫離經營困境，但是又擔心幫M牌代工將增加M價格競爭力，反利其回頭來搶自己的市場。但若不幫M牌代工，除大量機器設備閒置外，還可能促使M牌在本土設廠，屆時可能大量挖走菸酒公司的人才。

以賽局分析來檢視，對於上述的個案，依照賽局的解法，可將之分成下列兩項子題：

① 若M牌選擇不找台灣菸酒公司代工，而選擇自行設廠，其預期收益多少？台灣菸酒公司的預期收益多少？

② 若M牌選擇找台灣菸酒公司代工，台灣菸酒公司也接受，M牌與台灣菸酒公司的預期收益各為多少？

所以，若我們用以圖2-5的賽局決策樹，可以得到不論M牌的選擇是委託菸酒公司幫他代工，或是不委託，菸酒公司的優勢策略選擇是為M牌代工。因此，此賽局的Nash均衡就是M牌會請菸酒公司委託代工；菸酒公司為M牌代工。

但讀者要了解，上面的決策樹所顯示兩公司的收益可能隨公司的特質或外在環境的改變而調整。譬如，台灣菸酒公司成功開發新品牌香菸，而且很受國人喜愛，菸酒公司可能面臨M牌願意委託，但仍不會接受委託的情境。所以，Nash均衡可能隨之改變。

此故事最後的結局，是因M牌公司額外要求菸酒公司免費授權M牌公司生產及銷售長壽菸，菸酒公司若接受此要求，不僅犧牲長壽牌的品牌價值，而且日後其本土的市場等於拱手讓M牌公司全盤接收，所以雙方的合作賽局破裂。

其實這牽涉到日方廠商在商標授權談判過程中，過於強勢或蠻橫，而且免費授權的條件也太嚴苛，以致引發菸酒公司高層的不滿，甚至在談判幾乎破裂後，日方的委託人所顯現輕蔑惡劣態度，讓雙方的合作空間不復存在。所以M公司只好改變策略，退而求其次，在台南市申請自設菸廠，台灣菸酒公司繼續維持目前的經營模式。M公司之所以選擇自設菸廠的方式，主要是基於想長期經營台灣市場的策略。因為與經營僵固的菸酒公司競爭，M牌的長期收益將更為可觀，甚至高過委託代工製造的收益。所以自設菸廠反而成了M牌的長期優勢策略。

圖 2-5　M牌菸商與台灣菸酒公司的賽局

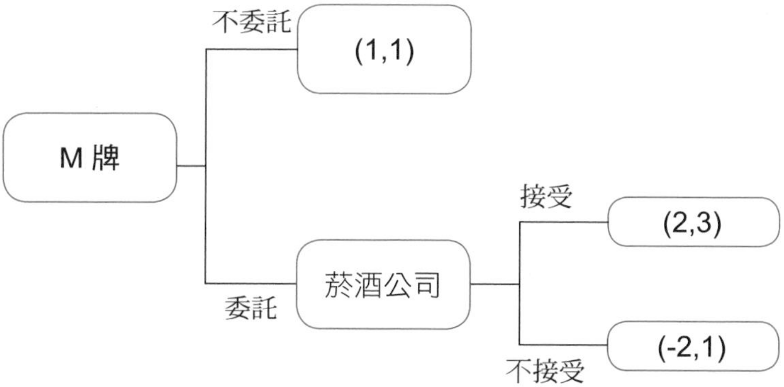

案例 玄武門之變─先下手為強的優勢策略應用

唐朝是繼漢朝之後的另一盛世，尤其自唐太宗、唐高宗、武則天到唐玄宗幾代，政治較清明，經濟發展較佳，社會也較安定，其中更出現了所謂「貞觀之治」和「開元之治」的盛世。唐太宗對於唐朝的盛世扮演著一位奠基者的角色，由他開創的貞觀之治奠定了唐代的繁榮。而事實上，唐太宗在登基前，存在著許多未確定的因素，其中最關鍵的事件為「玄武門之變」。後世對他所策劃的玄武門之變的原由，也有許多不同的見解。有人認為他殺兄弟、逼父退位的方式，有其不得已的苦衷，情有可原；也有人說，為帝位而引發兄弟相殘乃是暴君的行為，不可取。

（一）玄武門之變

玄武門之變是在唐朝武德九年，由唐高祖李淵次子秦王李世民為首的秦王府集團，在唐朝首都長安城內皇宮的北宮門─玄武門附近，所發動的一次流血政變。在那次政變中李世民殺死他的長兄皇太子李建成和四弟齊王李元吉等人，然後成為皇太子並掌握京師兵權，不久之後李淵即為時勢所迫而禪讓給李世民，同年八月初九由李世民繼承帝位，史稱唐太宗。

（二）太子之爭

唐高祖李淵共有二十二個兒子，長子李建成為太子，次子李世民封秦王，三子玄霸早卒，四子李元吉封齊王。李淵在太原起事前，只有李世民參與策劃，而起事之後，討平群雄的戰爭中，李世民立功最大，但李世民不是嫡長子，按照傳統習慣，皇位應由嫡長子繼承，因此唐高祖即位後，便立李建成為皇太子。

由於李世民能征慣戰，智勇兼備，成為當時軍隊中的重要領導人，網羅了不少勇將猛士，也因此自然形成當時政治上一個強而有力的集團，直接威脅到太子李建成的威望。在專制政體之下，政治權力是具有排他性的，李建成為了鞏固太子的地位，確保未來皇位的繼承，必然起而與秦王李世民抗衡，希望能消滅李世民的勢力。

面對李世民的威脅，太子李建成採取了三個策略來強化自己並削弱李世民的勢力：

① 遊說唐高祖的妃嬪，尋求她們協助。

② 強化自己的軍力，暗中召募壯丁二千人為東宮衛士，屯駐在東宮的長林門。

③ 收買秦王李世民的部下。李建成與李元吉和後宮妃嬪日夜在高祖耳邊說李世民的壞話，高祖便開始有些相信，欲將李世民進行懲處，但陳叔達向高祖諫道：「秦王有大功於天下，不可以治罪，而且秦王性情剛烈，如果加以挫抑，恐怕會不勝憂憤，如有不測，陛下後悔都來不及了。」唐高祖因此作罷。

（三）政變爆發─李世民先下手為強

武德九年，局勢開始轉向對李世民十分不利，秦王府內幕僚開始畏懼，分別都勸李世民發動政變，誅殺建成、元吉，李世民猶豫未決。這時，突厥數萬騎入寇，李建成推薦李元吉替代李世民北征討伐，李元吉請調派秦王府的幾位勇將一同前往討伐。王晊密告李世民說：「太子告訴齊王，現在得到秦王的驍將精兵，擁數萬之眾，我與秦王在昆明池餞別你，命壯士把秦王殺死，再向皇上報告說秦王得急病死去，皇上大致不會不信。」李世民得知此消息後，找長孫無忌、尉遲敬德等人商榷，大家均以事機急迫，應該先發制人才能保命。李世民也明白自己的險境，除了發動政變，實在是別無選擇。

當夜李世民親自率領長孫無忌等人，埋伏在玄武門附近，並收買守衛玄武門的將領。李建成和李元吉走到臨湖殿，發現情況異常，李世民對李建成射一箭，李建成從馬上摔下來，斷了氣，李元吉急忙向西逃去，也被旁人一箭射死。

三天之後，唐高祖迫於情勢宣布立秦王為太子，國家大事一律由太子處理。同年八月，唐高祖被迫讓位，自稱太上皇。李世民當上皇帝，就是唐太宗。第二年，改年號為貞觀。而這次的政變，歷史稱之為「玄武門之變」。

（四）賽局分析

對於整個太子之爭，我們可用賽局將所有策略選擇羅列如下：

①唐高祖李淵對於太子李建成與秦王李世民之間的鬥爭衝突，是否要介入其中進行干涉與幫助？或是礙於李世民功績所建立的名聲與李建成嫡長子身分的繼承正當性，選擇放任、不干涉？

②隨著李世民的聲望越來越大，太子李建成需要採取計謀誅殺李世民？或是順從朝中大臣與人民的期望，選擇讓太子之位給李世民？

③隨著局勢對李世民越來越不利，以及太子煽動的風聲，李世民該選擇發動政變，來解除自身的危險？或者是選擇歸順太子李建成，從旁輔佐他，但可能的下場是日後被殺？

（五）策略分析

對於兄弟之間的鬥爭，當李淵遲遲未能做出明確決策的情境下，太子李建成與秦王李世民在策略選擇上，便存在著不確定性，兩方都不太清楚唐高祖李淵是否會介入干涉。由於李建成屬於嫡長子，有本位繼承的優先順位，但李世民擁有良好的功勳表現，因此李淵無法狠下心來干涉，只能採取消極在旁靜待發展的策略。從這歷史的紀錄來看，我們假設李淵選擇干涉鬥爭的機率為四分之一；放任鬥爭的機率為四分之三。因存在不確定的因素，所以李建成及李世民在決策上都可能採取同步出招的模式，所以在此賽局中我們假設兩人屬同步出招的形態。

在圖2-6太子李建成與秦王李世民的混合式賽局中，李世民採取發動政變的策略為他的優勢策略，故不管李建成採取何種策略因應，李世民皆採取發動政變的策略。而對於太子李建成，採取誅殺策略為他的優勢策略，故當李世民是否採歸順或是採取行動，李建成仍採取誅殺的策略。

針對左圖，在李淵選擇干涉鬥爭的機率為$1/4$；放任鬥爭的機率為$3/4$的條件下，我們可分別計算李建成和李世民不同策略組合下的收益見下頁。在表2-7太子李建成與秦王李世民同步出招的標準式賽局中，我們可以得到雙方的預期收益組合，此時賽局的Nash均衡為（太子李建成採取誅殺策略，秦王李世民採取發動政變的策略），而雙方的預期收益組合為0及$35/4$。

圖 2-6　太子李建成與秦王李世民之混合式賽局

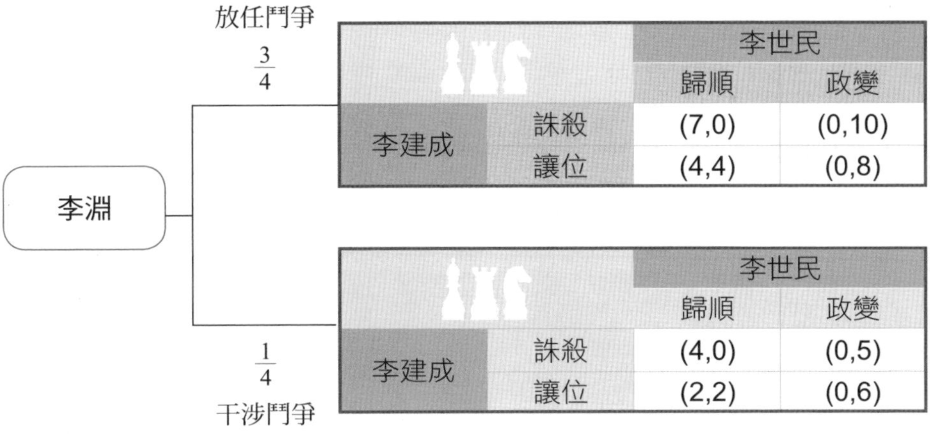

表 2-7　太子李建成與秦王李世民同步出招標準式賽局

		李世民	
		歸順	政變
李建成	誅殺	$(\frac{25}{4},0)$	$(0,\frac{35}{4})$
	讓位	$(\frac{7}{2},\frac{7}{2})$	$(0,\frac{15}{2})$

李建成和李世民策略組合收益計算：

① 李建成採誅殺；李世民採歸順時

李建成收益為（1/4×4）+（3/4×7）=25/4

李世民收益為（1/4×0）+（3/4×0）=0

② 李建成採讓位；李世民採歸順時

李建成收益為（1/4×2）+（3/4×4）=7/2

李世民收益為（1/4×2）+（3/4×4）=7/2

③ 李建成採誅殺；李世民採政變時

李建成收益為（1/4×0）+（3/4×0）=0

李世民收益為（1/4×5）+（3/4×10）=35/4

④ 李建成採讓位；李世民採政變時

李建成收益為（1/4×0）+（3/4×0）=0

李世民收益為（1/4×6）+（3/4×8）=15/2

（六）、結論

在歷史上，唐高祖其實有介入干涉兩兄弟間的紛爭，但礙於李建成屬於嫡長子，有本位繼承的優先順位，但李世民擁有良好的功勳表現，因此在矛盾的情結下，無法做出正確的決定。才導致兩兄弟之間仍帶敵意，相恨互殘。在當時的氛圍下，即使雙方都可以選擇退一步的退讓或歸順策略，但因無法正確知道對方的想法，兩方皆害怕當先低頭服輸時，會遭到對手的算計，以至於喪命。

玄武門之變跟囚犯困境的賽局特性類似。除此之外，兩方各自有屬於自己的擁護忠臣與將領，如率先低頭，則有可能遭受擁護者的看輕亦或反叛，故兩人皆無法握手言和，僅仍採取最極端的誅殺策略與發動政變策略，如此一來，才能確立自己的威信，以及證明自身領導統帥能力。即使玄武門之變對李世民而言，屬於以下犯上，違背倫理的篡位行為，但大部分歷史學家對李世民發動玄武門之變，是持理解、同情甚至讚賞的態度。認為他因為情勢所逼，不得不做出這樣的決策。

案例 台灣可以加入亞洲基礎設施投資銀行？

台灣以「中華台北」的名義，在二〇一五年向中國國台辦提出申請加入亞洲基礎設施投資銀行（Asian Infrastructure Investment Bank,AIIB）作為會員國後的隔天，中國大陸所公布的AIIB意向創始會員國名單中，台灣一如大家所預期並沒有獲得入選。在確認沒有入選後，台灣又以「中華台北」的名義，繼續向中國提出申請，但是這次台灣可以順利加入亞洲基礎設施投資銀行嗎？

從經濟戰略的層面來看，中國大陸自二〇一三年提出的「一帶一路」的口號，一帶指的是「絲綢之路經濟帶」，沿著陸上絲綢之路，發展中國大陸和這些相關國家和地區的經濟合作夥伴關係，計畫加強沿路的基礎建設，消化中國過剩的產能，並帶動西部地區的開發。

對內，絲綢之路經濟帶在中國的核心區域包括西北的新疆、青海、甘肅、陝西、寧夏，西南的重慶、四川、廣西、雲南及內蒙古。對外，絲綢之路經濟帶連接亞太地區及歐洲，中間經過的俄羅斯、哈薩克、吉爾吉斯、塔吉克和烏茲別克都在絲綢之路上。至於一路，是指「二十一世紀海上絲綢之路」，這是二〇一三年十月習近平主席訪問東盟國家時所提出來的建設概念。二十一世紀海上絲綢之路的戰略合作伙伴並不僅限與東協（ASEAN），而是以點帶線、以線帶面，增進中國大陸沿邊國家和地區的交往，並串連東協、南亞、西亞、北非和歐洲等各主要經濟板塊。所以一路的發展是面向南海、太平洋和印度洋的戰略合作經濟帶，以亞歐非經濟貿易一體化為發展的長期目標。由於東協地處海上絲綢之路的十字路口和必經之地，將是新海絲戰略的首要發展目標，而中國大陸和東協有著廣泛的經濟合作基礎，中國大陸政府認為這條二十一世紀海上絲綢路在戰略上符合大家共同利益。

透過一帶一路的發展，中國在與其他國家經濟合作時所需的大量資金，便可依賴亞投行成為各國的主要借貸銀行。在此背景之下，我們可以看見一帶一路是中國大陸主導國際經濟發展的戰略規畫，而亞投行只是其資金運籌的一環。至於中國大陸為何不利用亞洲開發銀行，作為籌資的標的，主要的原因是亞洲開發銀行向來是由美、日主導，他們不易完全配合中國大陸的經濟發展戰略。所以中國大陸最好的策略是自立門戶，成立亞投行。

所以對於中國大陸而言，台灣在亞投行的角色可說是可有可無。但對台灣而言，若要從一帶一路的規畫獲取經濟利益，加入亞投行是必選的策略。由以上的推論，我們不難發現不論台灣用何種名義申請，中國大陸的優勢策略是只要台灣的申請名稱不符中國大陸所認定的標準（如中國台北或中國台灣省），中國大陸一定不會同意台灣加入亞投行。對於台灣是否一定要跟中國大陸繼續玩這種穩輸不贏的賽局？那就是另一種政治賽局了。

利用持續談判增加對手的承諾

頂尖的談判者最常利用時間與空間的可能限制條件，作為增加談判籌碼及提升談判收益的手段，所以他們可能會利用延長談判時間增加對對手的了解，譬如，進一步探詢談判對手的立場，以及談判過程中可以運用的資源。然後，利用可能的誘因，逐步讓談判對手許下不同型態的承諾，以期遂行自己的策略，或是擴大收益。若套用賽局的觀念，利用時間或空間強化自己的談判籌碼，以及逐步修正己方的談判策略，就是一種賽局意識的轉換。

在二〇一一年，有一家位在新北市上市公司的董事長，發現所併購位在桃園地區的公司，第一線的「生產員工平均每個月包括分紅的薪資接近九萬六千新台幣，這是遠高於一般製造業的行情。後來，董事長究其原因發現整個生產線，從中階主管開始到最低階的作業員，早已成為一個共犯結構。彼此之間會利用增加產品廢料進行販售圖利，員工可收取廢料出售收益的百分之四十。這已嚴重違反一般的行規，因為大家都知道廢料越多、收益越高，造成的結果將是產品的良率越差、每單位生產成本越高。

對於此事件，董事長決定將所有可能參與的員工全部解聘，但考慮若全部解聘會嚴重影響整個生產線的運作，因此授權公司高階主管將涉案較低的部分員工留在公司，但問題是誰可能留下來？對於董事長的決定，這些員工的策略反應相當紛雜，有些員工辭職一走了之；有些員工苦苦哀求，希望公司給予機會繼續工作；有些員工找上職業工會反告公司不法解聘，不僅要求公司不能解聘他，還要求公司做部分的賠償。

像這種不容易處理的勞資糾紛，尤其在經過職業工會的介入後會更形複雜，企業與員工之間的談判技巧變得更重要。職業工會想的是如何透過逐步談判，向企業拿取更多的賠償或資遣費；企業想的是如何在合於勞資法的規定前提之下，將不適任的員工解聘。

不幸的是，在接近兩年半的談判過程中，勞方所運用的策略幾乎未曾改變，這些策略包括到公司舉牌抗爭、訴諸國際媒體、談判時講沒幾句話就大吵大鬧，甚至翻桌子，或是提出越嚴苛的賠償內容。對於資方而言，雖然已很有誠意提出資遣的方案，而且也做出一些正確的策略，譬如將鬧得最兇的幾位員工，直接按照勞基法停職，並給予應有的基本薪資，這會造成員工的經濟壓力，公司也是希望利用此種方式迫使員工接受公司的雇用條件。

但該公司最大的失策點是在於常更換參與談判的主角，這些主角包括公司所聘請的律師、高階主管，甚至民意代表。這不僅造成談判無法聚焦，也形成雙輸的結果。勞方的參與者，其中有兩人也因為健康與經濟的因素而死亡。對於資方，也因為談判的破裂與員工的死亡，而付出高額的賠償金做為代價。

此案例的雙方，若能善於利用持續的理性談判方式，逐步增加雙方可以給予的允諾，這場雙輸的勞資糾紛應該會達到雙贏的結局。這些雙方可能給予的允諾之所以會存在，主要是基於雙方可以找出彼此可交換的需求，而之所以雙方能夠交換這些需求，也是因為雙方對於這些需求所帶來的評價不對等。

譬如，勞方希望的是一個有穩定收入的工作，但金錢對資方而言，其評價或效用一定不會高於勞方，所以資方在薪資的調整方面，應該可以有更多的籌碼。對於資方而言，多一位員工就多一份生產力，所以生產力的提升所帶來的效用對資方而言更顯重要。所以，勞方只要願意表達在合理工作條件下就可以回來上班，資方接受的意願應該會更強。像一些勞工使用到工廠抗爭影響公司運作的策略，只會更激怒資方，也會激化資方想解聘這些員工的意念，最後就造成雙方無解的局面。

以下我們針對三個實際案例來說明，這些企業之間的糾紛，或是歷史典故的主角，是如何透過持續的談判來達到原先規畫的目的。

案例 台北大巨蛋BOT案的糾紛

從以下台北市與遠雄的台北大巨蛋BOT案初期草約到正式合約內容的比較，我們可以發現遠雄利用持續談判的方式最後達成其目的。

（一）台北大巨蛋合約的談判

台北大巨蛋，經歷郝柏村、連戰等總共十任行政院長，以及黃大洲到郝龍斌等四位市長，終於在二〇一一年取得建築執照動工興建，預計在二〇一四年完工，成為二〇一七年台北市世大運（世界大學運動會）開幕典禮的場所。

台北大巨蛋是採用民間興建，營運後移轉模式（BOT）公開招標，在二〇〇六年十月三號，由遠雄巨蛋事業股份有限公司與台北市政府簽訂，辦理台北文化體育園區—大型室內體育館，台北大巨蛋BOT案的合約。

依照原先計畫的內容，台北大巨蛋是一個可容納四萬人的多功能體育館，可依目的不同舉辦棒球、足球、壘球、演唱會與國際展覽等活動，其他附屬空間規畫為購物中心、小吃城、電影城、四百間客房以上的高級飯店與辦公大樓。

大巨蛋由HOK SVE（現為Populous）公司負責設計規畫，日本大林組負責建造施工，開發團隊裡還包括香港劉榮廣伍振民建築師事務所、香港ACLA景觀設計、台灣瀚亞建築師事務所、美國SANG旅館設計、KCA旅館市內設計及英國BENOY商場市內設計等團隊。

台北大巨蛋在二〇一〇年十二月九日通過台北市都市設計審議。在二〇一一年的五月二十六日及六月三十日分別通過有條件環評及取得建築執照以後，並在同年十一月二十六日完成融資，二〇一二年四月開始動工。因為每日出土量的限制，遠雄建設向台北市政府提出工程延展計畫，將完工日期延展至二〇一五年年底。這是遠雄第一次利用台北市政府的行政規範，作為工程延展的理由，而且順利通過審查。

以下針對台北市政府與遠雄之間合約內容的變更，進一步探討遠雄如何運用台北市政府的允諾來逐步達成目標。遠雄的目標規畫：

①遠雄所取得的營運資產（大巨蛋）可以出租

在二〇〇三年的原始合約草案當中，已明列遠雄所取得的營運資產，在不影響正常運作及期滿移轉等前提之下，經台北市政府同意後，得以向金融機構設定取得融資，用於建設大巨蛋之所需，可是在二〇〇六年所簽訂的正式合約當中，已增列可將大巨蛋「出租」的條件。

②**遠雄不必為大巨蛋營運虧損負擔填補之責任**

由二〇〇三年的原始合約草案，我們發現台北市政府已明列大巨蛋的營運虧損，必須由遠雄以日後營運之盈餘填補，且不得以大巨蛋營運收入填補。可是在二〇〇六年正式合約當中，已將遠雄必須負擔大巨蛋營運虧損的填補責任刪除。

③遠雄可在台北市政府同意下自行更改轉投資規則

二〇〇三年的原始合約草案顯示，遠雄在進行轉投資時應經台北市政府核准後始得為之。前項內容乙方應於其公司章程中明訂之，如果變更視為違約。但在二〇〇六年的正式合約當中，遠雄得應業務及轉投資之需要，辦理與公司業務有關之相互保證業務。轉投資總額不受公司法第十三條之相關規定之限制。此種只要經過台北市政府同意就可以私自更改轉投資規則的方式，若是政府主管單位放水，就會產生遠雄任何轉投資，台北市政府不僅無從參與，而且若遠雄設立子公司，並利用這個子公司來掏空大巨蛋時，台北市政府將求償無門。

④大巨蛋的建設與營運風險幾乎轉由台北市政府負擔

二〇〇三年原始合約草案當中，規定若遠雄違約必須解約時，台北市政府可以選擇買下大巨蛋，或者要求遠雄拆蛋歸還土地，可是在二〇〇六年遠雄大巨蛋 BOT 的合約中，已經修改為：

A　大巨蛋營運前，台北市政府可選擇拆蛋還地或是買下半成品。

B　大巨蛋營運後，經台北市政府認定遠雄資產不符合大巨蛋需求時，必須無條件收購大巨蛋。換言之，在二〇〇六年所規定的「保證收購條款」，無論遠雄是否違約或解約，台北市政府都必須被迫買下所有的建築物。

⑤　試圖降低遠雄違約金額與罰款上限

相較遠雄在二〇〇三年的原始合約草案與二〇〇六年的正式合約，我們發現合約內容對於遠雄違約每日所需繳交十萬元罰款降為五萬元，罰款上限由九百萬元降為三百萬元。此種方式讓遠雄即使在簽訂合約以後，歷經多次的違約都無懼於罰款的處罰。

綜合上述五項合約內容的比較，我們可以得到的結論是：遠雄從開始利用原始合約獲得議價的權力以後，就不斷的利用台北市政府的允諾，逐步達成遠雄原先所設定的談判目標。

由於二〇〇六年的談判合約，已明顯的降低遠雄違規被處罰的成本，讓遠雄往後開始在建構大巨蛋的過程中，肆無忌憚地做了諸多違規的增建案：

A　大幅擴張原先規畫建築物的面積

在二〇〇四年的原始規畫方案中，大巨蛋的建築面積約四萬七千一百八十九平方公尺，空地面積五萬五千三百九十六平方公尺，建蔽率約百分之四十六。但在經過幾次與台北市政府協調之後，遠雄大巨蛋二〇一五年的規畫方案已變為建築面積約五萬五千九百零九平方公尺，空地面積三萬八千零四十四平方公尺，建蔽率約百分之五十四點五，空地面積較原來的方案少了一萬七千三百五十二平方公尺。

經過建築面積的擴張，整個園區A、B、C、D、E五大棟建築物的總建坪面積，由九萬五千八百坪增加至十四萬九千坪，這種過量增加容積的方式將導致大巨蛋的週邊成為高災害風險的地區。

B　商場與巨蛋共構易造成公共安全危機

將大巨蛋與商場變更為共構的方式，會出現相當多的問題，譬如當商場發生火災時，會因為高溫透過鋼構傳導造成巨蛋鋼構結構的變形，且此種共構方式，因為動線過於複雜，讓人員在緊急狀況下不易逃生。

C　戶外疏散空間被大幅縮小

遠雄為求擴大地下商場的面積，將大巨蛋地下二樓與三樓改為下沉式廣場，讓原先規畫可容納十四萬二千零九十六人的戶外疏散空間，縮小至只能容納六萬人。這也讓若發生災害時，消防車難以靠近下沉式廣場救災。此外，遠雄為求強化商場、旅館、辦公室與大巨蛋之間的人潮流動，將原先巨蛋的地下室擴展成為一個貫通前述所有建築物體的巨型停車場，整個停車場可同時停放大客車六十輛、汽車二千二百二十六輛、裝卸車五十六輛、機車三千八百輛，此種規畫方式，對於發生火災時波及所有建築物的可能性大為增加。

D　施工品質不良

從遠雄開始蓋大巨蛋到現在，我們可發現到遠雄在建構大巨蛋的過程當中，因為節省成本所用的建築方式造成很多的公安問題，譬如捷運板南線地下道連續壁龜裂。隧道內斷面、松山菸廠古蹟龜裂，以及變更地下道設計、大量移樹等爭議，都造成諸多糾紛與公共安全問題。

（二）柯P的北市府與遠雄之間的談判賽局分析

台北市政府由柯P市長開始運作之後，隨即公布大巨蛋的安檢報告，並提出二個給遠雄的策略選擇：

要求遠雄可保留巨蛋、影城及飯店，但拆除商業大樓；

要求遠雄拆除巨蛋，可留下其他商業建築，但改做公共用途。

依專家建議，遠雄可補增一、增設消防安全設備；二、提供火災逃生戶外疏散計畫，讓雙方繼續合作。

若遠雄不接受上述限期改善的方案，北市府將訴諸法律途徑解決；遠雄的反應是若北市府執意執行安檢小組的二項建議，遠雄的反擊策略是：

不繼續合作，不會拆商場、也不會拆巨蛋，且不再依約履行，請台北市政府依合約實價購回或釋股給全民。

因此，我們可用圖2-8的賽局樹表示：

依照圖2-8的賽局樹，我們可以逐步推論出這個談判的Nash均衡：

對台北市政府來說，北市府是以公共安全為由，認定遠雄大巨蛋有重大疏失。但本案中北市府是合約管理者，也是合約的一方（即裁判兼球員）；北市府基於合約方的角色，有權認定遠雄疏失，可要求遠雄拆蛋或拆商場二選一來進行後續處理。不過北市府付出的代價也不小，不管選擇哪一方案，基本上兩方和台北市民都是輸家。

所以北市府應會選擇令其限期改善的方案來處理這個公共安全問題。

對遠雄而言，已投入超過三百億元的台北大巨蛋BOT案，若巨蛋不成功，遠雄金額損失將很高，甚至會危及遠雄整個集團的存續，所以無論如何遠雄勢在必行。針對北市府從嚴要求公共安全的設施與軟體，遠雄在面對北市府的策略，必須提出台北市政府可以接受的安全改善方案。

以前推法來看，依Nash均衡定義，我們不難發現北市府若採取令其限期改善的策略時，遠雄一定會選擇改善消防安全及火災逃生等公共安全問題此時雙方的收益最大，

圖 2-8　台北大巨蛋雙方策略的賽局樹

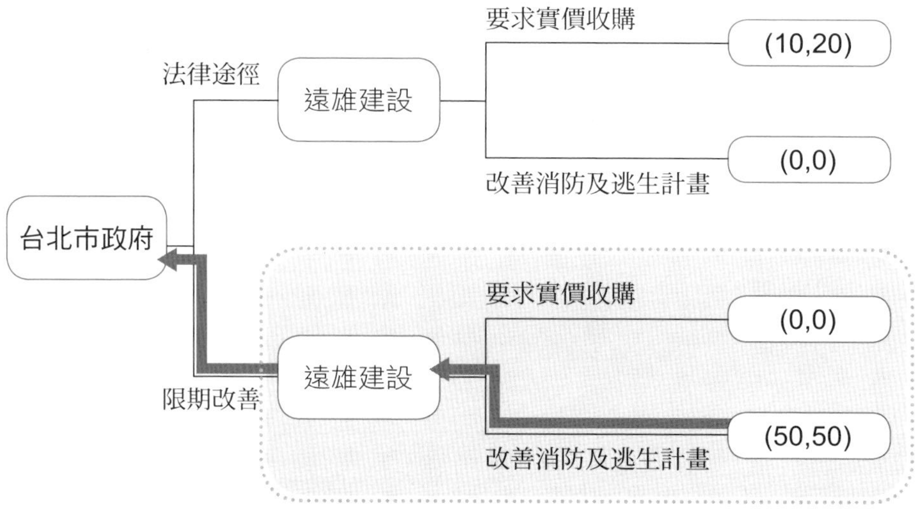

都高過其他策略組合的收益。

若以後推法來看，遠雄面對北市府對此案的態度，遠雄知道只要提出適合的消防安全及火災逃生改善方案，雙方就有轉寰的空間（不拆蛋或商場），此時北市府會選擇限期改善方案的策略，達到 Nash 均衡定義。

若此，不僅巨蛋公共安全能獲得最大保障，市府付出代價最小，就可讓遠雄繼續進行巨蛋的工程，形成台北市市民、北市府和遠雄三方皆贏的局面。

（三）賽局多階段化對均衡策略的影響

其實柯P市政府與遠雄都知道完成大巨蛋是最好的結局，但因合約的問題，讓北市府在大巨蛋蓋完後所獲得的權利金收益過低，同時必須負擔的公共風險過高的現象，所以無法容許遠雄繼續完成大巨蛋及經營。

以長期的預期收益與風險角度來檢視，台北市政府的最佳策略就是「除非遠雄遵守市府的要求：修改合約到市府的收益與風險負擔達到公平的水準，像之前所述，在強化公共安全的前提下，大巨蛋與相關商場建築的變更，否則不再與遠雄進行大巨蛋復工的談判」，換言之，在多階段的賽局中，市府的條件可能變得更嚴苛，而遠雄可選擇的策略空間將更小，此時已不再是「提出適合的消防安全及火災逃生改善方案」就可解決，遠雄在承擔因大巨蛋建設的沉沒成本的前提下，又面臨未來預期收益可能大幅降低且高額相關工程修正成本的情境下，遠雄的最適策略可能會被迫調整。

遠雄可能因接受市政府要求的略策收益變小，風險變高，而改採「法律途徑」訴訟的策略。此模式的結果就是一種「玉石俱焚」的策略選擇，而這可能是當年遠雄在躊躇滿志、觥籌交錯，慶祝簽訂 BOT 合約成功之際，始料未及的結果。

案例 明朝末年李自成、吳三桂與多爾袞之間的競合

(一)故事

明末清初的吳梅村《圓圓曲》中有一句：「慟哭三軍皆縞素，衝冠一怒為紅顏。」似乎為吳三桂降清的這段歷史及其策略失敗的主因下了結論。

歷史記載吳三桂的愛妾陳圓圓被李自成部屬劉宗敏所佔(或說是為李自成所佔)。這事件的女主角陳圓圓因家境貧寒而流落蘇州為妓，後被崇禎皇帝妃子田貴妃的父親田畹，在南海普陀山進香的時候發現。起先由田畹的女婿汪起先佔有，後來因為田畹病死，陳圓圓才被吳三桂以重金購得，從此成為吳三桂的愛妾。在明末社會紛亂的時期，吳三桂在外平亂，因難以捨棄陳圓圓，想帶她一起留在山海關，但其父吳襄擔心崇禎帝聽到此事，可能會責怪吳三桂，所以吳父囑咐將陳圓圓暫時留居在京城內。

不料闖王李自成迅速攻破北京並生擒吳襄，命令他寫信招引吳三桂歸附。吳三桂也因想念陳圓圓有意歸順闖王，遂引兵西回北京。但到達灤州時，聽聞陳圓圓已被李自成之愛將劉宗敏搶去。此時，吳三桂不僅面對國亡家破，父親遭逢生死的緊要關頭，又驟然得知愛妾被劉宗敏劫奪，感情受到強烈刺傷，深感恥辱，態度改變成為向李自成復仇，不僅斬了李自成的使者，並開始逐漸地向滿清靠攏。

李自成陣營的策略選擇的確影響了吳三桂的最後策略選擇：班師回京，並引清兵入山海關，一起與多爾袞進軍北京城。對於吳的反應，李自成以殺掉吳襄作為報復，並退出北京城，率兵西逃。陳圓圓趁亂藏於民舍，待吳三桂順利與滿清結盟攻進北京後，吳三桂才又與陳圓圓重聚。

(二)吳三桂與多爾袞之間的談判賽局

依據上述故事，當陳圓圓被李自成劫奪以後，吳三桂便改變策略，決心與滿清多爾袞合作聯手攻打李自成。針對兩人之間的爾虞我詐，像原本多爾袞準備從密雲等處攻擊北京，但看到吳三桂請兵書的建議入關路線，要清軍從現今

的喜峰口、密雲一帶入關，包圍京師。吳三桂用意是不希望多爾袞直接攻擊山海關，奪取自己的地盤。但多爾袞反而令清軍直奔山海關，其主要目的就是直接向吳三桂施壓。

在吳三桂與多爾袞進入山海關之前，兩人之間的爾虞我詐，我們可整理成以下六個策略互動過程：

①吳三桂先寫一封請兵書給多爾袞，多爾袞面對吳三桂的請兵書當然是抱持著很大的懷疑或者不信任。這是很自然的事，因為以往兩人之間曾存在著戰事上的衝突，以及兩人的身分背景迥異。譬如從清軍行軍速度來看，多爾袞在翁後（今遼寧阜新境內）接到吳三桂第一封信後，到第六天在連山（今遼寧葫蘆島境內）再接到吳三桂第二封求救信時，五天之間行軍的距離並不長，可見多爾袞對吳三桂的請兵策略仍有疑慮。

②所以對於吳三桂的請兵書背後意涵，多爾袞可能認為是吳三桂心懷合作之意，也可能猜測請兵書是詐降之策，請兵目標是在多爾袞出兵協助攻打李自成後，然後再一舉趁清兵兵疲馬困之際，消滅多爾袞？

③依照賽局推論，若吳三桂為好意，則多爾袞一定會採取與吳三桂合作的策略；若吳三桂為壞意，多爾袞仍會採取與吳三桂合作的策略。理由是山海關對清兵的阻擋成本遠超過多爾袞與吳三桂合作滅掉李自成後，與吳三桂敵對的成本。就當時的時空背景而言，在可以進關的情境下，多爾袞的最佳策略就是聯合次要敵人（吳三桂），打擊主要敵人（李自成）。因為事成之後，他的主要敵人吳三桂在雙方合作與談判過程中，早已成為多爾袞的俎上肉，幾乎沒有與多爾袞抗爭的餘力。

④接續上述的請兵書，多爾袞因無法完全正確地了解吳三桂真正的意圖，便藉由「偷樑換柱」的方式，巧妙地將吳三桂的請兵書誘轉成降兵書，成功取得兩人談判聯軍合作議題上的主導權。

多爾袞對於吳三桂的借兵提議，他並沒有答應，也沒有回絕，而是提出了一個新的建議：「若率眾來歸，則必封以故土，晉為藩王」。「率眾來歸」就是要吳三桂歸降。在吳三桂的前兩封信中，都沒有提到歸降二字。但當李自成出動十萬大軍，在一六四四年四月二十一日清晨抵達山海關，開始與吳軍展開激烈戰事，尤其在二十一日的大戰後，吳三桂的軍隊已處劣勢，吳三桂再無法等待下去，二十二日清晨率親兵突出重圍，來到多爾袞大營。吳三桂為求多爾袞出兵只好接受多爾袞的條件，請兵書遂轉變為降兵書。

⑤ 多爾袞甚至當李自成與吳三桂雙方已先行展開激戰時，仍遲遲不願給予吳三桂請兵的答覆，形同鷸蚌相爭（吳三桂與李自成）之際，坐等漁翁得利（多爾袞）。等待吳三桂已八次遣使請多爾袞入關，多爾袞還是採取客氣回應，並不急於表態，但他已深知兩人最佳談判的時機已經成熟了，最後多爾袞才與吳三桂殺白馬為盟。

⑥ 依劉鳳雲的《一代梟雄吳三桂》的資料，當時的談判中吳三桂仍以明朝臣子的立場，要求清朝借兵，酬謝的籌碼是北京歸清朝，黃河為界，南歸大明。附加條件是清軍不能傷及百姓，不侵犯明陵寢。多爾袞答應，但要求吳三桂及其軍隊剃發（即剃髮成滿人的髮型）。事實上，剃發與否事關重大，也就是吳三桂歸降清軍的標誌與證明了。事實上，在往後的戰事中，吳三桂也已接受多爾袞的調遣。

（三）善用競合策略的談判結局

我們可以將李自成、吳三桂與多爾袞三方的競合過程，做成下列五項的整理及結論：

① 李自成本可與吳三桂成功合作，抵禦多爾袞。但因無法有效管控其手下，讓其手下分別抓住吳三桂的父親和擄走陳圓圓。

② 李自成出兵攻打吳三桂的速度太慢（從北京到山海關的路程約七百里，李自成的軍隊走了近九天），造成吳三桂還有時間向多爾袞請兵，間接促成吳三桂與多爾袞的不對等合作。

③ 吳三桂殺李自成的使者並宣告與之決裂，嚴重犯了談判的忌諱：無法用第三者之力，強化談判的籌碼。此外，吳三桂可以選擇的策略也變得更少，讓多爾袞有取得談判支配權的機會。

④ **多爾袞在雙方談判的過程中，成功地利用吳三桂已無其他合作夥伴，而借吳三桂與李自成之間的競爭，一步步蠶食吳三桂的談判籌碼，讓原先雙方看似對等的合作關係，轉變成「我（多爾袞）主你（吳三桂）從」的結局。**

這很符合談判學中所講的：面對難搞或頂尖的談判對象，以循序漸進的方式談判，可以降低決策的風險。

⑤ 多爾袞的策略一方面運用合作策略減少無謂戰事，另一方面讓吳李互爭消耗實力，另一方面大幅提升了入關後成功建立大清王朝的機率。多爾袞清兵總兵力約十四萬人，李自成的大順軍約九萬人，吳三桂軍隊約五萬人。李自成在山海關與吳三桂和多爾袞打完仗之後，逃回北京的軍隊只剩約三萬人，由於多爾袞選擇在李自成的軍隊與吳三桂的軍隊兩敗俱傷的時候再出手，清軍死傷不過萬餘。加上事後收編的吳三桂軍隊，多爾袞已有足夠兵力逐鹿中原。

案例 緬甸的民主化

在二〇一五年十一月八號所舉行的緬甸國會大選，如大家所預期的翁山蘇姬所率領的「全國民主聯盟（NLD）」獲得壓倒性的勝利，照理講應該可以掌控新國會超過一半的三百三十二個席次，而翁山蘇姬也宣稱將與軍方所掌控的政府進行談判，希望未來以「國會多數」的方式，利用類似內閣制的制度來領導政府。換言之，翁山蘇姬在主導緬甸走向民主化的過程中，仍必須詳細策畫才能逐步實現緬甸民主的目標。

對於緬甸的民主化，早在一九八八年時翁山蘇姬為了照顧生病的母親而回到緬甸就開始，在那一年翁山蘇姬所發起的「八八八八民主運動」的示威遊行，遭到當時政府的強力鎮壓，在一個星期之內有數千人遭到殺害、數千人被捕入獄。而在一九九〇年時，翁山蘇姬所率領的全國民主聯盟也曾經過得壓倒性的選舉勝利，但因當時她所採行的策略過於激進導致與軍政府產生激烈的衝突，不僅造成軍方進行血腥鎮壓，翁山蘇姬也被軟禁。

這種不幸的結果驗證了一個國家要走向民主化，必須經過冗長的衝突、談判和彼此合作才能成功。譬如早年的印度爭取獨立，南非黑人爭取廢除種族隔離政策，以及韓國和台灣的民主化都是活生生的例子。

在九〇年代緬甸背後的主要支持者是中國大陸，但二〇一五年的民主化運動背後的國際因素變得更複雜，尤其在二〇一一年緬甸政府與中國大陸因為興建密松水壩工程，以及在緬甸北部和中國大陸雲南交界的果敢自治區，雙方軍隊發生衝突等事件所產生的交惡，讓緬甸與中國大陸之間的關係呈現緊張的情勢。

在另外一方面，以美、日為首的其他勢力也開始利用企業投資、經濟協助等方式，試圖強化跟緬甸政府的良好關係。像美國總統歐巴馬更親自訪問緬甸兩次，日本首相安倍晉三也在二〇一三年親自訪問緬甸，不僅大幅投資緬甸首都仰光的南部經濟特區，而且宣布完全免除緬甸對日本所欠的債務。由於美日等國的努力，讓緬甸在中國大陸宣布成立亞投行，以及推動「一帶一路」國際合作之際，卻以準備不及和可能危及緬甸邊境安全為由拒絕參加。

翁山蘇姬在這種有利的國際政經情勢之下，應該可以逐步的利用以下的談判步驟，與緬甸軍政府進行和平的政權移轉。

① 首先，翁山蘇姬應該與緬甸軍政府合作修訂憲法，讓整個國會與政府的運作體制更加健全。因為二〇〇八年所制定的緬甸憲法已規定翁山蘇姬的資格不符合參選總統，若能與擁有憲法保留給軍方政府的一六六席國會席次合作，才可能超過三分之二國會席次的同意進行修憲。

② 否則，以目前翁山蘇姬想要以「凌駕總統」的國會多數模式領導政府，將與緬甸軍政府產生不可避免的衝突。換言之，就是總統制與內閣制的爭奪。再者，翁山蘇姬應該致力於與美國、日本、印度和中國之間都維持友好的關係，因為華人還是掌控整個緬甸的經濟命脈，翁山蘇姬沒有本錢也沒有理由與中國大陸交惡。

③ **此外，緬甸軍政府長期掌控整個緬甸政經體制，翁山蘇姬最好的策略就是與軍政府合作，透過談判的方式讓雙方可以在軍事、外交及經濟方面分工，然後利用一次又一次的民主選舉，才能將緬甸軍事政權的陰影逐步排除，讓緬甸真正走向民主國家。**

在現代社會裡，「標準」在人類經濟互動過程中，所扮演的角色越來越重要。像在資本市場中，各國中央銀行會訂定基本放款利率，或是存款準備率等，就是讓金錢的借貸雙方在協調或談判，雙方可接受的利率水準時，有依據可循，又如近年來政府在不動產交易方面所推動的「實價登錄制度」，也是希望未來想購買或銷售房屋的當事人在協調均衡價格的過程中，可依賴實價登錄中的實際交易價格，達到雙方都滿意的成交價。

此外，二手車交易市場也常針對不同的車種、車齡和車況，出版相關的購車價格指南。依我本身購買二手車的經驗為例，我這輩子開車到現在共買了三輛二手車，第一輛二手車是從報紙廣告所得知，因為在早期這類購車價格標準不普遍，我只能自己按照該車的外觀標準，以及驗車師的評估跟賣方協議交易價格，後來的結果是，對於一輛新車價約六十五萬、車齡約一點五年的國產車以現金三十萬元成交。事後我才知道此成交價格與市場認知的相當，但我付的是現金而不是支票，以及這輛車的煞車系統顯然是被前車主操壞了，不能完全修復，這讓我事後發現車子是買貴了。至於第二輛與第三輛二手車，因對方提供了近兩年來同型車種的交易價格。加上售後三年內若有違背銷售契約時的保證購回條款，讓我在不殺價的情況下直接接受對方所開出的車價。事後，我從多方的認證也發現此車價是一個市場可接受的合理價格，事隔多年，這兩輛車的車況更是讓我感覺「值回票價」，甚至推薦兩位朋友去向這位車商購買車子。

對於標準原則的應用，我們可以將之擴張到所謂的「規範性（Normative）」準則的應用，規範性準則包含了原先的標準、不容易形之文字的規範（如道德規範）和一致性的定位。譬如下文所列的台北市與新北市清潔隊清潔獎金調整的協商賽局當中，如果你是新北市的環保局局長，面對台北縣升格為新北市以後，清潔隊員清潔獎金是否要追隨台北市的標準而增加，當你衡量了新北市財政收支以後，發現可以增加清潔獎金的空間很小，你可能會採用其他四都的清潔獎金給予標準，做為談判的標準之一。若新北市環保局長可以增加運用包括道德勸說、其他爭議性較低的功能加給或福利、公平處理臨時隊員轉任為正式隊員，以及勤務工作單純化等條件所形成的規範性準則，再加上具有一致性特質的允諾，應該可以讓新北市政府與清潔隊員談判的過程當中取得「主導性的優勢」，我們也可以稱之為「規範性的優勢」，這就是運用標準原則的最終目標。

事實上，從事後新北市環保局與清潔隊員之間所達成的協議也顯示，新北市環保局的確運用了類似規範性標準的優勢策略，讓雙方的談判進行順利，很快就達成協議。

案例 台北市與新北市清潔隊清潔獎金調整

（一）標準化可降低經營的交易成本

從清潔隊的管轄權來看，依地方制度法，可分成兩類：一是直轄市（俗稱六都）與省轄市（包括基隆市、新竹市、嘉義市），清潔隊由市府環保局直接管理；二是省轄縣（目前有十三個縣），清潔隊由各鄉鎮市公所管理，自行編列相關預算。

各縣市清潔隊員，一直是公務體系裡最底層的基層同仁，其工作性質較特殊。但從另一角度來看，因隊員之任用不需任何公務人員資格，故晉用方式一直為人所詬病。像各鄉鎮市公所之清潔隊員，常常發現是鄉鎮市長本人的親屬、選舉樁腳、代表或里長家屬等，故常被稱為「皇親國戚」。其中佔著清潔隊缺額，卻不實際從事清潔維護工作者為數眾多，以借調之名擔任包括：鄉鎮市長辦公室祕書、司機，或是在公所各單位辦理文書工作。即使在清潔隊，勞役不均情形亦相當嚴重。除近親繁殖外，甚至不時還有賣位子收受紅包的傳聞。因此清潔隊短期間要能快速提升人力素質和工作效率，並非易事。

但相較於鄉鎮市公所，直轄市與省轄市的清潔隊管理權直接隸屬於市政府環保局，清潔隊的制度較上軌道，尤其是在人事進用方式上，多採統一公開考試，相對之下較為公平，人事晉用較公平，制度也較透明。加上自二〇〇〇年起，各直轄市之環保局常常交流，定期聚會。特別是在清潔隊建立制度議題上，彼此都有默契，盡量讓隊員之福利與工作內容標準趨於一致，以避免因跨市相互比較而產生人員與薪資等方面行政管理的困擾。當然也同時尊重各直轄市之地區特性與差異，保留部分的自主空間。

（二）清潔隊員薪俸的調整爭議

清潔隊隊員的薪俸主要分兩部分：薪資與清潔獎金。依現行規定，正式清潔隊員之薪資依俸點介於新台幣三萬一千二百四十五元至三萬三千三百六十元之間；而清潔獎金的發放是依行政院環境保護署「地方機關清潔人員清潔獎金支給要點」的規定，最高在新台幣六千元範圍內，並由各級政府視財政狀況及工作情形核酌支給。依上述標準，正式隊員之薪俸：薪資加清潔獎金，合計約新台幣四萬元。

二〇一四年年初，中南部縣市的清潔隊員透過集體力量向選區立委爭取調高清潔獎金額度，請立委提案修改「地方機關清潔人員清潔獎金支給要點」，建議將清潔獎金調整為「最高在新臺幣八千元範圍內」。此支用要點係由環保署訂定，但實際預算則是由各地方政府與鄉鎮市公所自籌財源編列。面對此提案，環保署召開會議徵詢地方意見，會中各地方政府及鄉鎮市公所代表皆表示此修正案衝擊過大，尤其因財源問題，因此反對並建議維持原來給付標準。

但在立委幾波質詢後，環保署接受立委所提的新方案，並於二〇一四年七月三十日發函修正「地方機關清潔人員清潔獎金支給要點」，並自二〇一五年一月一日生效，該要點第三點述及每人每月清潔獎金支給基準，最高在新台幣八千元範圍內，並由各級政府視財政狀況及工作情形核酌支給。這是一種政府多年來常見的問題，其實是將壓力與問題丟回各級地方政府，由中央機關請客，地方政府買單。

（三）調高清潔獎金對六個直轄市之影響

在二〇一四年年底的九合一地方選舉，清潔隊便透過各種管道與方式要求各市長與市議員候選人承諾：當選後將依民國一〇三年七月三十日環保署修正之「地方機關清潔人員清潔獎金支給要點」，調高清潔獎金至八千元。但除台中市林佳龍市長選前有公開表達支持外，其餘五都對此議題都採保留態度。其理由如下：

①六都如依新標準調高清潔獎金，所增加之預算皆相當龐大（下表）。因此除非市長政策性「外加」此筆預算額度，否則如果以原來六都各環保局之預算額度內自行調整，勢必產生排擠效應，直接影響其他環保業務。同時此一預算之增加，並非一次性或短期性負擔，而是往後每年都要編列。換言之，若此次增加之預算，將是屬於長期性財政負荷，一開始編列，以後就無法回頭。

②清潔隊之工作屬性確實辛苦，但因已有六千元之清潔獎金，相較於市府其他同職務同仁（技工、工友）之薪資與福利，已相對優渥。故調高清潔獎金額度，除了滿足清潔隊員的要求外，對市府其他同仁亦不公平。

③除台北市外，其餘五都不管是合

表 2-9 依新給付標準調高清潔獎金後所需增加之預算表

直轄市別	面積（平方公里）	人口數	區隊數	清潔隊員總數	預算增加數
臺北市	272	270 萬 5,958 人	12	6,300 人	151,200,000 元
新北市	2,053	396 萬 5,649 人	29	6,878 人	165,072,000 元
桃園市	1,221	207 萬 2,736 人	12	2,274 人	54,528,000 元
臺中市	2,215	272 萬 5,497 人	27	2,934 人	70,416,000 元
臺南市	2,192	188 萬 5,106 人	36	2,126 人	51,024,000 元
高雄市	2,948	277 萬 9,136 人	38	2,834 人	68,016,000 元

資料來源：新北市環保局

併升格或獨自升格，皆未滿五年。在業務執行、工作界面釐清、勤務分配與人事管理方面，都處在磨合階段。同時在鄉鎮市公所時代，清潔隊所留下的負面印象，目前尚在轉型修正中。故此時調高清潔獎金，社會的觀感並不好，甚至會給外界有自肥、討好、政策買票的印象。

(四) 由賽局分析看雙北調整清潔獎金的可行策略

因台北市與新北市屬同一個生活圈，雙北的政策常被拿來逐一比較與檢視。清潔隊的業務當然也不例外，包括此次清潔獎金是否調整。台北市因財政狀況是全國最好，故一直以來清潔獎金皆是發放最高額度的六千元。

對新北市來說，升格前，清潔獎金是由二十九個鄉鎮市公所依各自財政狀況編列預算，送各代表會審查通過後發放。升格直轄市之前有十個鄉鎮市公所未發放最高金額六千元；升格直轄市後，二十九個鄉鎮市公所改制為區公所，才統一發放最高額度的六千元。

從表2-9得知，調高後所需增加之預算雖然六個直轄市皆相當可觀，但仍以雙北的額度最高，新北市約需一億六千五百萬元、台北市約需一億五千二百萬元。雖然兩市所需增加之額度接近，且同為直轄市，但台北與新北兩市的條件其實差異很大：一是台北市財政相對充裕；二是台北市為首都所在地，生活平均消費也比其他城市負擔大，故一般市民對於調高津貼或福利較能認同接受；三是台北市的清潔隊一直以來皆由市府管轄，長期下來制度較為完備，同時清潔隊員所從事的是最基層的工作，幾乎全年無休，因此給全體市民的印象相對正面。由上可知，此次清潔獎金是否調高，對雙北而言，看似所需增加之額度接近，但實際衝擊與壓力並不同。

表 2-10 台北市與新北市的策略競爭之標準式賽局

		新北市	
		不調整	調高
台北市	調高	(10,6)*	(8,-2)
	不調整	(8,8)	(3,-3)

以賽局來看，台北市與新北市之清潔隊清潔獎金是否調高，共有下列四種策略組合：

①台北市「調高」，新北市「調高」。

②台北市「調高」，新北市「不調」。

③台北市「不調」，新北市「調高」。

④台北市「不調」，新北市「不調」。

因目前雙北編列預算方式屬「同步出招」，我們可用表2-10台北市與新北市的策略競爭之標準式賽局作為分析的工具。

由上可知，不管台北市政府的預算為「外加」或由「原額度吸收」，（台北市調高，新北市不調整）為優勢策略，此策略組合亦為本賽局的Nash均衡。換言之，對於此次清潔獎金調整，不管是否會以「預算外加」方式編列或是由環保局「額度內自行調整」，台北市政府最好的策略選擇為「調高」清潔獎金至八千元整；而新北市現階段的最佳策略選擇為維持六千元。

（五）新北市維持原發放標準的理由

若新北市政府採「不調整」，維持六千元的策略，將面臨議會強烈質詢，如何答詢與因應，將是一大課題。議員質詢主要是來自清潔隊員的請託或是主動幫清潔隊員發聲，所以新北市政府有下列可能因應策略或配套作法：

①提升福利與照顧：

全面提早實施周休二日（優於勞基法）、提供足量的工作服與工作安全鞋、每年編列健康檢查費用（每人二千元）、加班費編列額度高於其他同仁等，這些福利措施是在鄉鎮市公所時代所沒有的。

②公平將臨時隊員轉任為正式隊員：

清潔隊員分正式隊員與臨時隊員，除了薪資差距近一萬元外，兩者工作保障不同。升格前，臨時隊員是否能晉升轉任為正式隊員，由鄉鎮市首長決定；但因名額僧多粥少，且無公平之轉任制度，故有許多臨時隊員窮盡一生皆無機會轉任為正式隊員。升格後，各鄉鎮市公所共計二千四百七十名臨時隊員移撥，新北市立即辦理內部晉升考試，正式隊員出缺時，由臨時隊員依序進用。公開透明，建立機制，目前已轉任一六六八名。將臨時隊員轉任為正式隊員為全國唯一的制度與福利，此作為，不僅建立體制，杜絕關說。同時也改善了清潔隊在鄉鎮市公所時代「同工不同酬」的狀況，目前持續進行中。

③ 勤務單純化：

升格前清潔隊員常常需執行非清潔工作的勤務（如婚喪喜慶支援、廟會活動等），升格後，將清潔隊工作內容回歸環境清潔的本質，非屬環境清潔業務回歸權責機關辦理（如捕犬業務回歸動保處；鋸樹、修剪樹木回歸景觀處等），以減輕清潔隊員工作負荷。

④ 專業業務委外執行：

針對高風險性工作，如除草與消毒等，則爭取經費委託專業機構來執行，除了減輕清潔隊員工作負擔，同時降低了工作的危險性。

這種新北市政府因應策略的特徵，就是在衡量自己的資源優劣勢之後，利用其他單位（尤其是台北市政府）行之多年的標準，讓清潔獎金不調整的衝擊降至最低。但其他四個直轄市的政策調整可能會成為日後的外生影響變數，如台中市應會依選前之承諾，採用新標準編列；台南與高雄兩位市長為連任狀態，且民意支持度皆相當高，對此議題應有較強的抗壓力，短期內應會維持現狀，暫不調整；桃園市市長雖為新上任，惟桃園今年甫升格，清潔隊剛從各鄉鎮市公所移撥至市府，需要整合協調之事項相當多，故此議題相對不被凸顯、也較不急迫。當其他四都政策尚未一致調整為採用新標準時，新北市尚可維持現狀，若四都多趨於調整時，新北市政府可能被迫採用新的給付標準。

案例 曹操、劉備和關羽如何利用對方的行事原則選擇策略

（一）故事

三國時期，袁紹與袁術兩兄弟相當有名氣，袁術利用兵馬交換孫策的漢玉璽而稱帝，但也同時成了曹操、劉備等人的公敵。袁術最後只好前去投靠袁紹，但又被劉備阻攔，最後袁術因病死亡。另一方面，曹操和袁紹雙雄陳兵黃河兩岸，戰事有一觸即發的態勢。但後來劉備殺了曹操所指派的徐州刺史車胄，又再度佔領了徐州。劉備的算盤是認為袁紹才是曹操目前優先要解決的問題，可惜的是劉備對於情勢的判斷錯誤。因為「衣帶詔」的祕密被揭穿後，曹操決定先消滅劉備，再對付袁紹。

衣帶詔的故事是源於漢獻帝不堪曹操的專權，在建安四年春三月將血書密詔藏在衣帶裡，賜給國舅董承及劉備等人共同密謀除去曹操，但在次年元宵次日事機敗露，曹操大開殺戒，將董承等人滿門抄斬，但讓劉備逃走了。

劉備出走至徐州，將家小託付給關羽安置在下邳。但徐州也許不是劉備的福地，劉備再次於徐州被曹操擊潰，劉備再度往北投奔袁紹。劉備被曹操擊敗後，劉備、關羽和張飛失散。其中關羽被曹操軍隊包圍，因在虎牢關戰役中，關羽在溫酒斬華雄，三英戰呂布所展現的能耐，給曹操留下了深刻的印象。曹操非常欣賞關羽的才華。曹操希望招降關羽，因張遼與關羽為好友，曹操便派張遼問關羽去留之心。

（一）千金難買關羽的忠心

張遼疑惑的問關羽為何不肯降服曹操，關羽說：「我知道曹公對我很好，但我已經接受了劉皇叔的厚恩，也在桃園發誓要同生共死，這個誓言我不能違背」。張遼又問：「如果劉皇叔已經去世，那你要去哪裡呢？」關羽答道：「願從於地下。」。張遼勸關羽這種「不仕二主的策略選擇只會徒死無益，應留下性命保護劉備的妻小，等待日後得知劉備去處後再行投靠。

關羽出於對兄長劉備的結拜誓言和保護劉備妻小不被侵犯的前提下，在兼顧張遼的情誼之際，同意暫時歸降曹操。

但提出了三點要求：

① 降漢不降曹。

② 需給俸祿奉養劉備家眷及確保劉備妻小安全。

③ 如有劉備消息，他要立即離去找劉備，曹操不能阻攔。

張遼心想如果照實說給曹操聽，曹操恐怕會殺掉關羽，但不說也不是事君之道。便歎息說：「曹公是如父親般的君上；關羽是兄弟而已。」，最後張遼還是選擇照實說給曹操聽。

令人訝異的是曹操對於關羽所開的條件照單全收。曹操希望利用自己的善意讓關羽真心歸降。在關羽〝歸降〞曹操的日子裡，曹操除了三不五時請他吃飯，還送他很多黃金和銀子，對他很好。關羽受到了極高的待遇，曹操見關羽的馬瘦，就命令人牽出一匹馬，問：「雲長認識這馬嗎？」關羽說：「這是呂布的『赤兔馬』」，這種待遇就是俗話說的「上馬金，下馬銀，三日一小宴，五日一大宴」。曹操還送了很多美麗的婢女給關羽，但關羽把婢女都送去服侍兩位嫂嫂。關羽在曹操處所備受厚愛，曹操心想把關羽留在身邊讓他和外界斷絕關係就不會有劉備的消息，再用爵位美女財富來打動關羽的心。曹操的用心關羽也心知肚明，但對於曹操的賞賜除了赤兔馬之外，關羽都原封不動的放在倉庫中。

關羽也非毫無報答，當曹軍在白馬（河南滑縣）屢為顏良所敗，關羽幫曹操殺顏良、斬文醜，除去了袁紹的兩員大將，立下大功，算是對曹操的回報。關羽殺了顏良後，曹操更加欣賞他，奏請皇上封賞關羽為「漢壽亭侯」，還鑄了顆官印給他。

就在這次的軍事行動中，關羽得知劉備身在袁紹的陣營中，立刻向曹操辭行，但曹操幾次都閉門不見，關羽只好將那顆「漢壽亭侯」金印懸掛在大廳的屋樑，並把曹操贈送的禮物全部封存，不帶走任何賞賜，準備護送劉備的家小往袁紹處去。因關羽多次至相府與曹操辭別，但曹操避而不見，關羽只好請人轉交一封信給曹操，並立即起程往河北尋找劉備。

曹操得知關羽已啟程的消息，想到以前曾答應關羽的條件，便趕去為關羽送行。曹操騎快馬追，也準備了黃金和錦袍相贈。關羽怕曹操有陰謀，只用青龍刀尖將錦袍挑起披在肩上，向曹操說了一聲：「謝丞相賜錦袍，就此告別了！」曹操的部將認為關羽太無禮，幾次要殺關羽，但都被曹操制止了。關羽便催動赤兔馬，追上兩位嫂嫂的車隊。

（二）關羽過五關斬六將

關羽一行人來到了東嶺關，東嶺關守將孔秀說因為關羽沒有曹操的文書，而不允許他們過關，關羽一聽火大，提起青龍偃月刀對著孔猛劈直打，才交戰一回合，孔秀就被砍中了，關羽於是順利過了第一關。

到了洛陽，當地太守韓福見關羽到了，就故意百般刁難，不准他們過關，派將軍孟坦接待到城內，韓福暗中發射一箭，射中關羽，關羽用牙齒將箭拔出，忍痛擊退韓福，一刀把韓福、孟坦砍成兩半，關羽又過了第二關洛陽。

出了洛陽、趕到沂水關，沂水關的守關卞喜，早聽說孔秀、韓福都被殺了，他知道自己不是對手，便設下陰謀，在關前的鎮國寺中埋伏刀斧手，要刺殺關羽。當關羽到沂水關時，卞喜便假裝好意要先請他到寺中為他洗塵，但關羽一進鎮國寺就看見幾名刀斧手躲在牆角，於是他提起青龍偃月刀，便砍殺了好幾個，其他的都被關羽的氣勢嚇走了，卞喜正想逃走，關羽一個箭步追上他，一刀把他砍死。關羽又過了第三關。

接著又到了第四關滎陽關，此地的守將王植是韓福的親家，他早知道關羽的厲害，知道不能以力取勝，而須智取，就設下一個陷阱，要殺死關羽，為韓福報仇。但關羽在胡班的幫助之下，正要順利出關，誰知王植得知消息卻一路追了上來，關羽舉起大刀，一刀把王植砍成二段。

到達了第五關滑州，當地太守劉延知關羽已到達城外，親自迎接，並問他要去何處，關羽都據實回答，並要求劉延借船給他渡河，可是劉延不肯，關羽就自己去找船。但黃河渡口的守將秦琪，堅持不讓關羽渡河，關羽只好和他交戰了起來，不久秦琪就被關羽砍死，關羽一行人也順利過河了。

關羽一路上遭到了層層攔阻，但憑借一己之力，過了五個曹操所轄關隘，斬了曹操六員大將。此乃關羽過五關斬六將的由來。

（二）利用賽局來看曹操、劉備和關羽的行事原則

（一）在曹操方面：

曹操對於自己非常欣賞的將才（如關羽），會用盡方法招降他們。譬如找人關說（如張遼）、請吃飯、送黃金和銀子、送赤兔馬及美麗婢女等禮物、封官加爵（如封賞關羽為「漢壽亭侯」），甚至對於關羽所開的條件，曹操都照單全收。但另方面，也因為多疑的天性，容易讓對手（關羽）正確猜中其意圖，而採用適當的策略反應。

曹操的人生哲學是「寧教我負天下人，休教天下人負我」。一旦有損於他或他認為會對他不利時，為杜絕後患，他會是一個不擇手段的人，他無情地殺害呂伯奢本人及其家人就是一例。所以**曹操是風險趨避者，因為曹操他預期關羽若歸降於曹營，將使曹營兵力大增有助於早日完成篡位計畫的收益，遠大於他所用心準備贈送禮物給關羽的成本（如請吃飯、送很多黃金和銀子、送赤兔馬及很多美麗的婢女、奏請皇上封賞關羽為「漢壽亭侯」、黃金和錦袍等），所以曹操明知關羽留的機率很小，但仍堅持採取阻撓手段。**

（二）在關羽方面

關羽知道曹操生性多疑，用人處處設防，所以關羽即使面對曹操給予爵位、美女、財富等物質引誘，關羽也是會堅持「義薄雲天」的精神，離開曹操去找桃園三結義的兄弟。因為跟著曹操可能隨時會有生命之危，未來預期損失更大。

（三）在劉備方面

劉備用人不同曹操，他的特質是「用人不疑，疑人不用」，所以關羽與他共事會因關羽重義氣的行事風格而受重用，成就一番事業。

（三）曹操、劉備和關羽的決策特質

（一）在曹操方面

曹操是典型的風險趨避者。他願意用請吃飯、送黃金和銀子、送赤兔馬及美麗婢女、封賞關羽為「漢壽亭侯」，以及六個大將生命作為收買關羽的支出。主要的理由是這些付出的價值對他而言不太重要，換言之就是效用不高，但若關羽歸降於曹營，將使曹營兵力大增，有助於早日完成一統中國完成稱帝的計畫，此效用對曹操而言是無可言喻。所以曹操明知關羽選擇留在他身邊的機率很小，但預期收益仍很高，故值得他與關羽的義薄雲天對賭。

（二）在關羽方面

關羽可說是個風險愛好者，因他選擇離開曹操的預期收益僅是遵守對劉備的口頭承諾，或可稱為「義」的精神表徵。但他不僅必須捨棄曹操給的各項禮遇、豐厚的物質及官位，而且還要負擔過五關斬六將的風險。

（四）賽局均衡的達成

當關羽這個風險愛好者碰上典型的風險趨避者曹操，關羽的最適策略選擇變得很簡單，只要他抓住曹操「惜才」的標準，他知道曹操不願意殺他，甚至願意放他一馬的策略選擇原則，關羽的策略就是「離開曹操」，因為他要離開曹營的預期成本不高。加上本身以「義」做為決策標準時，關羽選擇離開曹營已是必然之事。至於劉備只要繼續維持桃園三結義時的行事標準，關羽一定會回到他身邊為他效力。

這是一場很特別的談判賽局，曹操面對關羽這個難搞的對手，採用的是動之以情的談判策略，也想利用金銀財寶、官位與美女等物，和關羽交換彼此評價不相等的東西——義。不幸的是「義」對於曹操而言雖然效用不高，但對關羽而言是重於生命，所以這場看似華麗的談判賽局結局就變得很單純——談判失敗。

在一個賽局當中我們常會發現，一個賽局的參與者可能不完全知悉其他參與者的偏好，所以即使這位參與者在做策略選擇的當下，已經可以大致了解外在其它因素的特徵，也不容易完全猜測到他的對手所有可能的策略選擇，自然地，也不容易評估在不同的策略條件之下彼此之間的可能受益。像這種型態的賽局我們可稱為：「不完全訊息賽局」，在這種賽局之下就會呈現廠商因為對於不完全訊息的判斷而產生類似舉棋不定的結果。譬如在華人的社會中，自古就很強調「學而優則仕」的論點，就是希望利用教育提供一種代表此人能力不差的訊息，而政府就常會利用所謂的會考或現今的高普考等方式，直接利用考試成績作為評斷所雇用官員或公務人員品質的主要依據。

此外，在類似這種不完全訊息賽局當中，賽局的參與人也可能透過與其他參與者的互動，逐步修正自己和對方策略選擇的猜測，進而修正自己的策略選擇或行為，這種我們可稱為「不完全訊息動態賽局」。如成語中的「黔驢技窮」，事實上就是一個老虎在不完全訊息的情況之下，跟驢子之間的賽局結果。當老虎初見驢子的時候，發現驢子會叫又會踢腿，老虎的策略選擇就是在旁邊耐心觀察驢子的特徵，當久而久之老虎發現驢子只會鳴叫跟踢腿之後，老虎的策略選擇就是認定驢子只有這兩個技巧，而無攻擊性的武器，所以就可以直接吃掉牠。

在當今的企業中也常發生這類的事，如絕大部分的高階主管，除了自己的祕書之外，不太會讓其他的部屬知道他們的決策偏好或是日常行為模式。對下屬而言，在這種訊息不完全的情況之下，最好的選擇方式就是好好工作，不要試圖蹺班。不然，這些部屬可能因為訊息不完全的情況下而付出被處罰的成本。

在以下的案例中，我們利用曹操對公孫康的策略猜測、諸葛亮空城計的運用和台北市立聯合醫院與護理工會之間的角力等案例，來說明在不完全訊息下的賽局或談判是如何進行的。

案例 知公孫康者，曹操也

東漢末年，群雄割據。漢獻帝建安五年（西元二〇〇年）時，袁紹與曹操爆發官渡之戰，袁紹大敗，羞憤病逝，其子袁尚不敵曹操，與兄長袁熙投奔遼西烏桓酋長蹋頓。曹操用郭嘉之言，以田疇率師，從盧龍口出發，以輕軍千里的方式襲擊蹋頓，在白狼山與袁氏兄弟及烏桓蹋頓的大軍相遇。兩軍大戰一場，蹋頓大敗被殺，袁熙、袁尚率數千人逃向遼東。

此時，曹操思索著是否該乘勝追擊，斬草除根？然而，這個決策除了應該猜測雙方可能的下一步，還必須考量到遼東太守公孫康的偏好。若公孫康是個風險愛好者，看見袁氏兄弟大軍前來，或許認為這是個跟袁氏兄弟聯手，扳倒曹操的好機會；若公孫康是個風險趨避者，可能就會因為害怕曹操的勢力，而不願援助袁氏兄弟。另一方面，袁氏兄弟也不清楚公孫康的偏好，但他們可以根據曹操有無乘勝追擊的策略，來猜測公孫康是否願意接受他們的投靠，或者他們僅能與曹操決一死戰。

當年袁紹在未敗於曹操之前，曾有想吞併遼東，公孫康對此不僅一直耿耿於懷，而且也擔心袁氏兄弟前來投靠的主要目的是鳩佔鵲巢。因此對公孫康而言，他有兩種策略可選擇：

① 若曹操乘勝追擊，無論袁氏兄弟選擇篡位還是投靠的策略，選擇與袁氏兄弟聯合力抗曹操，可能是他的優勢策略。

② 若曹操按兵不動，則無論袁氏兄弟選擇篡位還是投靠的策略，對公孫康而言，當袁氏兄弟選擇篡位的機率很高時，他不與袁氏兄弟合作才是上策。

對於曹操而言，當時袁氏兄弟逃向遼東，曹操的部將主張應該乘勝追擊，但曹操卻笑道：「用不著勞煩諸位虎威，幾天之後，公孫康定會自動將二袁的腦袋送來。」果然如他所料。因為曹操在當時已猜到公孫康面對袁氏兄弟的大軍，他將不會冒險與袁氏聯合一起反抗曹操，再加上從雙方過去的關係，可以準確猜中袁氏與公孫康彼此存在互不信任的關係。

袁氏兄弟也的確如公孫康所擔心的那樣，計畫先殺掉公孫康等人，再以遼東數萬騎兵與曹操抗衡，收復河北。所以，當細作回報說曹操屯兵易州，並無出兵遼東之意時，公孫康立即設計將二袁殺掉，並且派人將首級送到易州。因此，曹操最後不費一兵一卒，即除掉了袁熙、袁尚，並且使公孫康自動歸服。

案例 諸葛亮空城計—洞悉對手過於猜忌的弱點

在三國時期，西元二二七年，諸葛亮帶領蜀軍採用聲東擊西的辦法，將魏軍騙到郿城，而親自率領大軍從西路撲向祁山，守在祁山的魏軍敗退。蜀軍乘勝進軍，多數魏軍將領投降於蜀。當時街亭為漢中重要戰地，諸葛亮於祈山派將駐守。命馬謖前往街亭駐守抗魏軍，諸葛亮再三囑咐須靠山近水紮營。因馬謖剛愎自用，竟在山頂紮營，副將王平一再提醒，但最終馬謖被張郃率魏軍打敗，失去了街亭。

街亭一失守。蜀軍失去了重要的據點，也喪失了不少人馬。諸葛亮為了避免遭受更大損失，決定把人馬撤退到漢中，並自降三級。魏軍司馬懿聽聞諸葛亮失手，並乘勢帶領十萬大軍直殺西城的諸葛亮而去。當時司馬懿並不知諸葛亮身邊沒有可用的將領及精兵。

當時諸葛亮駐守在西城，得知失去街亭重要地理之時，因旗下將領、精兵均派往前線在外，一時無法調回，導致西城無將領和精兵防守。又得知司馬懿乘勝要取回西城，在危急中，而設下空城計一計。諸葛亮下令把城內所有的旌旗藏起來，駐守士兵原地不動，如果有私自外出以及大聲喧嘩的，立即斬首。又叫士兵把四個城門打開，佈署少量士兵扮成平民百姓模樣，如平常生活作息。諸葛亮自己也披上鶴氅，戴上高高的綸巾，領著兩個小書僮，帶上一張琴至城上望敵樓前憑欄坐下，焚香操琴，故作鎮靜。

司馬懿的先頭部隊到達西城時，先遣前哨探查，發現諸葛亮開城門並悠閒於城樓上彈琴，雖有所疑慮，仍不敢輕易攻打，急忙返回報告司馬懿。司馬懿聽後，笑著說：「這怎麼可能呢？」於是便令三軍停下，自己飛馬前去觀看。

從離城不遠處，司馬懿果然看見諸葛亮端坐在城樓上，笑容可掬，正在焚香彈琴。左面一個書僮，手捧寶劍；右面也有一個書僮，手裡拿著拂塵。從城門外望見多個非士兵的平民百姓在低頭灑掃，旁若無人。司馬懿看後疑惑不已，經思慮過後決定將大軍慢慢後移撤退。二子司馬昭一度懷疑是「諸葛亮城中無兵，所以故意出招嚇唬魏軍」。

司馬懿判斷「諸葛亮一生謹慎不曾冒險，現狀城門大開必有埋伏，魏軍一但衝進城內正好中了他們的計，所以決議撤退」。不料卻正中諸葛亮以空城嚇退敵軍的計謀。

這個故事給我們下列兩個啟示：

① 諸葛亮的心理戰術

空城計是一種心理戰。在己方無力守城的情況下，故意向敵人暴露我城內空虛，就是所謂「虛者虛之。敵方產生懷疑，更會猶豫不前，怕城內有埋伏，怕陷進埋伏圈套內。這是一種懸而又懸的「險策」。

② 知己知彼，增加勝算的機率

司馬懿若選擇攻打，應可大勝。但因謹慎多疑，諸葛亮了解、熟悉司馬懿謹慎多疑的性格特點，此計的關鍵就是要清楚地了解並掌握敵方將帥的心理狀況和性格特徵。諸葛亮的空城計是一種處於虛有武裝的行為，必須在非常了解對手心態的情況下，所採用的手段，目的是企圖翻轉局面，免於受到過大的損失。

由於此種計謀風險很大，在無明確的訊息下，想要一搏生機。所以歷史學家常說空城計的決策是萬不得已情況下，不宜在短期間多次地使用。諸葛亮空城計謀在於：熟悉了解對手心態，並規畫團體合作，方能突圍保全。

案例 臺北U醫院與護理工會之間的角力

自勞動基準法於一九九八年七月正式適用醫療保健服務業後，平等對待女性工作者的觀念逐漸在台灣醫療產業受到重視。雖然勞工權利意識略有抬頭，但醫院管理階層仍普遍遵循著傳統醫療職場文化，有時會利用勞動基準法第八十四條之一等法規，持續主宰勞資關係，故整體醫療體系的勞動環境並沒有明顯地改善。

然而隨著社群網絡的發展，加上媒體協助發聲，基層護理人員開始擁有更多元更便利的管道進行串聯，許多長期不合理的現象及制度逐漸被公開並引起大眾的關切。加上相關的勞動法令及權益也持續地被大眾討論，因此醫院管理階層單純使用優勢策略或強硬的手段，已漸漸難以壓制來自基層醫護人員的訴求。

面對上述的環境改變，臺北U醫院高階管理階層就企圖藉著增加溝通管道的方式，減緩與基層醫護人員對立氣氛。雖然增加了溝通管道，但U醫院管理階層基於傳統認知，以及基於醫院經營成本考量等因素，對於基層同仁的訴求多是敷衍帶過，很快的，這些溝通管道就不再被信任，基層同仁只能繼續向外尋求諮詢與支援，於是間接促成了護理工會的成立。

護理工會的主要成員大多都是基層護理人員，因此同時擁有內部及外部資源。工會可透過成員取得院方內部資訊，支持工會成員或串連基層護理人員積極參與院內勞資議題的談判，也可以藉著集結外部社會資源向院方施壓。這讓U醫院的管理階層不得不正視護理工會的崛起，而與他們進行談判或合作。

（一）雙方的談判賽局

以談判賽局來看，U醫院高階管理階層掌握護理工會訊息的多與寡，必然會影響U醫院高階管理階層的策略與利益，所以U醫院高階管理階層必然會檢討及修正目前的敷衍態度，讓基層護理人員感覺到真誠溝通及願意改善的誠意。

（一）參與者：

① U醫院高階管理階層（院方）：院方規畫政策時通常只看理想的結果，不太重視經營效率，所以院方的角色態度可定義為風險愛好者。

②台灣基層護理產業工會（工會）：工會當然希望基層護理人員（主管不得加入）能夠透過參與工會，修正自身遭遇到的不合理待遇，並與其他同仁合作，一起努力推動U醫院醫療行政管理的優化、經營效率，以及提升員工福利，所以工會的角色態度可定義為風險趨避者。

（二）策略與行動：

①U醫院高階管理階層的策略較簡單且被動，就是在讓自身收益最大化的前提下，選擇與工會妥協或不妥協。

②台灣基層護理產業工會的主要策略選擇，是直接抗爭或是向勞動局檢舉院方違規。

（三）事件：為了讓護理人員有休息的時間，院方規定護理人員工作每滿四小時，應分批休息三十分鐘。

①院方依據勞動基準法第三十條規定：「勞工繼續工作四小時，至少應有三十分鐘之休息。但實行輪班制或其工作有連續性或緊急性者，雇主得在工作時間內，另行調配其休息時間。」因此院方決定規定護理人員須按勞基法規定，每工作四小時要分批休息三十分鐘。

②但此規定就算是人力最充裕的白班，也很難順利完成交班去休息，結果就是空有休息時間卻無休息品質。此外，同仁更為激烈反抗的是，為了休息那無法實際享用的三十分鐘，卻得晚三十分鐘下班（變成八點上班；下午四點半下班），她們認為此舉是變相延長工時卻不給加班費，而且易導致過勞。

③於是工會成員便趁隙而入，開始發動串聯抗議。

（二）假設工會與院方之間的互動是一種完全訊息動態賽局策略選擇，院方看到工會的行動以後，再決定妥協或不妥協。雙方都知道彼此的可能策略，以及不同策略對應之下的收益，所以我們可分成以下六個步驟進行這種談判賽局分析。（見圖2-10）

①工會發起抗議，而院方妥協：工會取得抗議即可達成訴求的經驗，在基層護理人員間取得極大的威信，所以工會的收益為3；而院方透過妥協來降低抗議，這可能帶來的院譽損失，所以收益為-1，故雙方收益為（3，-1）。

②工會發起抗議，而院方不妥協：工會抗議沒有取得預期效果，但也替同仁出了一口氣，所以其收益為1；院方與工會及同仁僵持不下，因不僅影響正常業務推動，也大幅傷害了院譽，所以院方收益為-3，故雙方收益組合為（1，-3）。

③工會向勞動局檢舉，而院方妥協：工會圓滿的達成同仁訴求，工會收益為1，而院方則不能執行當初的規畫，但也沒引發任何事端，其收益為零，雙方收益組合成為（1，0）。

④工會向勞動局檢舉，而院方不妥協：院方靠著與勞動局打筆仗來拖延時間，而工會在等待勞動局處置的過程中沒有得到利益，所以其收益為零，這讓原本的規畫持續執行，所以院方的收益為1，故雙方收益為（0，1）。

⑤以收益來看，工會發起抗爭的方式是其優勢策略，而院方也知道工會一定會用抗議的方式，所以院方的策略反應是與工會妥協。故此賽局的Nash均衡為（工會發起抗議，院方妥協）。

⑥其實這種賽局是大部分人可以預期的事。因為院方受工會抗爭影響是院方的損失，而非管理階層。若管理階層處理工人抗爭不善會被減薪

圖 2-10 完全訊息動態賽局樹

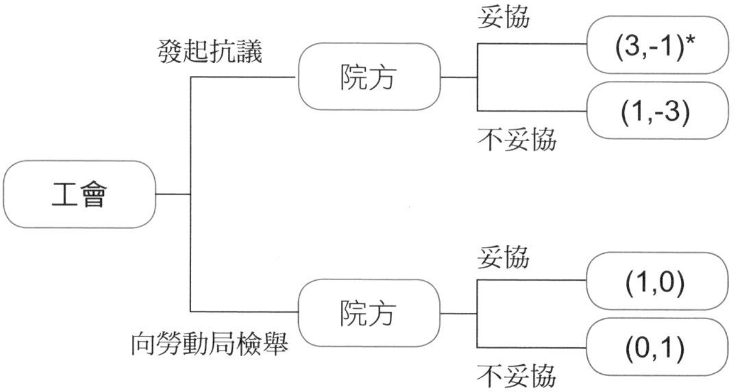

時，他們的策略絕對不是如此被動，而會在工會未發起抗爭之前，就會主動與工會協調解決。

（三）若我們假設院方僅能猜測工會抗爭的程度有六成的機率採激烈方式；四成的機率採溫和路線，因此，我們可以不完全訊息動態賽局進行分析。若院方願意瞭解基層護理人員心聲，就會知道工會的成員並非都是頑固的激進分子，只是容易受到當下社會氛圍的影響。若院方願意主動溝通，工會可能採取較溫和的舉動與院方對抗，而雙方的收益也會與激進時不同。因此若能掌握工會現在的氣氛是激進還是溫和，院方就能對工會的行為採取較有利的應對方法。

（一）工會成員是激進的狀態，進行策略選擇時，雙方的收益與圖2-10相同。

（二）所以我只就圖2-11下層橢圓形的區域，工會成員是溫和狀態時，雙方的策略互動及效益。

圖 2-11 不完全訊息動態賽局樹

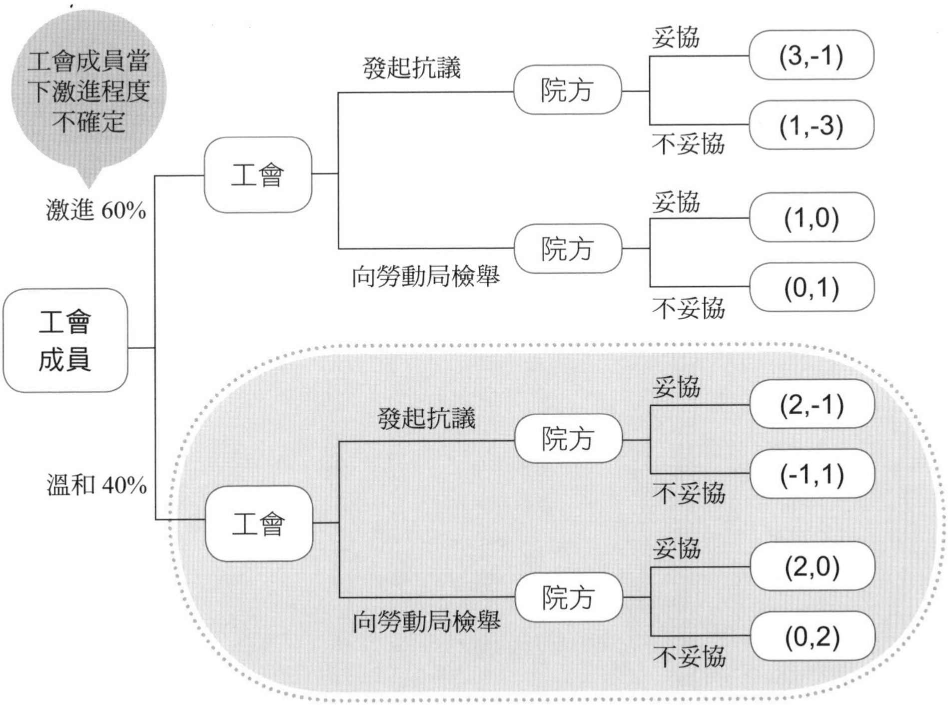

①工會在較溫和的情況下發動抗議，而院方妥協但仍然達到了目的，於是維持了本身的威信，所以其收益為2；而院方透過妥協來降低抗議所帶來的院譽損失，所以其收益為-1，雙方的收益組合為（2，-1）。

②工會發起抗議，而院方不妥協：工會貿然抗議沒有取得預期效果，可能引發內部的爭議，造成工會分裂，所以工會的收益為-1；而院方利用基層同仁反對工會的情緒，持續推動原先業務，所以院方收益為1，故雙方收益組合為（-1，1）。

③工會向勞動局檢舉，而院方妥協：工會圓滿的達成同仁訴求，見機行事的能力受到肯定，所以其收益為2，而院方則不能執行當初的規畫，但也沒引發任何事端，所以其收益為零，雙方收益組合為（2，0）。

④工會向勞動局檢舉，而院方不妥協：工會向勞動局檢舉但並未強硬堅持立場，故院方成功說服勞動局繼續執行原本的規畫，所以其收益為2；而由於勞動局不予裁罰，成員也無責怪工會，其收益為零，雙方收益組合為（0，2）。

（四）

另外一種不完全訊息動態賽局，是院方不知工會成員態度是激進還是溫和，院方也不完全知悉工會是否採抗議或是向勞動局檢舉，而僅能猜測。在此種情況下，激進或溫和的機率和抗議或檢舉的機率，就會影響工會及院方決策的預期收益。

①雖然當下的社會氛圍讓工會成員們都很想發動抗議，但事實上就算工會因此得利，也不是每個人都願意跟院方撕破臉，故院方若能透過分化或懷柔的手段，影響工會發動抗議或向勞動局檢舉的機率，其所產生的收益就會因該機率而有所不同。

②依照圖2-12，我們可計算不同策略下的貝氏條件機率（見下頁）。當院方受到工會抗議時，院方猜測工會成員是激進狀態的貝式機率為0.9；溫和的機率只有0.1；當院方受到勞動局檢查時，院方猜測工會是溫和狀態的貝式機率為0.6；激進的機率為0.4。對此，院方可依貝氏機率分配計算不同策略的預期收益。

何謂貝式機率

貝氏定理

貝氏定理托馬斯 • 貝葉斯命名，用以描述事件 A 與事件 B 的 條件概率之間的關係。處理的問題如下：

一個國家有 2%的人患上某種疾病。經由醫學檢測，97%的患者可被正確檢測出陽性結果，然而，也有 9%非患者檢測出錯誤的結果。任意從該國家挑選一個人進行檢測，且檢測結果呈陽性。那麼，這個人真正患病的概率到底是多少呢？

計算方法如下：

2%×97%=0.0194

98%×9%=0.0082

病人真正患病的機率為

0.0194/（0.0194+0.0882）=0.1803

而以本書為例，根據上表的資訊，院方如何猜測以工會人員的行為來猜測其心態是激進或是溫和的機率？

院方受到抗爭時，工會採激進心態的貝氏機率為：

$$\frac{0.6x0.6}{0.4x0.1+0.6x0.6}=\frac{0.36}{0.4}=0.9$$

也就是工會採溫和心態的機率為 0.1

院方受到勞動檢查時，工會是溫和狀態的機率為：

$$\frac{0.4x0.9}{0.4x0.9+0.6x0.4}=\frac{0.36}{0.6}=0.6$$

也就是工會是激進狀態的機率為：0.4

圖 2-12 加入條件機率後的不完全訊息動態賽局樹

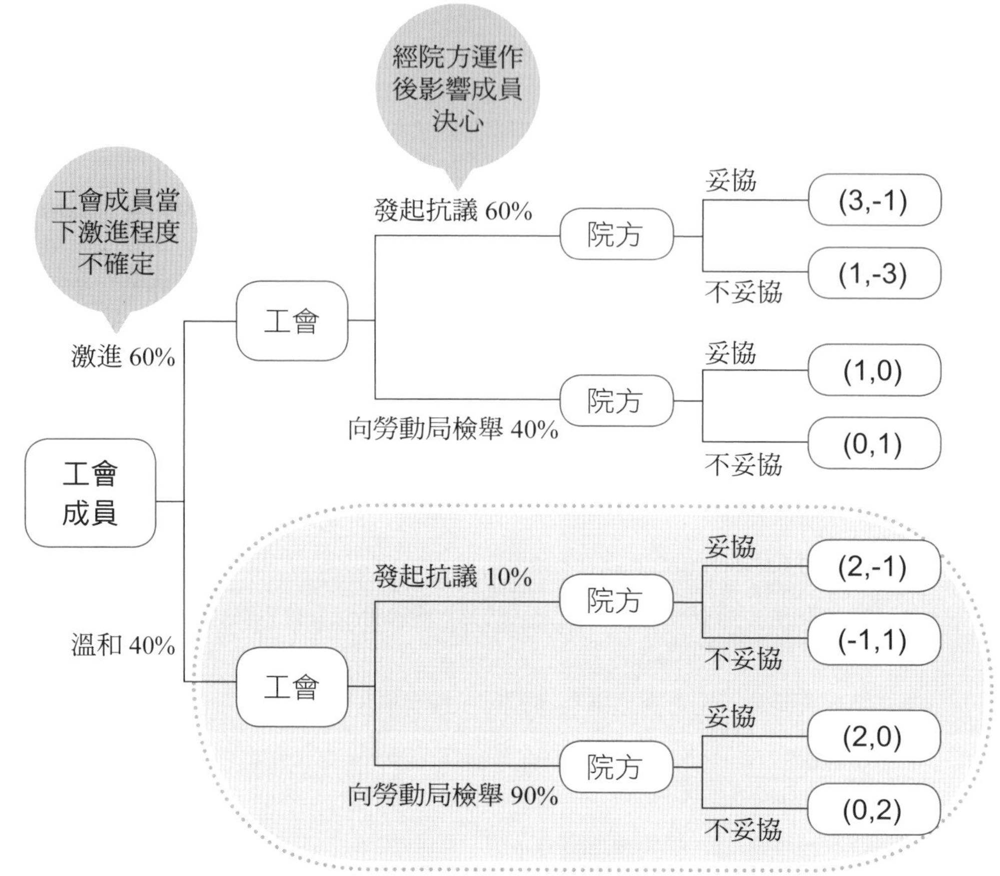

表 2-13 加入條件機率後的不完全訊息動態賽局標準式

		院方			
		妥協 - 妥協	妥協 - 不妥協	不妥協 - 妥協	不妥協 - 不妥協
工會	抗議 - 抗議	$(\frac{29}{25}, \frac{-2}{5})$ 1	$(\frac{8}{25}, \frac{-1}{5})$ 2	$(\frac{9}{5}, \frac{-9}{25})$ 3	$(\frac{24}{25}, 0)$ 4
	抗議 - 檢舉	$(\frac{11}{25}, \frac{-28}{5})$ 5	$(\frac{2}{25}, \frac{1}{5})$ 6	$(\frac{27}{25}, \frac{-27}{5})$ 7	$(\frac{18}{25}, \frac{6}{25})$* 8
	檢舉 - 抗議	$(\frac{26}{25}, \frac{-8}{5})$ 9	$(\frac{1}{5}, \frac{1}{25})$ 10	$(\frac{27}{25}, \frac{9}{5})$ 11	$(\frac{6}{25}, \frac{18}{5})$ 12
	檢舉 - 檢舉	$(\frac{8}{25}, \frac{-26}{5})$ 13	$(\frac{-1}{25}, \frac{7}{5})$ 14	$(\frac{9}{25}, \frac{-9}{5})$ 15	$(0, \frac{-2}{5})$ 16

表 2-13 各種策略組合預期收益的計算：

R（N，抗 / 抗，妥 / 妥）代表工會無論工會成員是溫和或激烈，工會都採「抗議」的方式，而院方是都採「妥協」策略。N 代表工會成員是溫和或激烈的狀態；R 代表收益。所以我們可以得到下列第一項的結果。

1. R（N，抗 / 抗，妥 / 妥）=2/5×1/10R（溫，抗，妥）+3/5×3/5R（激，抗，妥）

=1/25（2,-1）+9/25（3,-1）=（29/25,-2/5）。

R（N，抗 / 檢，妥 / 妥）代表工會成員是溫和時，工會採「抗議」的策略，而院方採「妥協」策略；工會成員是激烈時，工會會採「檢舉」的策略，而院方採妥協的策略。所以雙方的收益組合為：

2. R（N，抗 / 檢，妥 / 妥）=2/5×1/10R（溫，抗，妥）+3/5×2/5R（激，檢，妥）

=1/25（2,-1）+6/25（1,0）=（8/25,-1/5）。

最後，我們可將所有可能策略組合與所對應的預期收益，整合成表 2-13。再由表 2-13 加入條件機率後的不完全訊息動態標準式賽局，找出 Nash 均衡。

依此類推，我們可以得到在不同工會成員特徵（溫和或激烈）下，工會與院方不同策略組合所對應的收益。

3. R（N，檢 / 抗，妥 / 妥）$=\frac{2}{5}\times\frac{9}{10}$R（溫，檢，妥）$+\frac{3}{5}\times\frac{3}{5}$R（激，抗，妥）

$=\frac{9}{25}(2,0)+\frac{9}{25}(3,-1)=(\frac{9}{5},\frac{-9}{25})$。

4. R（N，檢 / 檢，妥 / 妥）$=\frac{2}{5}\times\frac{9}{10}$R（溫，檢，妥）$+\frac{3}{5}\times\frac{2}{5}$R（激，檢，妥）

$=\frac{9}{25}(2,0)+\frac{6}{25}(1,0)=(\frac{24}{25},0)$。

R（溫，抗 / 抗，妥 / 不妥）代表工會成員是溫和時，工會會採「抗議」的策略，而院方採「妥協」的策略；R（激，抗，不妥）代表工會成員是激烈時，工會會採「抗爭」的策略，而院方是採「不妥協」的策略。

5. R（N，抗 / 抗，妥 / 不妥）$=\frac{2}{5}\times\frac{1}{10}$R（溫，抗，妥）$+\frac{3}{5}\times\frac{3}{5}$R（激，抗，不妥）

$=\frac{1}{25}(2,-1)+\frac{9}{25}(1,-3)=(\frac{11}{25},\frac{-28}{25})$。

6. R（N，抗 / 檢，妥 / 不妥）$=\frac{2}{5}\times\frac{1}{10}$R（溫，抗，妥）$+\frac{3}{5}\times\frac{2}{5}$R（激，檢，不妥）

$=\frac{1}{25}(2,-1)+\frac{6}{25}(0,1)=(\frac{2}{25},\frac{1}{5})$。

7. R（N，檢/抗，妥/不妥）$=\frac{2}{5}\times\frac{9}{10}$R（溫，檢，妥）$+\frac{3}{5}\times\frac{3}{5}$R（激，抗，不妥）

$=\frac{9}{25}$（2,0）$+\frac{9}{25}$（1,-3）$=$（$\frac{27}{25}$, $\frac{-27}{25}$）。

8. R（N，檢/檢，妥/不妥）$=\frac{2}{5}\times\frac{9}{10}$R（溫，檢，妥）$+\frac{3}{5}\times\frac{2}{5}$R（激，檢，不妥）

$=\frac{9}{25}$（2,0）$+\frac{6}{25}$（0,1）$=$（$\frac{18}{25}$, $\frac{6}{25}$）。

9. R（N，抗/抗，不妥/妥）$=\frac{2}{5}\times\frac{1}{10}$R（溫，抗，不妥）$+\frac{3}{5}\times\frac{3}{5}$R（激，抗，妥）

$=\frac{1}{25}$（-1,1）$+\frac{9}{25}$（3,-1）$=$（$\frac{26}{25}$, $\frac{-8}{25}$）。

10. R（N，抗/檢，不妥/妥）$=\frac{2}{5}\times\frac{1}{10}$R（溫，抗，不妥）$+\frac{3}{5}\times\frac{2}{5}$R（激，檢，妥）

$=\frac{1}{25}$（-1,1）$+\frac{6}{25}$（1,0）$=$（$\frac{1}{5}$, $\frac{1}{25}$）。

11. R（N，檢/抗，不妥/妥）$=\frac{2}{5}\times\frac{9}{10}$R（溫，檢，不妥）$+\frac{3}{5}\times\frac{3}{5}$R（激，抗，妥）

$=\frac{9}{25}$（0,2）$+\frac{9}{25}$（3,-1）$=$（$\frac{27}{25}$, $\frac{9}{25}$）。

12. R（N，檢/檢，不妥/妥）$=\frac{2}{5}\times\frac{9}{10}$R（溫，檢，不妥）$+\frac{3}{5}\times\frac{2}{5}$R（激，檢，妥）

$=\frac{9}{25}$（0,2）$+\frac{6}{25}$（1,0）$=$（$\frac{6}{25}$, $\frac{18}{25}$）。

13. R（N，抗/抗，不妥/不妥）$=\frac{2}{5}\times\frac{1}{10}$R（溫，抗，不妥）$+\frac{3}{5}\times\frac{3}{5}$R（激，抗，不妥）

$=\frac{1}{25}$（-1,1）$+\frac{9}{25}$（1,-3）$=$（$\frac{8}{25}$, $\frac{-26}{25}$）。

14. R（N，抗/檢，不妥/不妥）$=\frac{2}{5}\times\frac{1}{10}$RR（溫，抗，不妥）$+\frac{3}{5}\times\frac{2}{5}$R（激，檢，不妥）

$=\frac{1}{25}$（-1,1）$+\frac{6}{25}$（0,1）$=$（$\frac{-1}{25}$, $\frac{7}{25}$）。

15. R（N，檢/抗，不妥/不妥）$=\frac{2}{5}\times\frac{9}{10}$R（溫，檢，不妥）$+\frac{3}{5}\times\frac{3}{5}$R（激，抗，不妥）

$=\frac{9}{25}$（2,0）$+\frac{9}{25}$（1,-3）$=$（$\frac{9}{25}$, $\frac{-9}{25}$）。

16. R（N，檢/檢，不妥/不妥）$=\frac{2}{5}\times\frac{9}{10}$R（溫，檢，不妥）$+\frac{3}{5}\times\frac{2}{5}$R（激，檢，不妥）

$=\frac{9}{25}$（0,2）$+\frac{6}{25}$（0,1）$=$（0, $\frac{24}{25}$）。

③ 貝式 Nash 均衡：由表 2-13 的各種策略組合的收益，我們會發現院方的優勢策略是不妥協（因為採不妥協的收益最高），而工會也知道院方會如此，所以當工會成員多屬激進時，工會會採向外檢舉的策略；工會成員多屬溫和時，工會會採只在院內抗議的策略。

④ 所以本賽局的貝式 Nash 均衡是當工會成員是激進時，工會會採向勞工局檢舉策略，院方會採不妥協策略；當工會成員是溫和時，工會會採向院方抗議的策略，但院方仍會採不妥協策略。此時雙方的收益組合為（$\frac{18}{25}$，$\frac{6}{25}$）。

在決策前考慮的較多且周全者，才能得到較高的得勝機率，而考慮少又不周全者得勝機率就降低很多，更不用說完全不思考的人。這樣的道理其實每個人都明白，但真正願意花費心思縝密思考的人卻很少。這個案例的實際結果是護理部提出的「八個工時」修正方案，基層同仁的問卷調查也顯示支持護理部的提案，但最終定案版本卻是以院長的裁示為主，而不是依票選結果，其中大夜班更延長為「九小時班」。這結果導致工會成員成功發起串連活動向院方抵制，只是由於當時工會的實力尚未成氣候，因此他們選擇向勞動局檢舉並向議會陳情。最後在市府及議會的壓力下，工時制度繼續維持原來的版本。

再回到本案例設定的結果，我們檢視二個不同訊息條件的賽局結果，可以得到以下資訊：

① 院方採被動不事前溝通時，工會一定會抗議，而院方到最後必須妥協。

② 若院方主動與工會溝通，雙方的均衡收益顯示是雙贏的結局。

總而言之，當院方越願意掌握訊息，就能做出越有利的決策。若院方不願真心面對員工的訴求，結果就是落得只剩下妥協認賠一條路；但只要他們肯放下成見，少為自己的私利著想，而是願意去瞭解工會的運作型態，檢視雙方可能的策略組合，就會知道除了認賠妥協之外，還有不妥協獲利的策略。更不用說若能利用既有資源做有用的運作，還可以繼續提升院方的收益，並同時降低工會的威信。當然，現實中的參賽者不只是院方與工會而已，我們還可以加入立場尷尬的勞動局、台灣護理產業工會及院內現場執行主管等角色，只是若院方高層抱著只採被動不主動溝通的態度，對他們而言，都只能走上選擇妥協及認賠這條路。

對於如何利用賽局參與者之間的訊息不對稱的情境，進一步扭轉原先的劣勢，或是增加勝利的機會，最常見的就是「玩橋牌」。在玩橋牌時，互喊的雙方會利用彼此訊息不對稱的狀態，即使己方的牌勢不怎麼好，卻可能因為主導了撲克牌四種類型的優先順序或規則而致勝。

像我們耳熟能詳的成語「出奇制勝」及「異軍突起」都有類似的含意。我們認為要在劣勢的處境，利用對手在訊息不對稱的狀態而致勝，另一重要因素是本身實力亦不能太弱，以及要有臨機應變的能力，不然不易致勝。

案例 香港地產大亨的崛起

L先生是當今香港的地產大亨之一，在他剛崛起的時間點，曾參與一場在香港島中環地區的土地競標，因該土地位處精華區，價格不斐，當時大家都認為這土地應是當時的建築業大亨H先生的囊中物。但在競標過程中，到最後只剩下這位大亨的企業與L先生在競標。這位大亨H先生不知當時仍沒沒無聞的L先生，是出自何方，敢這麼大膽與他較量。

在兩人競標過程中，L先生派了一位下屬私下去找對方，跟H先生的那一方說，他願意讓賢給H先生，但條件是希望H先生在這個建築案中，讓L先生入股，賺點零頭即可。對於這條件，H先生的企業當然一口答應，雙方於是達成合作雙贏的結局。

其實以動機來看，L先生在這場土地競標的賽局中，幾乎沒多大的機會會贏，但他卻可以利用這種彼此訊息不對稱的狀態，快速地向對方示好，達成合作的目標。依照L先生的說法，其實他在意的不是從這個建築案中賺多少錢，而是讓全香港建築業開始認識這個年輕人，竟然有能力與H先生這位大亨共同合作，於是打響了L先生的名號，這對H先生而言，損失很少，但對L先生而言，這才是他的最大收益。

案例 金門戰役

一九四九年的金門古寧頭戰役是屬第二次國共內戰的一環，在那場戰事中，中國人民解放軍挾著乘勝進擊的方式，想要一舉渡海攻下金門後，再拿下台灣。以當時兩軍對戰的兵力來看，大小金門的國軍數約六萬人，其中大金門島約有五萬三千人，而渡海的人民解放軍僅九千餘人，以雙方實力來看，人民解放軍應無很大的勝算，但為何又急於在同年十月十五日擊潰廈門的國軍後，在十月十八日就命令第十兵團第二十八軍攻擊大金門。其中的主要理由為：當時十兵團司令葉飛錯估駐守於廣東潮、汕地區的胡璉兵團不動，所以認為當時大小金門僅有第二十二兵團、青年軍第二〇一師及第十二兵團第十一師防守，兵力僅二萬餘人。再加上當時駐守金門的第二十二兵團的軍備比解放軍差，較容易攻擊。

而解放軍最後遭受慘敗，主要原因有二：

①解放軍所搭乘的船隻不僅數量不足，而且多屬木製機帆船，這讓解放軍的兵力接駁能力大減，在第一梯兵力登岸後，因幾乎所有船隻在退潮時擱淺或是被大砲摧毀，以致無法再增加有效兵力進攻。

②解放軍無海軍及空軍支援，地面部隊就易受攻擊。而國軍三軍指揮較統一。所以解放軍在十月二十四日晚上攻擊，在十月二十七日就完全被殲滅或投降。傷亡的國軍數目或說三千餘人，或言約九十四人。

案例 古巴豬玀灣事件背後的諜對諜

有部電影《「特務風雲」：中情局誕生秘辛》（The good Shepherd），曾描述美國甘迺迪在古巴豬玀灣事件食言，背叛古巴游擊隊不繼續轟炸古巴軍隊，最後導致流亡古巴部隊約九十人陣亡，一千一百人被俘。軍事行動失敗的主要原因是中情局反情報處處長愛德華無意中洩密，洩密位置正是愛德華兒子工作的地方。原來是愛德華的兒子在洗澡時，無意中聽到愛德華在窗外和同僚討論古巴反攻計畫，他兒子回到工作地後，又向論及婚嫁的女友（俄國間諜）洩密。此消息被俄國情報人員獲得後，告知卡斯楚政權，古巴軍隊因而得以從容布署軍隊，擊落五架美國B-26轟炸機和兩條彈藥船，並包圍登陸的流亡古巴部隊，扭轉原先不利的局勢，最後贏得勝利。而甘迺迪應當是發現情報已外洩，再增援也是無法取回優勢，而國際情勢又不容美國正式派出軍隊前往古巴救援，因此才下令終止支援行動。

其實在一八九八年美國戰勝西班牙後，古巴的政治、經濟實際已被美國控制，大部分古巴產業掌握在美國人手中。第二次世界大戰前後，古巴的民族主義日漸高漲，而美國扶植的巴蒂斯塔政府實行軍事獨裁統治，引發民眾反抗。一九五三年七月開始，卡斯楚領導的古巴革命軍與南美阿根廷游擊隊領袖切格瓦拉合作，發動武裝起義，展開游擊戰爭，終於在一九五九年一月一日推翻巴蒂斯塔獨裁政權，建立古巴革命政府。

卡斯楚的新政府一開始打算保持古巴與美國的關係，但是美國不肯，不但拒絕其貸款，還支持古巴內部的反政府組織，試圖推翻卡斯楚政府。古巴只好藉土地改革之名，將美國人擁有的銀行、工廠、商店、農場全部國有化，並與蘇聯建交，建立經濟同盟。

以競合賽局來看，可分成下列三步驟分析美國、古巴和蘇聯之間的關係：

①卡斯楚古巴新政權甫成立，因根基不穩固，應該會和美國維持良好關係，但美國也瞭解這只是古巴權宜之計，為了符合社會主義理念，未來還是要和蘇聯等共產主義國家和好。

②美國顯然了解此一情勢，認為可以推翻還相當羸弱的革命政府，或是貿易禁運，盡量折損古巴的獲益，減緩其復甦腳步，有利於適當時機推翻其政權。因此美國政府立即宣布與古巴革命政府斷交，凍結古巴在美國的資產，並採取經濟制裁，包括禁止進口古巴的糖、禁止出口零件，後來甚至完全經濟封鎖。

③但古巴卻靈巧地利用了冷戰時期的東西方衝突，並將古、美貿易關係轉到西班牙和其他社會主義國家。蘇聯的赫魯雪夫也立刻趁此機會答應向古巴提供經濟和軍事支援。此情況應更刺激美國推翻古巴革命政府的決心，唯一還可行的措施只有對古巴採取軍事行動一途，一般認為一九六一年四月十七日爆發的豬玀灣事件是美國對蘇聯援助古巴的策略反應。

在這背景下，美國中央情報局局長艾倫．杜勒斯於一九六〇年三月向白宮提出一項計畫，建議組織古巴流亡份子，訓練為軍隊，以此推翻卡斯楚政府，當時的艾森豪總統同意，表示將「援助到底」。此計畫在甘迺迪總統上台後繼續推動。由於當時蘇聯對古巴的武器供應還很少，而古巴空軍當時實際上只由幾架改裝的老飛機組成，所以不可能以蘇聯軍事援助古巴，危及美國安全為藉口來發動軍事攻擊，比較可行的是：藉由古巴的反政府組織向美國求援，這樣美國就可以名正言順向他們提供軍事援助，間接採取軍事行動。

因此中央情報局開始招募逃亡的古巴人，編成「２５０６」突擊旅，並幫助他們進行登陸作戰訓練，計畫由他們登陸古巴，攻佔豬羅灣附近一個臨時機場，直到在邁阿密的古巴流亡政府得以飛往古巴後向美國發電求救。而選定豬羅灣是因為它位於沼澤地（薩帕塔半島）的邊緣，且附近的埃斯坎布雷山中人煙稀少，直到一九六〇年代中依然有反政府武裝力量行動，認為古巴政府要對它進行軍事攻擊有一定的難度。

然而整個軍事行動卻出師不利，一九六一年四月十五日五架塗上古巴標記的Ｂ-26轟炸機在轟炸古巴空軍基地途中被擊落，這時美國尚未了解此失敗是否是因情報外洩所致，導致古巴軍隊已經有所防備。兩天後由美國訓練並使用其裝備的流亡政府部隊仍在豬羅灣等地登陸，但兩條運送彈藥的船被卡斯楚軍隊擊沉，美國政府已懷疑情報已洩漏，因此決定拒絕派出援軍，由於流亡政府部隊無法守住機場，因此流亡政府無法登陸發出「求援」，甘迺迪總統不顧中情局的反對，在最後一刻反悔撤回空軍支援，下令中止這次行動。

豬羅灣事件這種諜對諜的個案顯示，蘇聯和美國的間諜工作都是在為自己國家蒐集有用的訊息，此次蘇聯和古巴就是善於利用他們與美國之間訊息的不對稱，一舉扭轉原先的劣勢。此事件也印證這件事，賽局的結果如何，端視參與者如何行使策略，沒有人可以向你打包票，百分之百一定贏或輸。

在電影情節中，正當反情報處處長愛德華懊惱因他兒子的疏失而洩密的時候，曾於二次世界大戰勝利初期在柏林合作過的俄國情報頭子尤里西斯現身，以愛德華的兒子洩密來要脅愛德華跟他合作。但愛德華警告尤里西斯，他只要一爆料，蘇聯情報網將損失慘重。尤里西斯衡量情勢，只好作罷，但另一方面也因為尤里西斯還有一個顧慮，就是那蘇聯女孩婚後的忠誠度，一旦成為美國人媳婦，就會因「家人不應有秘密」（她以這句話來誘使小愛德華洩密）這句話，而把她和俄國間諜網之間的事情曝光，因此愛德華也暗示將對他的未來媳婦下手，以此作為交換的代價，因而達成下表的 Nash 均衡：（美國反情報處處長不合作；俄國情報員不爆料）。

表 2-14 美國反情報處長與俄國情報員的賽局

		俄國情報員	
		爆料	不爆料
美國反情報處處長	不合作	(-2,-10)	(2,2)*
	合作	(-4,-15)	(-2,-5)

第六章

恫嚇策略有時是一種必要之惡

在談判議題的討論方面，很少有人會想用「恫嚇」作為談判策略的工具之一，我們所看得到的幾個案例，也多用於政府與政府之間，或者企業之間的策略選項。譬如，在早期冷戰時期，以蘇聯為首的共產國家，常與以美國及歐盟為首的民主國家之間，以恫嚇的方式告知對方若採用何種策略，則他們會採用對應的策略來報復，其恫嚇策略的目地可能是維持一種雙方之間的「恐怖平衡」。

但事實上，以恫嚇做為談判工具頗為常見。無論商務談判及非典型的私人談判（如情報、黑道、色情行業及地下經濟活動等）這類的工具仍時有所聞，只是不易見報或不適合公開談論。

自二〇一三年以來，中國大陸在南海領域的沙洲，陸續進行島礁的建設，以利日後船隻和飛機進行停泊或起降的場地。此舉動引起周遭鄰國，如菲律賓、越南、印尼與馬來西亞等國家的側目或抗議，甚至也引日本及澳洲的參與。對於中國大陸在南海的舉動，以美國為首的國家就會不斷地進行恫嚇，不時提醒中國大陸，讓中國大陸知道增建人工島礁並不代表中國大陸在南海就有完全的控制權，而且在日後可能會招致其他國家的報復。而這種來自各國的恫嚇策略的確讓中國大陸在南海的擴張速度減緩，並加速與東南亞各國進行政治及經濟的關係修復。

其實，恫嚇策略在產業間或企業間也經常發生。譬如，在二〇一五年底第三季，中國大陸的清華紫光集團在入股台灣動態隨機存取記憶體封測領導廠商力成之後，就發表聲明若台灣以聯發科為首的積體電路設計廠商不與紫光集團合作的話，紫光集團將建議中國大陸政府禁止台灣的晶片進口至中國大陸。這種恫嚇的策略目的就是想要強迫聯發科跟紫光集團合作，達到與紫光集團合作或接受紫光集團入股的要求。一方面可以強化紫光集團在中國大陸積體電路領域的發言權；另一方面，也可以提升中國大陸積體電路產業對於台灣積體電路產業的影響力。

可是我們認為這是一種不太理智的恫嚇策略，因為積體電路設計的技術優勢不在於紫光集團，大部分高階的積體電路設計產品也必須依賴台積電的製造和日月光、矽品等封測廠的投入才能完成。換言之，即使中國大陸政府可以利用其市場需求力量左右一些企業的決策，但若想在早已全球化的積體電路產業供應鏈中占有一席之地，就不可能常利用恫嚇策略達到他們的目的。理由很簡單，恫嚇策略的成功，除了必須出其不意外，自身的重要性也要夠高，不然容易自食惡果。

在一般日常生活的談判中，恫嚇策略的應用也常出現，只是在應用的過程中，談判者需小心謹慎、步步為營。舉例來說，當一個人開車闖紅燈被警察攔下來後，可能的結果就是警察開罰單，自己面對繳交罰款的結果。可是我們看到很多違規者會藉由恫嚇的方式與警察玩賽局，這些方式包括告知警察他認識某位高階警官可以幫忙關說，或是他認識某位民意代表，若警察執意開單，他要請民意代表去找警察的上司銷單，但下場是大家可想而知。究其原因，就是面對這種警察具有優勢策略的談判賽局，違規者就不應使用恫嚇策略，反而採用保持緘默的友善態度，可能是較佳的策略之一。

那恫嚇策略在日常生活中可用於何處呢？**恫嚇策略使用的適當的時機，是「對方不接受你的策略或建議方案時，他們損失很大，而你損失的機會成本很小甚至沒損失時最佳。」**我有一位朋友邀我去參加他跟建商買房子的議價談判。當雙方都已經議價完成，房屋的成交價格雙方都可以接受之後，我那位朋友要求選擇車位的位置。結果建商提出好幾項限制條件，其中包括不同層樓價差超過十萬的規定，以及有些車位只能一次買相鄰的二個車位，不能單一購買等。下場是整個約有近八十個的地下三樓停車場，只有三個車位可以選擇，朋友當場傻眼，不知所措。

看到這種結果，我就玩了一個恫嚇的策略，直接跟建商說：「不買了！」然後起身穿外套作勢要離開。結果建商的銷售員反應是有點愣住，然後在櫃台後面的專案經理馬上衝出來說：「大家有事好談！」拜託我們重回到桌上繼續談判，結果是建商把所有地下三樓的車位位置圖給我們，然後把接近三十個車位任由我們選擇，甚至提出直接去現場查看的要求，他們也都馬上答應。在經過現場勘查之後，我朋友選擇一個他最喜歡的車位，而建商也無條件接受，雙方達到皆大歡喜的 Nash 均衡：房屋成交。所以，恫嚇策略的應用，主要的目標在於希望雙方達到合作雙贏的局面，而非產生玉石俱焚或雙輸的結果。

對於恫嚇策略，在談判或賽局實務操作上，有時我們可稱之為「以牙還牙」策略。美國密西根大學政治系教授 R. Axelord 曾經將囚犯困境的靜態賽局，延伸為多期動態賽局。他假設賽局中兩位囚犯的可能策略選擇分別是「以牙還牙」、「永遠欺騙」和其他策略，並利用兩兩配對的方式進行模擬，模擬結果顯示「以牙還牙」是所有策略組合中期望收益最高的策略。這結果顯示並不是賽局參與者真的採用報復對方的策略，而是因為以牙還牙的恫嚇效果發生了作用，讓雙方的策略選擇會演化成互惠或分享，讓雙方收益達到較高的水準，而非雙輸的結果。

案例 二戰美、日核武恫嚇戰略

第二次世界大戰一九三九年爆發，一九四五年結束。六年之間全世界有近六十一個國家和地區參與其中，估計有一億多名軍事人員參戰，這不但是歷史上最大規模的戰爭，總計約五千萬到七千萬人喪生。第二次世界大戰歐洲戰區於一九四五年五月八日德國無條件投降時宣告結束。美國在一九四五年分別於廣島市與長崎市投下原子彈，迫使日本在同年八月十五日宣布投降。估計在戰爭期間導致約一兆三千八百五十億美元的錢財損失。美國以原子彈轟炸的方式迫使日本無條件投降，基本上是一種賽局理論中典型的訊息掌控與「恫嚇」策略的運用。這也跟孫子兵法「謀攻篇」的「不戰而屈人之兵」的策略類似。

（一）波茨坦公告是一種恫嚇戰術

同盟國為了協調處理德國戰敗後的相關問題以及對日作戰有關事宜，在一九四五年七月十七日至八月二日間，各國首腦在德國柏林西南的波茨坦舉行會議，會議通過了一項對日本的決議，史稱《波茨坦公告》，公告重申日本主權必須局限在本州、北海道、九州、四國及所決定的附近小島，敦促日本政府立即命令所有武裝部隊無條件投降。否則日本就只有面對迅速且徹底的毀滅。日本顯然沒有意識到，這一警告背後就是將使用原子彈的暗示，覺得該公告沒有說明天皇的地位，便以日語「默殺」答覆該公告。「默殺」在日語中是不予理睬或是不置可否的意思，但同盟國從詞語表面認為是沉默的殺死，也就是斷然拒絕。

（二）日本困獸之鬥的策略

從一九四五年三月起，美軍利用戰略轟炸戰術和代號為「饑餓作戰」的水雷封鎖，幾乎讓日本經濟全面癱瘓，社會混亂動蕩，各種工業原料和生活物資極度匱乏，可說是已經徹底摧毀了日本支援戰爭的補給能力。當美軍又連續攻佔硫磺島和沖繩島，攻擊矛頭直指日本本土後，日本的失敗已經指日可待。但是由於受長期武士道精神的薰陶，日軍仍作困獸之鬥，在全國集結了多達二百四十萬部隊和八千餘架飛機，準備與美軍進行本土決戰。

（三）美軍會以原子彈攻擊的理由

美國面對日本拒絕投降，決一死戰的策略，一方面怕蘇聯因雅爾達密約，而快速參加對日本的作戰，讓蘇聯在中國和日本的影響範圍擴大；另一方面與日本本土戰的成本勢將過高，不僅耗時也會有大量士兵死傷，美軍傷亡估計要達百萬之眾，日本軍民傷亡至少也要二百萬。這是美軍最不願意見到的後果，所以速戰速決成了此時的主要戰略。換言之，即使蘇聯參戰，美國也想通過原子彈貶抑削弱蘇聯參戰的作用和意義，抬高美國在戰勝日本後的談判地位，而原子彈轟炸正是最理想的戰術選擇。以原子彈巨大的殺傷力震懾日本國民，削弱其抵抗意志，達到不實施本土登陸就結束戰爭的目的。這就是美國為何要急於在日本兵敗幾乎已成定局的情況下，仍要使用原子彈的原因。

美國研究原子彈始於一九三九年，一九四二年八月開始執行「曼哈頓工程」計畫，為了保證研製工作的順利進行，美國制定了嚴格的保密措施，所有郵件都要經過檢查，所有電話都受到監聽，所有家屬只知道一個通信地址：美國陸軍郵政信箱一六六三號。參加研製工作的人員從最初時的十五萬人到最高峰的五十四萬人，只有十二人知道整個工程情況，很多人甚至都不知道自己正在從事原子彈的研製。即使是政府高層領導，也只有羅斯福總統和史汀生陸軍部長知道內情，連副總統杜魯門和國務卿都不知道，杜魯門直到羅斯福去世繼任總統後才知道「曼哈頓工程」。

美國全力地研發原子彈，總投資最後達到二十五億美元（相當於九十年代末約二百六十億美元幣值），終於在一九四五年七月初製造出三枚原子彈，分別以「大男孩」、「小男孩」和「胖子」為代號，其中「大男孩」和「胖子」採取內爆法，以鈽二三九為核裝藥，而「小男孩」則採取的是槍式結構，以鈾二三五為核裝藥。一九四五年七月十六日上午五點半，美國政府在墨西哥州阿拉莫果爾多核彈試驗場成功試爆第一顆原子彈。

（四）速戰速決是不二法門

使用原子彈固然會造成數十萬人的死傷，但與登陸作戰數百萬人的死傷比較，是以少數人的傷亡來換取更多人的生存。同時還能在實戰中檢驗原子彈的威力和效果，以便進一步發展核武器，在戰後確立其超級大國的優勢地位，並向國會和民眾交代花費鉅資研製原子彈的意義和價值。因此最終美國還是決定使用原子彈。

一九四五年八月六日早上八點十五分，美國在日本廣島投下了第一顆原子彈，其爆炸威力相當於一萬四千噸TNT的炸藥，廣島上百分之八十的建築物全毀，據日本當局估計約有十四萬人死亡。當日本尚未搞清楚是什麼炸彈之際，美國總統杜魯門接著於八月七日發表聲明說：「七月二十六日在波茨坦公告發出的最後通牒，是在拯救日本人免於被徹底摧毀的命運，然而日本的領導人物卻立刻拒絕這項最後通牒。」由於日本仍然堅持繼續爭戰，所以美國在同年八月九日上午在長崎投下第二顆原子彈，爆炸威力相當於二萬噸TNT的炸藥，造成七萬人死亡。美軍隨即在日本投下大量傳單，宣稱如果日本拒不投降，將會遭到成千上萬顆原子彈的轟炸，直至徹底毀滅，這完全是美軍的心理攻勢，因為此時美軍已將僅有的二顆原子彈全部用完，再沒有原子彈了，但這次日本終於被嚇到了，這兩顆原子彈致使日本軍國主義者從自殺性的抵抗立刻轉為投降。

原子彈戰術顯示透過人性的「震撼與恐怖」，可以控制敵人的意志，因為震撼的瞬間能使敵人心靈受到創傷，恐怖則使敵人明白除了投降別無選擇，害怕美國繼續進行原子彈轟炸（其實美國所製造的三顆原子彈，已經全部用完），日本終於宣佈無條件投降，結束戰爭。恫嚇戰略也因此開始被現代世界各國軍事及政治專家所重視。

（五）、恫嚇賽局

對美國而言，因為：

① 有時間上的壓力，希望速戰速決。

②庫存原子彈數量僅剩下兩顆。

③原子彈雖威力強大，但會大量傷及無辜百姓，所以對日本採用恫嚇的策略。

對日本而言：

①當八月六日早上八點十五分美國在日本廣島投下第一顆原子彈，蘇聯於同年八月八日晚上十一時又宣佈次日起對日本宣戰。

②沒有核爆偵測技術，不知道美國當時所投的是原子彈。

③也不知美國庫存原子彈數量僅剩下兩顆，否則在投完第二顆後，日本是否投降或是無條件投降，可能尚有變數。

最後的事實證明美國的恫嚇策略是成功的，此成功是基於日本對原子彈數量的訊息不完全，也因為美國第一顆原子彈試爆是在高度保密下進行，讓外界無從知悉美國還有幾顆原子彈，這也是一種因訊息的不對稱，造成恫嚇戰術成功。

案例 項羽之鴻門宴

（一）故事背景

公元前二〇八年楚國為解趙國之圍，楚懷王將分兵兩路，一路以宋義為主帥，項羽為副帥軍前往鉅鹿解趙國之圍；另一路以劉邦為主帥，進攻關中。楚懷王許諾說誰先攻下關中，就封誰為關中王。當時項羽因在鉅鹿之戰殲滅了秦軍主力約二十萬人，這讓劉邦的軍隊如入無人之境，毫無阻撓地直接進入了關中地區。秦王子嬰向劉邦投降，立國十七年的秦朝就此滅亡了。

劉邦入關後，原先打算獨享勝利的果實，與秦民約法三章，並派人駐守函谷關，當項羽軍隊到達函谷關後，劉邦軍不准楚軍入關，楚將英布等就以武力直接破關，並推進至戲水之西。後來項羽又接到密告，得知劉邦準備自立為關中王的消息後非常憤怒，準備次日清晨兵分四路圍攻劉邦。

項羽的亞父范增認為劉邦早年以貪財好色聞名，但到了關中後並不曾取奪財物和女人，是野心遠大的表現，又加上算命師認為劉邦頭上有「天子氣」，為了避免將來成為禍害，應該速戰速決盡早除之。

項羽的叔父項伯（時任楚國宰相的副手）得知范增的計畫。由於他早年和張良有交情，因此連夜前往劉邦軍營，要張良趕快逃走，但張良決定告訴劉邦這個壞消息。劉邦對此消息感到非常震驚，決定率其部隊十萬人馬連夜撤出咸陽，紮營霸上。當時項羽軍兵力四十餘萬人。由於雙方實力懸殊，張良建議劉邦透過項伯的協助，減低項羽的疑心。項伯回到項羽軍中，向項羽轉達劉邦的善意，並建議項羽亦以禮相待。項羽承諾聽從項伯的建議。

（二）項羽鴻門宴的恫嚇策略

對於鴻門宴，項羽是以「兵不血刃」的恫嚇策略讓劉邦臣服，然後順利稱王為主要的目標。而劉邦讓出關中只在先求存活，日後再伺機反攻項羽。所以基本上兩人的策略應是都正確。只是後來項羽兵敗自刎，後人才認為當時范增的「斬草除根」的策略才是上策。若非項羽成為輸家，不然項羽的鴻門宴恫嚇策略應會永世流傳。

當劉邦得知項羽對其先行入關十分震怒後，第二天馬上前去向項羽謝罪，雙方於鴻門會面（鴻門位於故秦都城咸陽郊外，今陝西省西安市臨潼區新豐鎮鴻門堡村）。劉邦對項羽表示，自己得入關中實屬僥倖，但其中因有小人挑撥，讓兩人之間產生誤會。項羽回應道：「是有人向我說此事，否則我也不會來這裏。」就此盡釋前嫌，他隨即邀請劉邦參加宴會，於是有了史上聞名的「鴻門宴」。

宴會開始時，項羽和項伯背西面東而坐，范增背北向南而坐，劉邦背南向北坐，張良則背東向西而「侍」。秦漢時候，在飲宴的場合，東向坐是最尊貴的，一般飲宴會讓客人坐西向東。項羽卻自居尊位，顯示他想掌握支配權，並不把劉邦當作賓客看待，而是看作自己的部下。

劉邦卻不坐在項羽對面，而是背南面北。在君臣並在的場合，君主面南，臣下面北。劉邦北向坐，是最卑微的臣下位，表明自己有臣服之意，並非與項羽是地位相等的朋友。項羽接受這種坐次安排，也就是接受了劉邦的謝罪臣服，且念在舊情，不再有殺劉邦之心。

宴會上范增不時向項羽使眼色，示意項羽儘快行動。項羽不發一言，不理會范增的暗示。范增於是傳召項羽堂弟項莊，吩咐他在席上舞劍，乘機刺殺劉邦。項莊進入酒席之中，向項羽請求准許他舞劍為樂，並在項羽同意後立即拔劍起舞，這就是「項莊舞劍，意在沛公」典故的由來。但項伯隨即識破項莊的意圖，也上場拔劍揮舞，並以身體阻擋項莊，使其無法攻擊劉邦。

在這個緊急的時候，樊噲衝了進來，向項羽怒目而視。項羽詢問了樊噲的姓名後，稱讚他為「壯士」，並吩咐從人賞賜樊噲一斗酒，樊噲一飲而盡。項羽又賞賜一隻豬前腿，樊噲直接把豬腿放在盾牌上，用劍切而啖之。項羽問道：「壯士能復飲乎？」樊噲趁機向項羽指出：「楚懷王曾下令先進入關中的人便可做關中王。」劉邦雖然先入關中，但並未立刻自立為王，而是退軍等待項羽到來。他認為項羽是有意殺死劉邦，要求項羽打消這個念頭。項羽因感覺到心中有愧所以未回應，只吩咐樊噲就坐。

劉邦藉機尿遁，和樊噲一同離席。不久項羽派陳平召喚劉邦。劉邦認為應該先辭行，樊噲反對，認為現在的情況是「人為刀俎，我為魚肉」，不能再拖延時間。結果劉邦和樊噲連同夏侯嬰、靳彊和紀信等將領一同逃跑回營。離去前，劉邦吩咐張良把帶來的一對璧玉送給項羽、一對玉斗送給范增。張良回到席上，獻上禮物，並代劉邦向項羽賠罪。項羽收下了璧玉，放在桌上；范增則拔劍撞破了玉斗，並斷言劉邦將會奪取項羽的天下。

（三）為何劉邦敢赴宴？

劉邦之所以敢赴宴，其理由很簡單，不赴宴就是暴露了自己意圖爭奪天下之心，以當時實力一定會被項羽殲滅，必死無疑；若赴宴，尚可以哀兵計博取項羽的鬆懈，至少還有一線希望可以逃走。

當時劉邦為了挽救入主咸陽的錯誤決策，決定讓出關中，用土地來換取生存。劉邦先將十萬軍隊撤出咸陽，紮營霸上。並研擬完美的脫罪說詞，劉邦陣營分析項羽不會出手殺無罪且有功之臣，殺劉邦只會使項羽在楚王及諸侯面前站不住腳，靈活運用心理戰與戰略的融合。加上劉邦認為項羽本身是念舊之人，而劉項二人都是楚懷王手下的將軍，同袍之情，又有兄弟之約，劉邦又是靠項家軍才羽毛豐滿，兩人關係匪淺。劉邦隱藏自己真正的想法，不赴宴，就是暴露自己意圖爭奪天下之心，且必死無疑，赴宴，至少還有一線生機。

劉邦身邊有張良為其謀略，赴宴前做足準備，包括拉攏項伯為其說情，傳遞訊息降低項羽戒心。項莊舞劍時臨危不亂立即找來樊噲解危，緩和了一觸即發的緊張局面。宴席間張良透過觀察對手的策略行為，然後再修正劉邦的因應策略。張良在劉邦逃跑時留下來與項羽賠罪告別，顯示其智勇兼備，善於掌握人的心理。相對於項羽陣營，劉邦因掌握了對手大部分的有效訊息，所以才能猜中項羽的喜好及策略選擇的模式。

（四）項羽策略的轉變

劉邦獨佔關中的行為犯了眾怒，導致諸侯聯軍同心協力要消滅劉邦，此時項羽對於雙方關係認為是非合作賽局，並決定隔天就要攻打劉邦，取回關中。但是經過項伯的說情，項羽的決策發生了轉變。影響項羽策略轉變最重要的因素有四：

①劉邦願意把關中拱手相讓。劉邦戰略的重大轉變，也導致一觸即發的戰爭失去了導火線。

②對諸侯來說，此時可以和平分享勝利果實，自然不願意再動干戈。且此時的劉邦並不對自己有任何威脅，並不需要來消滅這個項羽潛在的隱患。相反，對諸侯來說，保住劉邦牽制項羽過於膨脹的勢力才符合自己的利益。所以形式的轉變，使得各諸侯不但不會同意消滅劉邦，反而傾向保住劉邦。

③劉邦身後有一支十萬人的大軍，若殺了劉邦，其部眾以武力相抗，則局面不易收拾。也可能帶動舊秦民眾重新集結，與諸侯軍隊周旋到底。秦民訓練有素，又已歸順了劉邦，劉邦遇害勢必使秦人更畏懼項羽的暴虐將加諸己，其將作殊死抗爭。

④項羽雖號稱擁兵四十萬，但其中大多數都是諸侯的部隊，項羽真正的本部只有十幾萬人而已。

面對這樣的局勢轉變，項羽不得不考慮楚軍內部項伯一派的意見，既要考慮其他諸侯們的意見，更要考慮當時的大環境，在秦人的國土上無盟軍支援，內部也不同心協力的情況進攻劉邦的風險。如果項羽對劉邦開戰，則項羽很可能把自己孤立起來。

由當時情勢看，劉邦是將關中雙手奉上，營造出合作賽局的氛圍，而且項羽是不費吹灰之力取得完全的勝利，最後由於項伯的說情，接受劉邦的謝罪與忠誠。加上原本就無殺劉之心，對范增的多次提醒沒有反應，並非判斷錯誤，而是局勢轉變下合理的策略調整。

（五）項羽與劉邦的賽局

圖2-15代表若劉邦讓出關中時，項羽對劉邦謝罪臣服的行動會認定是善意；若劉邦不讓出關中時，項羽對劉邦的行動一定認定是惡意。所以劉邦採用不讓策略時，項羽會採進攻的策略，此時劉邦收益為0；項羽收益為8。若劉邦採讓出關中的策略時，項羽會採不進攻的策略，此時劉邦收益為2；項羽收益為8。所以劉邦一定會讓出關中；項羽則會採不進攻的策略，雙方此時的策略組合成為本賽局的Nash均衡。

（六）後續影響

鴻門宴後項羽馬上著手分封諸侯，自封「西楚霸王」。范增的預言在數年後應驗：項羽和劉邦在隨後的四年進行了大規模的楚漢戰爭，最後項羽敗北，在烏江自刎而死，劉邦建立漢朝，是為漢高祖。

鴻門宴屬於不完全訊息的動態賽局，劉邦透過訊息的掌握來預測項羽的決策，而項羽未能猜中劉邦真正的想法，表面上握有主控權，實則未看清放走劉邦後對自己日後帶來的威脅。後世不少人認為項羽在鴻門宴事件中缺乏當機立斷的能力，優柔寡斷婦人之仁，間接導致范增的計畫失敗，亦埋下了自己日後失敗的遠因。

但我們認為這種類似「事後諸葛」的評論方式有失公允，以賽局來看，影響項羽做出放走劉邦決策的外生因素很多，其他諸侯的威脅可能讓項羽要盡量保持盈態，他又與劉邦系出同門，搞不好日後戰事中雙方還有合作的機會，或是劉邦也有可能被其他諸侯所殺，這豈不是正合項羽原意嗎？不費一兵一卒就可拿下關中，而且還不用背負誅殺同門的歷史罪名。

但烏江兵敗之際，拔劍四顧、兩眼茫然的項羽可能始料未及。他為何落敗？他是敗在不夠果斷，對敵人太仁慈，以致養虎貽患。

圖 2-15 鴻門宴的賽局樹

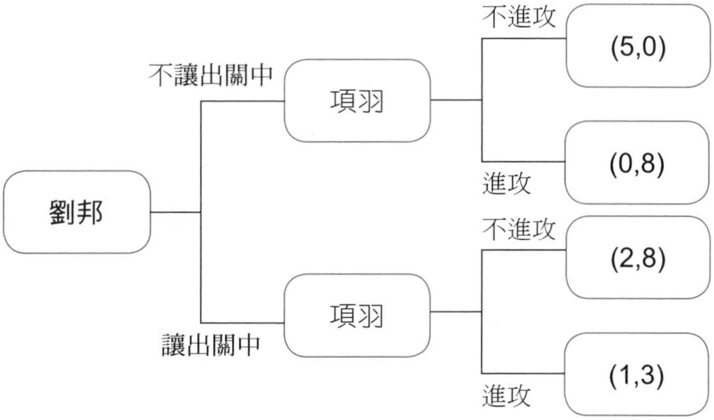

在談判賽局中，完成雙方談判的目的或願景是大部分參與者的首要目標，不然至少也要達到次佳（second best）的結果或是備份的方案。這種情況大至發生在國與國之間的貿易或政治談判，小至日常生活中買賣的討價還價。像我國與歐美等國針對第二次資通訊協定（Information trade agreement 2, ITA2）的資訊和通訊產品關稅進行談判時，我國政府必須針對所有第二次資通訊協定包含的三百五十七個項目，分別依產品對談判對手國家的進出口產值、進出口成長率、進出口關稅和產品屬性（消費財或生產財）等指標，進行降稅優先順序的分析。希望在談判時，基於雙方互降關稅製造收益最大的前提下，一方面將我國收益提升至最高，一方面將產業的可能損失降至最小。但我們會常見到因雙方的談判能力或是國力差距，造成某些產品的降稅程度被迫降至比原先的預期低，但還在可接受的範圍之內，這就是基於合作的談判賽局中常出現的次佳或備份替代方案。

又如我們常遇到買東西時，一些善於利用談判的殺價高手，不太會對東西東嫌西嫌，一邊挑一邊殺價。反而會跟老闆閒聊，多了解老闆一些私人訊息，也順便誇老闆眼光好，賣的東西品質很好，這都是先禮後兵的談判模式。

以下我們利用唐朝武則天崛起的故事、如何降低醫療糾紛的風險、三國時代赤壁之戰中的華容道戰役等案例，談談合作賽局的應用。

案例 武媚娘傳奇中的宮廷競合賽局

（一）前言

先前宮廷古裝大戲「武媚娘傳奇」在台灣熱播，也創造出相當好的收視率。由於武則天是中國歷史上唯一的女皇帝，從歷史的角度來看，她是相當傳奇的一個人物，關於她的歷史改編故事數量繁多。而武則天以一介女子，能從在唐朝後宮位階僅正五品的才人，一路過關斬將到當上皇帝，除了她本身擁有極大的野心之外，其實她的能力也應該強，再加上她能夠把握各種機遇，以及善加利用人才也是重要因素之一。武則天生平中最關鍵的一件事就是皇后廢立之爭，當她正式成為皇后之後，面對優柔寡斷的皇帝和動盪的朝政，臨朝當政已是後來必然的結果。

（二）王皇后、蕭淑妃和武才人鬥爭之始

武則天最早是唐太宗的才人，在太宗死後依慣例也須出家為尼，但她是如何重回到政治舞台？歷史記載在貞觀二十三年，唐太宗逝世後，武則天依唐後宮的規定，入感業寺剃髮出家。唐永徽元年五月，唐高宗李治在太宗週年忌日入感業寺進香之時，又與武氏相遇，兩人相認並互訴離別後的思念之情。

無子而失寵的王皇后看在眼裏，為打擊她的情敵蕭淑妃，因蕭淑妃已生下皇子，且與王皇后相同出身於關隴體系的世家貴族，對王皇后產生很大的威脅。王皇后便主動向高宗請求將武氏納入宮中，加上唐高宗早有此意，立即應允。唐永徽二年五月，唐高宗的孝服已滿，武氏便立刻還俗，再入宮。其實她在太宗時期就跟這位未來的皇帝：太子李治有過一段情。更妙的是武氏在入宮前已懷孕，入宮後為唐高宗李治生下了兒子李弘，因此，在次年五月，被封為二品昭儀。

從圖2-16王皇后與蕭淑妃的決策樹或是表2-17的標準式賽局，我們會發現到對於王皇后來說，只要能除掉蕭淑妃，其皇后的地位就較有可能續存，所以她最佳的策略是扳倒蕭淑妃。不管蕭淑妃會不會反擊，對王皇后而言，她可能得到的預期利益都會比不扳倒的收益多。另一方面，蕭淑妃已知這王皇后一定會採「扳倒」她的策略，所以蕭淑妃一定會

圖 2-16 王皇后與蕭淑妃的決策樹

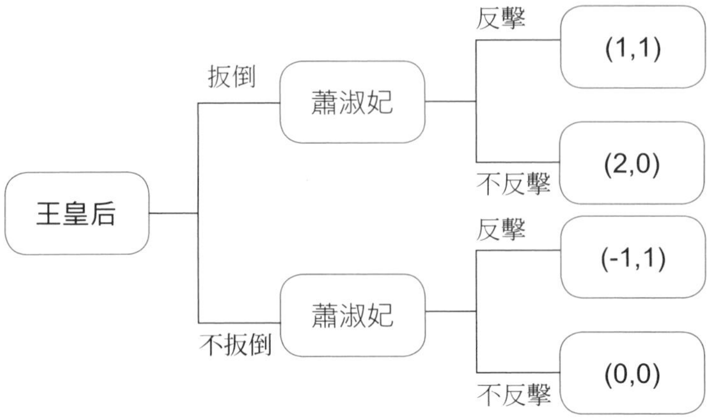

表 2-17 王皇后與蕭淑妃的標準式賽局

		蕭淑妃	
		反擊	不反擊
王皇后	扳倒	(1,1)*	(2,0)
	不扳倒	(-1,1)	(0,0)

反擊，而這給了武則天一個很好的崛起機會。

（三）三個女人的競合鬥爭

王皇后與武則天開始的互動模式，較偏向競合關係，追求雙贏的結局。依照競合理論的基本原則：在實力不足的情況下，不要跟你有重大利害關係的對象進行直接的對抗。所以王皇后才聯合可能變成潛在敵人的人（武則天）攻擊主要敵人（蕭淑妃）。

可是當王皇后必須依賴武則天才能產生價值時，那王皇后此時就容易受制於武氏。但是王皇后可能萬萬沒想到武則天回宮後的影響是如此深遠，合作之後的結果可說是引狼入室。或許王皇后也有思考過要找何種人選，而當時武則天可能是最理想的人選，雖然從後來的歷史裡，王皇后徹底被武則天背叛，也失去了地位及生命，但不能說王皇后一點考慮都沒有。她應該分析過武則天的背景和可能帶來的危險，但是她認為武則天不太可能會讓她陷入萬劫不復的地位。

武則天是在唐高宗李治當太子時，就已經

在勾引他了，對於武則天的表現，王皇后實在太低估其能耐。

對武則天而言，在深宮之中除了皇帝因為情感的關係，能給予她一些保護外，其他的一切都需要自己奮鬥。這場競爭對武則天是一場生死之戰，但對王皇后和蕭淑妃只是一場爭寵之戰。性質不同，奮鬥的程度就會不同。武則天全力以赴，爭取所有的小人物，運用一切手腕加深與高宗的感情，在厚植實力之後，大大提升取得勝利的機會。

再者，王皇后聯合武則天的確讓蕭淑妃失寵了，但王皇后過於高傲，以致無法收買人心，獲得全面訊息。《新唐書》的《王皇后傳》曾記載：「后性簡重，不曲事上下。」足以道出王皇后的行事風格。

（四）借力使力是高招

王皇后沒想到讓武則天回來後，武氏便備受寵幸，還生了一個皇子，又被晉封為昭儀。因王皇后與蕭淑妃同時失寵，後來反而變成王皇后與蕭淑妃聯手對付武則天。後宮可說是皇帝的家眷，而武則天善加利用前朝與後宮的微妙關係，終於成功地拔除王皇后，順利登上后位，也讓唐高宗取回實際上的統治權，史稱廢王立武事件。

廢王立武是唐高宗永徽後期最重要的事件，也是唐朝歷史上的大事。這個事件的背後，有深厚的社會背景，同時也是一個嚴重的政治問題，就是皇帝與宰相長孫無忌（亦為李治的舅舅）的權力爭奪。長孫無忌、褚遂良、王皇后的舅舅柳氏，還有宰相韓瑗、來濟等大臣可視為關隴集團派，長孫無忌這些人是要保住現有的權力和權力結構，而武則天是要幫屬皇權派的唐高宗打破長孫無忌的壟斷，奪回屬於皇帝的統治權力。

在廢王立武這事件上，顯而易見的是除了後宮的爭端之外，其實也可反映出關隴集團世家大族的勢力，對於才剛就位的唐高宗李治造成威脅。基本上，唐高宗可以說是長孫無忌一派悉心扶植的皇帝，原因是李治較為懦弱（這點從後來武則天並稱二聖臨朝可看出來）。這時發生兩件很重要的事，一是武則天所生之長女被王皇后所害；二是武則天告發王皇后與母親柳氏實施魘勝之術。

李治在廢王立武這件事上，透過圖2-18的決策樹可以發現，初期李治能不能廢王立武取決於長孫無忌等關隴集團的支持與否。這也代表當時長孫無忌的權力與實力是高於唐高宗，但這種不正常的君臣關係在皇帝的心理上早已埋下引爆彈。

所以高宗想要廢王立武，長孫無忌同意的機率不高，因為王皇后代表的是關隴集團世家大族的利益，同意廢王立武無異是下放權力。所以若唐高宗打消廢王立武的想法，長孫無忌應該會支持唐高宗的想法，但這代表皇帝的權力無法全面伸張。就長期來看，高宗想要廢王立武，他必須採懷柔或妥協的策略，除與長孫無忌共享權力外，為了廢掉王皇后，唐高宗對長孫無忌先後做了兩項工作：

①親自上門求情。

②再請武昭儀的母親楊氏親自出馬求情。

而且，長孫無忌還是根據來說情人的身分不同，採取了不同的對策，但是策略是一致的，就是回絕。皇帝要換皇后，用了三種不同辦法去說服長孫無忌，最終都失敗。或許大家會想，為什麼一定要通過長孫無忌，皇帝自己決定不就成了嗎？其理由有二：

①皇帝顯然還不想跟自己的舅舅鬧翻。

②唐朝的政治，凡事都是講規矩的。皇帝發出的命令，必須有宰相大臣簽字，必須通過中書省、門下省。如果大臣不同意，皇帝沒有辦法獨自發

圖 2-18 廢王立武決策圖

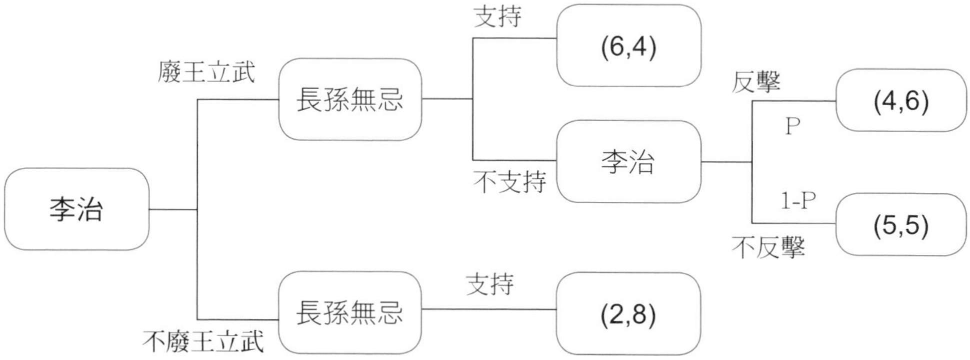

註：P、1-P 為機率

出命令。而廢立皇后，是要經過正式的皇帝命令來宣布，不能由皇帝自己口頭宣布。這就是為什麼高宗必須找長孫無忌。長孫無忌是朝廷真正掌控大權的人，皇帝知道，舅舅不點頭，誰也不會配合。

那麼長孫無忌不同意換皇后，其理由有兩項：

① 皇后母儀天下，不可輕易廢黜，否則有損國家形象。

② 皇帝不能太任性，這個事情不能聽皇帝的。一是因國家利益原則，堅持有利於國家。二是權力本位原則，堅持則有利於長孫繼續控制權力，或者兩個因素都存在。但是，後來當高宗堅決地確立武則天為皇后的時候，我們沒有看到長孫無忌的反對行動，以此類推，權力本位的觀念，恐怕還是最重要的。

也許，在長孫無忌看來，唐高宗年齡還是太小，碰碰壁就會學乖的。長孫無忌如此志得意滿，根本不重視高宗的訴求。那麼高宗怎麼辦呢？在皇后問題上做文章，對於高宗而言是相對有利的。皇后畢竟是皇帝的妻子，皇帝應該擁有更高的發言權。皇后屬於後宮，不是外朝，長孫無忌的控制相對薄弱。

唐高宗對此並沒有放棄努力，在永徽六年六月，他趁機切斷朝廷與後宮的聯繫。他利用皇后母親柳氏魘勝事件，最後皇帝的處分不過是不許王皇后母親柳氏再入宮而已。顯然處分並不嚴重。依照當時雙方鬥爭的形勢分析，高宗沒有必要重罪輕罰，應該是證據不確鑿，所以僅僅將皇后與母親隔離而已。但事實是對關隴家族而言，內廷與外廷的一個重要聯繫紐帶被斬斷了。

一個月以後，唐高宗乘勝追擊，把皇后的舅舅「柳奭」貶官，面對皇帝的進攻，長孫無忌當然不會眼睜睜地看著，他們很快就反擊了。長孫無忌的反擊是拒絕宸妃稱號。柳奭貶官外任不久，皇帝考慮到武則天一步晉升為皇后的可能性比較小，退而求其次，希望給武則天一個特殊稱號，讓武則天的地位在皇后之下、其他嬪妃之上。這個稱號叫做宸妃。這個妥協方案既不廢后，又不立新后，可以說是沒有觸動大臣們的原則。武則天有晉升，而皇后依然如故，這可以算是一個兩全其美的方案。但是此舉立刻遭到侍中韓瑗、中書令來濟的反對，他們說：「妃嬪有數，今別立號，不可。」簡單有力，說制度是現成的，不可再立新的名號。

大臣回絕了武則天的宸妃封號，皇帝到底怎麼辦呢？長孫無忌這幫大臣是因習慣與驕傲而不同意妥協，習慣了以往皇帝垂拱不問事，習慣了把皇帝當作小孩子，習慣了自己的獨斷。以唐高宗為首的皇權派中有一中書省的官員叫李義府，因長孫無忌要把李義府貶到益州去做地方官。李義府被迫公開發難，支持皇帝改立皇后。李義府這一表態，唐高宗自然非常高興，一下子從五品的中書舍人，提拔到四品的中書侍郎，這是唐高宗非常重要的訊息。眾人發現，經過這個通道我可以迅速升官，於是紛紛站出來表態支持武昭儀升皇后，這讓皇權派的勢力更加強大。

這個時候，皇權派和反武之間就要正面交鋒了。關隴集團派態度非常堅決，幾次在朝廷開會討論這個問題，長孫無忌、褚遂良先是堅決說不能換皇后，因為這是先皇託付的。這個理由高宗也不接受了，我就是要換。上朝結束以後，皇帝把這幾個主要的宰相留下來，召集到內殿繼續商議這件事情。反對派又說：「你就是真的想換的話，我們攔不住你，但是你一定不能找武氏這樣的人。武氏是先皇身邊的人，你怎麼能把她娶過來做皇后呢？」這個話說得很苛刻，很尖酸，褚遂良那個時候是以頭搶地，滿頭是血，除非當場把我打死，否則我就是不同意，把唐高宗給嚇住了。

當時雙方的僵持局勢被四個顧命大臣之一的李勣（是當時軍方的代表）打破。李勣前面幾次宰相開會時都不表態，但是在雙方的鬥爭白熱化，劍拔弩張時，李勣不表態也不行了。所以散朝以後，他假裝腳不舒服，故意磨磨蹭蹭留下來，皇帝就問他這個事到底怎麼辦，李勣回答了皇帝非常巧妙的一句話，說：「此陛下家事，何必更問外人。」改立皇后是陛下您個人的事情，不需要也沒這個必要與外人商量。

當唐高宗、武則天陷入了僵局，不知道哪裡找突破口的時候，顧命大臣之一的李勣能夠說出這句話來，給高宗和武則天的鼓勵是非常大，決定徹底反擊。唐高宗就下令，把強烈反對立武則天的褚遂良貶到潭州，也把王皇后和蕭淑妃的家人，全部貶為庶人，流放到嶺南去。

（五）結論

原本關隴集團派很有機會獲得全面的勝利，畢竟唐高宗李治不是處事明快的君主，關隴集團還是掌握了大部分的資源。但誰知道當褚遂良以頭搶地的同時，說出以性命作為要脅時，反而模糊了焦點。加上李勣在那個當下跳出來說了重話，剎那間，整個局勢產生了變化，讓高宗有所憑藉而使出殺手鐗。長孫無忌當年為了扶植自己的勢力，建言太宗在立李治為太子後，事後太宗又反悔提出想改立「有英武才」、「英果似己」的三子吳王李恪的要求，但被長孫無忌擋了回去。長孫無忌在永徽四年二月初三以吳王涉及謀反案為名，將李恪絞殺。李恪臨死時大呼：「如果社稷有靈，長孫無忌將遭族滅！」或許長孫無忌也有他的政治考量，需要一個較懦弱皇帝才可以繼續掌權，卻沒想到居然會敗在李治、武則天及李勣聯手的賽局之中。

案例 如何降低醫療糾紛的風險—Nash 均衡的變動

全民健保開創前所未有的就醫便利性，與提升病人健康自主意識，但伴隨全民健保制度在給付方面的規範，已嚴重扭曲醫療的本質，對於急症、重症、外科等科專科人才的培訓與長期發展已產生不良的影響。

醫療糾紛的發生雖與醫療行為有關，但以醫療人員的角度來看，醫療行為目的在解除病人生命或身體危害，所以具有其特殊性、侵害性、高風險性及不可預期性。醫療糾紛之所以存在，常因醫療人員與病患雙方認知不一致，或是溝通不良等因素所致。加上病患的傷亡結果與醫療行為間之因果關係不易認定，尤其當發現傷亡結果的時間距離醫療行為已有相當時日時，針對醫事人員所實施醫療行為有無過失責任的認定，或是鑑定所產生損害是否屬於醫療疏失，更是不容易判別。

（一）醫療糾紛的處置

醫療訴訟往往曠日廢時，對病人、病人家屬與醫療人員等皆是一種煎熬。醫療糾紛解決的方式包括和解、進入調解委員會與尋求法律途徑（譬如業務過失致重傷害或死亡等）。在台灣特殊的法律環境下，往往病人傾向利用以「刑」逼「民」的訴訟策略降低訴訟的機會成本，即傾向於刑事訴訟程序附帶提起民事賠償，不僅可節省裁判費用，借助檢察官收集證據，甚至以此手段要脅施壓醫療方妥協讓步，以促成訴訟上或訴訟外和解補償為目的。統計資料顯示，民事訴訟病人勝訴率、刑事自訴醫方定罪率，以及從偵查庭發起的刑事公訴醫方定罪率，三者分別為百分之十九、百分之九、與百分之四，三者間的落差顯示訴訟門檻越高，病人提起訴訟的比率越低。因此構築合理適當的訴訟門檻已被認為是提升鑑定成效，以及還原病患訴訟勝率的重要手段之一。

（二）醫療人員與病患間合作賽局的崩潰

雖然病人對於醫療相關訊息可謂相對弱勢，但實際醫療疏失的比例相當低。依據衛生福利部受理委託醫事鑑定案件數一年高達五百一十二件，而最後進入司法程序，經由醫審會審定被認定醫療疏失的案件僅不到一成。但病人往往認定「醫醫相護」，不信任醫療鑑定。這種來自病人或病人家屬的反應，讓臨床第一線醫療人員，逐漸傾向以防衛性醫療取代不容易預測的積極醫療。這種雙方因訊息不對稱與不完全造成的結果，讓原本應是雙方可密切合作對抗疾病的合作賽局，逐漸轉變為非合作賽局。醫師將重症科別視為畏途，不再願意全心奉獻心力，「內外婦兒急」五大皆空的現象已為現在進行式，這不僅不利於醫療事業的長期良性發展，在未來必定會形成新的社會問題與龐大的社會成本。

此外，醫療糾紛所呈現的不合作賽局讓目前醫療人員為求自保，改用所謂的「防衛性醫療」策略，雖然防衛性醫療被形容是醫療上執行不必要之檢查，或迴避收治高危險病患或從事高危險性之手術或醫療。但防衛性醫療的主要用途，是在醫療過程中，為防止事後醫療糾紛，規避被法界認定為有違反注意義務，而產生的對治療無用的醫療行為。所以像醫師們所作的不必要醫療檢查，以及一般民眾所做的及早檢查或及早治療行為，都讓社會醫療資源出現無效率或浪費。

（三）Nash 均衡的改變

經濟學家薛林（Gary Shilling）提出：**「若存有訊息或線索讓參與者相信，其中一個均衡會較其他的 Nash 均衡可能發生時，這類的 Nash 均衡是較合理的，而可能為賽局中的聚焦點或稱為薛林點。」**就像在每個星期的某特定一天，很多攤販就會聚在某一地點擺攤做生意，而消費者也會知道那一天有夜市攤販，而前去消費。至於其他的日子，即使有些消費者來，也看不到攤販，或攤販來也看不到消費者。這種依生活習慣所達到某特定一天，攤販和消費者都會同時出現的消費行為賽局，就可稱為此賽局的薛林點。

薛林點 Nash 均衡的存在如表 2-19 所示，在病人認知醫療疏失存在且醫院確實有醫療疏失的狀況下，病人提告訴，而醫院採用和解的策略組合為 Nash 均衡。但在不存在醫療過失但病人誤認有錯誤存在的狀況下，病人提告訴，醫院也不和解，雙方進行法律訴訟是 Nash 均衡。**但在過去的醫療糾紛，醫師多傾向息事寧人的策略，故不論是否有醫療過失或因果關係存在，卻以和解居多，此為醫療糾紛的「薛林點」Nash 均衡，而這也是造成濫訟的導因之一。**

面對近年來醫療糾紛暴增，在健保制度的框架下，醫療產業已非「暴利」，醫師們的法律素養也被迫須提升。因此醫學界會逐漸傾向推翻過去短時間省事，但長期不利己的薛林點的 Nash 均衡。

② 防衛性醫療是新 Nash 均衡，但誰是受益者？

醫療人員可經由內部檢討或專家會議了解是否真具有醫療疏失，但病人因無法分辨生病無法有效處理，是因為醫療錯誤，或不可抗的原因，而出現猜測甚至醫療糾紛。

表 2-19 醫療糾紛賽局

存在醫療過失 (A)

		醫療	
		不和解	和解
病人	告訴	(8,-6)	(10,-4)*
	不告訴	(0,0)	(10,-4)

不存在醫療過失 (B)

		醫院	
		不和解	和解
病人	告訴	(-2,-2)*	$(4,-4)^{s}$
	不告訴	(0,0)	(0,0)

註：s 為薛林點 Nash 均衡

在這種不完全訊息賽局中，就病人的角度而言，病人因為自身的健康因素，可預期會積極要求更多更詳細的醫學檢查，像顯影劑靜脈注射、電腦斷層檢查等。（約僅有千分之一至萬分之一的機率會產生嚴重不良副作用。包括對顯影劑過敏性休克、支氣管攣縮造成呼吸衰竭等與急性腎衰竭等）。

就醫師的角度而言，在不計較醫療成本的考量下，增加疾病的診斷率自然合乎常理。反正一方面可以減少醫療糾紛的機率，另一方面可增加醫療金錢的收入。所以醫療人員所採用防衛性醫療策略，可增加病人對病情的正確訊息，病患較願意買單，而形成新的Nash均衡。但造成社會整體資源的浪費，全民皆是受害者，受益者是某特定人士，而參與醫療行為的人反而因增加醫院業績而受惠。

（四）符合社會利益最大的Nash均衡

醫療的本質應是為病人端與醫療端提供合作對抗疾病的平台。但上述造成雙輸的Nash均衡結果的主要理由是：實際上醫療過失的發生率非常低，若在醫界具有轉移薛林點的共識下，濫訴的策略將增加病人的預期收益。所以若要找出可合乎社會利益最大的Nash均衡，下列機制的設立是必要的條件：

①利用風險控管與損害控制的方式，找出可能發生人為錯誤的原因，再以系統規畫的方式避免未來再發生錯誤。

②對病人權利與義務的訊息必須充分揭露：加強病情的解釋，特別是不良事件的發生率與自主同意證明的文件，可幫助病人做出正確的策略選擇，願意在發生醫療糾紛時，重回合作賽局的模式。

③最後是運用法律支援，構築較高的訴訟門檻，目前以訴訟為基礎的醫療糾紛處理模式，低訴訟門檻促成濫訴。因醫療方處於被動，可遇見醫界必然採取以訴止訴（誣告，毀謗）的手段，形成雙方與社會資源的浪費。

④儘速通過醫療糾紛處理及醫療事故補償法（草案），以及利用健保局作為第三方的緩衝，亦有利於雙方合作賽局均衡的達成。

明朝末年，崛起於白山黑水之間的後金鐵騎在努爾哈赤的統帥下，以六萬人大敗號稱四十萬的明朝遼東經略使楊鎬的部隊，明朝的統治者正準備放棄遼東的大片領土之際，由於有袁崇煥的運籌帷幄，讓明朝在遼東的軍事勢力又延續了二十多年。

（一）袁崇煥的行事特質

（一）軍事才華決定正確的策略選擇

袁崇煥（一五八四年六月六日—一六三〇年九月二十二日），明朝末年廣東府東莞縣人。於萬曆四十七年（一六一九年）中進士。後進兵部，守衛山海關及遼東。曾指揮寧遠之戰、寧錦之戰，大力構築「關寧錦防線」，多次和後金部隊在該防線交戰。後因誅殺毛文龍及擅自與後金議和等罪，被朝廷判以凌遲。南明永曆帝率先為其平反。清乾隆年間，清廷亦為其「平反」。

袁崇煥在明天啟二年（一六二二）到京述職時，因御史侯恂舉薦其有軍事才能，升任兵部職方司主事。當時，後金兵勢正盛，王化貞大軍在廣寧覆沒後，朝廷驚惶失措，對於是否能夠鎮守住山海關，朝臣議論紛紛。袁崇煥卻在此時單騎出關考察局勢，兵部及家人都不知其蹤影。不久，他返回北京，上書報告關上局勢，並稱：「只要給我兵馬糧草，我一人足以守住山海關。」其膽識得到朝臣們稱讚，也因此升任兵備僉事，負責助守山海關，並獲朝廷批准，招募兵卒。

袁崇煥到達山海關後，成為遼東經略王在晉下屬。當時，關外已被蒙古哈剌慎諸部控制，袁崇煥最初僅在關內駐守，很快即因任事幹練得到王在晉倚重，奉其命移駐中前所，隨即又得令前往前屯衛，安置遼東難民。袁崇煥連夜出發，四更時分即進入前屯城內，將士無不佩服。事成後，王在晉上奏題名袁崇煥為寧前兵備僉事，負責寧遠、前屯衛二城防衛，形成保護山海關外圍工事。然而在防事安排中，王袁兩人產生分歧。王主張在山海關外八里處的八里舖築城守御，袁則認為該外圍陣地太窄，並非良策，在爭辯無果之後，袁越級奏請首輔葉向高。經左光斗向皇帝提議，大學士孫承宗以閣臣掌兵部事，巡視遼東，了解並解決王袁的爭議。

孫承宗經過考察，採用了袁崇煥在寧遠置重兵的意見。不久，孫承宗回京後上書明熹宗，請免王在晉的遼東經略職位，自任督師，鎮守山海關，且更加倚重袁崇煥。袁對內安撫軍民，對外整飭邊防戰備，成績顯著，且嚴厲執法，軍紀大有改觀。

（二）為重置關寧錦防線而不惜得罪他人

天啟六年（一六二六）三月，袁崇煥因功升至遼東巡撫，負責遼東及山海關等地，並開始經營關寧錦防線。袁起初辭賞，後明熹宗堅持原意。然而，魏忠賢見其地位上升，對之猜忌，並派遣其親信太監劉應坤、紀用到寧遠監軍。袁崇煥上疏反對，但不被採納。後朝廷為安撫袁崇煥，提升其為兵部右侍郎，並賞銀幣，子孫世襲錦衣千戶。在此時袁崇煥與另一重臣滿桂之間產生激烈衝突，袁上奏請求遣其鎮守其他城鎮，於是滿桂被召還北京。而當時經略王之臣極力反對，並請求朝廷命其鎮守山海關。朝廷為了緩和各方矛盾，命令王之臣專守關內，而關外士兵將領皆由袁崇煥派遣。之後袁崇煥後悔，請求朝廷依照王之臣建言。滿桂遂被調遣鎮守山海關，並持尚方寶劍、統領關內外部分軍隊。

基於對廷臣誹謗的擔心，袁崇煥上了一道奏章，提出守遼的基本戰略。其主張：一、用遼人守遼土；二、屯田，以遼土給養軍隊，可以減少海運；三、以守為主，等待機會再出擊。他擔心立功之後，清兵必定會使反間計，散播謠言，而本國必定有人妒忌毀謗。此奏摺得到明熹宗的嘉許。同年冬天，袁崇煥率領趙率教及兩名特務太監劉應坤、紀用，興辦防禦工事及屯田，逐漸收復高第先前放棄的土地。事後，袁崇煥上奏讚許這兩名太監的功勞，魏忠賢、劉應坤、紀用三人都得到了封賞。袁崇煥還上奏進言：明朝部隊不善於野戰，只能憑藉固守和大炮防禦的策略。並要求增加四萬部隊去修築松山城等防禦設施，這都得到明熹宗的批准。

（二）努爾哈赤的行事風格─女真的成吉思汗

努爾哈赤（一五五九年二月二十一日至一六二六年九月三十日），愛新覺羅氏，出身建州左衛都指揮使世家旁系，祖父覺昌安被明朝授予都指揮使，父親塔克世為覺昌安第四子，努爾哈赤是嫡長子。努爾哈赤少年時曾以採人蔘為生，常到撫順關馬市進行貿易活動。後因父祖被明朝誤殺，努爾哈赤遂以先人留下的「十三副遺甲」起兵復仇，開始了其建國稱汗之路。他先後征服了建州女真、海西女真諸部和部分野人女真部族，大體上統一了女真。一六一六年，努爾哈赤在赫圖阿拉稱汗，又稱天可汗，建立後金，兩年後誓師伐明，後金軍在四年間接連攻占撫順、清河、開原、鐵嶺、瀋陽、遼陽、廣寧等地，並遷都瀋陽。

努爾哈赤是後金的創建者，也是清朝的主要奠基人，所以其繼承人皇太極在改號稱帝後追尊其為太祖高皇帝。正因如此，努爾哈赤雖然沒有親自建立清朝，卻仍有「清朝第一帝」之稱。努爾哈赤也是八旗制度的創建者，他將來自女真諸部的鬆散力量凝聚在八旗制度之下。努爾哈赤還令手下大臣、學者根據蒙古字母創製文字來拼讀女真語（也就是後來的滿文），解決了當時女真人書面文字只能使用蒙古文，或是漢文所帶來的諸多不便。努爾哈赤善於組織、長於用兵，一生少有敗績，且常有以少勝多、以弱克強，但他在進兵遼東時期所採用的屠殺和奴役漢人的嚴酷手段，帶給當地人民深重的磨難。

（三）寧遠之戰所呈現的軍事賽局

明朝在遼東軍事接連失敗後，開始重用孫承宗，孫承宗起用了馬世龍、袁崇煥、滿桂、祖大壽、趙率教等善戰之將，並接受袁崇煥提議修築關寧錦防線，護衛山海關，抵禦來自後金的壓力，形勢一度好轉。但因孫承宗受閹黨掣肘，罷官而去，明廷以兵部尚書高第代之。高第盡撤關寧錦防線於山海關之內，放棄關外四百里之地，獨求保關。關外兵民盡撤，唯有時任寧前道、鎮守寧遠的袁崇煥拒絕撤回山海關，並表示與城共存亡。寧遠遂成為明朝孤懸於塞外的一支力量。

努爾哈赤得知明經略再度換人，軍事部署發生變化，於明天啟六年（一六二六年）正月十四日，率領諸貝勒大臣等十三萬大軍，西渡遼河，進攻寧遠。後金軍連下右屯、大凌河、小凌河、松山、杏山、塔山、興城，直逼寧遠。當時寧遠只有一萬餘守軍，形勢岌岌可危。袁崇煥以滿桂、祖大壽、左輔、朱梅分守四面城門，嚴陣以待。

努爾哈赤經過數日激戰，因戰術錯誤，讓他帶著箭傷和遺憾，盡撤寧遠之兵回師瀋陽。寧遠之戰是自撫順失陷以來明軍首次擊敗後金軍，成功地阻止了努爾哈赤進擊山海關的腳步，寧遠也成為了努爾哈赤征戰生涯中唯一未能攻克之城。而且努爾哈赤也在此役中受傷，導致病死。努爾哈赤死後由努爾哈赤第八子皇太極繼任後金大汗，次年改元天聰。

這次戰爭中，由於後金軍隊的長處是平原野戰、鐵馬騎兵取勝，而袁崇煥如果以少量的兵力與後金打野戰，必敗無疑，因此，袁崇煥不可能選擇野戰進攻。但明軍擁有後金軍隊沒有的大砲，所以袁崇煥制定了「憑堅城、用大炮」的守城戰略，這就是後金軍隊處於攻堅不利狀態。而後金在軍事上犯了以己之短、攻彼之長的錯誤，且仍用舊式武器與舊的戰術，在強攻下，最後只能兵敗城下，死傷慘重。寧遠大捷就是靠著袁崇煥以正確的戰略，最終取得明朝對後金的第一次勝利，打破了金軍不可戰勝的神話。利用城炮結合，並依靠堅城屏障，發揮火炮的威力，阻止後金軍隊強大攻勢。

所以對於圖 2-20 所示袁崇煥與努爾哈赤在寧遠之役所呈現的攻守賽局，讀者應該很容易看出，此賽局的 Nash 均衡應該是努爾哈赤在選擇主動攻擊的策略時，袁崇煥一定選擇防守的策略。

（四）袁崇煥與後金的議和（合作賽局 Nash 均衡）

袁崇煥運用正確指揮和先進武器，獲得寧錦大捷。在努爾哈赤死後，皇太極繼位，袁崇煥立即奏報朝廷，派遣人員前往瀋陽進行弔喪，兼賀新汗皇太極繼位，同時打探後金內部軍情的虛實。明朝與後金，使節往來，書信傳遞。袁崇煥主動提出與後金「議和」。其理由有四：

①以軍事上來說，因為明朝軍隊以步兵為主，無法深入後金統治區域作戰。因此發生戰爭對明朝的損失較大，故袁崇煥主張議和。

②袁崇煥是想利用議和先延緩後金的進攻，然後再修城備戰，建立關（山海關）、寧（寧遠）、錦（州）完整的軍事防禦線。

③從經濟上來說，明朝萬曆初年的正常歲收入是四、五百萬兩銀子，可是自努爾哈赤舉兵侵擾，導致明朝耗盡國力、國庫空虛，國家已無法承受。所以如果能用一年二十萬兩銀子換來暫時的喘息機會，穩定遼東的局勢，又能安撫內政，是非常划算的交易。

④對皇太極來說，與明朝議和，一方面可以鞏固新汗的地位，發展內政，持續壯大國力；另一方面可以拖住明朝，不讓其有機會攻擊。

所以對雙方而言，議和似乎是一個雙贏局面，讓彼此都有喘息的機會，唯之後的局勢如何發展就得看後人的決策能力了。我們可用表2-21來說明雙方的議和賽局，從雙方各種策略選擇的收益來看，議和都是兩人的優勢策略，故此賽局的 Nash 均衡就是兩人議和。

圖 2-20 袁崇煥與努爾哈赤之攻守賽局

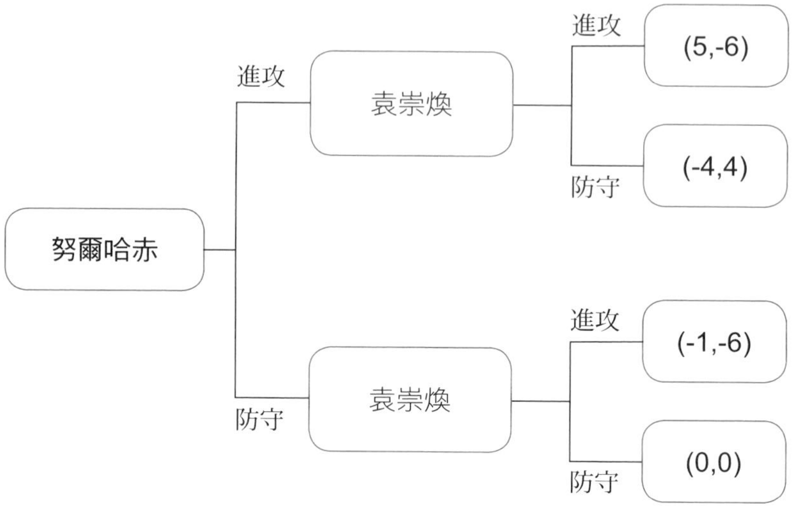

表 2-21 袁崇煥與皇太極議和的標準式賽局

		皇太極	
		主戰	議和
袁崇煥	主戰	(-5,-4)	(-4,-2)
	議和	(-4,-3)	(4,4)

案例 三國赤壁之戰—華容道戰役

在漢獻帝建安十三年，曹操率水陸軍由江陵順江而下，與東吳的孫權和蜀漢的劉備聯軍相遇於赤壁，於是爆發了歷史著名的赤壁之戰。當時，曹操約有軍隊二十幾萬，而孫、劉只有五萬人。從數量來看，曹操是佔絕對優勢，但是曹軍也有許多不利條件，如長途行軍、兵疲馬困，補給困難與軍中疾疫流行等。加上荊州人向來並不服從吳國的孫權政權，讓曹操也有驕傲輕敵的想法。雖然孫權和劉備聯軍數量較少，但以逸待勞，補給較容易，加上有周瑜、諸葛亮等軍師謀劃襄助，亦有可能取勝曹操。

當雙方在赤壁相遇之後，曹軍因多為北方人，不習水性，便將船艦首尾用鐵鍊相連，防止船隻在停泊時不受控制。周瑜趁機派黃蓋率載滿澆注膏油乾柴的數十艘船隻，向曹操詐降。然後利用火攻方式，大敗曹軍。曹操不得不率領殘兵向北逃跑，一路上曹操不斷遇到堵截，最後遇關羽率兵在華容道擋住去路，關羽感念曹操當年知遇之恩，決定義釋曹操。曹操逃回江陵後，命曹仁守江陵，樂進守襄陽，自己便退回了北方。此戰為日後魏、蜀、吳三國鼎立奠定了基礎，而三國演義中的「諸葛亮智算華容」這個段落，應該算是整個赤壁大戰中最精采的段落。

赤壁之戰中，地理與氣候條件都是影響大戰的關鍵因素。曹操在荊州牧劉表過世後，馬上向荊州出兵，將劉備從新野、樊城、當陽趕到夏口，並順勢奪下荊州，同時獲得大量的水軍船艦與士兵。此時曹操與南方的孫權只隔了一條長江，遙遙對望，大戰隨時都有可能開打。曹操獲得了這麼多兵力，又有長江之險做為屏障，需要時便可從上游順流而下直取江東。此時的曹操可以說藉著地理上的優勢，幾乎取得了這場戰爭的主導權。取得了兵利與地利之便後的曹操，便從荊州一路往前逼近，直到烏林一帶紮營，與孫劉聯軍所在的赤壁遙遙相望。而在兩軍對峙當中，曹操派蔣幹到孫吳試著說服周瑜投效曹營，卻被周瑜的反間計擺了一道。而後周瑜順勢讓龐統到曹營，以不讓北方來的士兵暈船為由，說服曹營將船用鐵鍊鎖在一起，就是為了演出流傳千古的「火燒鐵鎖連環之計」。

由於兵力與地理的優勢，使曹操認為自己絕對是這場戰爭最後的勝利者。選在烏林這個地方決戰，對曹軍來說，並不是最好的地點，因為如果打了敗仗，曹操有兩種撤退路線：

①一是從赤壁北方離開，軍隊會面臨一大片的泥沼地，於人於馬都不會是好走的一段路。

②另一是把船開回江陵，再沿著長坂坡、樊城、襄陽、新野，一路退回許都。

當然，志得意滿的曹操絕對不會想失敗了怎麼辦，就算想過，也絕不會選擇第二種方式，因為不可能帶著大批軍隊走這麼長的路，所以當然會往北方撤退。這樣，剛好就掉入諸葛亮利用地形和氣候因素所設下的天羅地網。

劉備在長坂坡等戰役後，派諸葛亮至東吳游說孫權雙方形成聯盟，一起合作抵禦曹操。孔明提出成立孫劉聯軍的計策，若能計破曹操，則蜀、吳則可能與曹操成三足鼎立之勢。這種合作的策略成功地讓孫權同意與劉備聯盟。

諸葛亮在七星壇借東風後，將以火攻曹操水軍。諸葛亮也開始規畫在曹操敗退時的佈署策略。在曹操撤退路線的前兩個險要岔路（烏林、葫蘆谷），諸葛亮使用正常的思考邏輯來設下埋伏，並使得曹操還說出「周瑜無謀，諸葛亮少智」的話。

經過兩次的岔路，讓曹操以為自己已經能夠完全掌握諸葛亮的思維，所以曹操藉他所了解的諸葛亮，猜測蜀軍伏兵位置。殊料在最後一個岔路（華容道、平川道），孔明卻一反常態，使用反向思考，抓住曹操多疑的特質，讓曹操中計。因為華容道地勢險惡狹窄，平川道廣大平坦，照理說曹操應該走平川道。按照這個邏輯，諸葛亮也該將兵力佈署於平川道，但由於地勢平坦廣大的緣故，曹軍較易撤退，不能殺傷最多兵力，所以一定要將曹操引入華容道。而諸葛亮還故意請關羽在華容道放火煙，使得曹操深信諸葛亮要將自己引向平川道，便反向思考，往華容道走，沒想到就中了諸葛亮的計了。此亦是成語「反其道而行」的實例。

真正影響三分天下的原因，是諸葛亮派了關羽去守華容道。當諸葛亮派關羽守華容道，劉備即質疑說關羽重義氣，若曹操真的走華容道，恐怕關羽會放了他。諸葛亮的回答卻是依照天命，曹操命不該絕，也無意殺曹操，索性做人情給關羽，讓關羽放了曹操，回報曹操對關羽的舊恩，所以他選擇了關羽來執行他的策略。關羽在華容道放了曹操，終形成三國鼎立的局勢。

但赤壁之戰後，孫劉兩家為進一步鞏固結盟關係，進行一場政治聯姻，由劉皇叔（劉備）迎娶孫夫人（孫權之妹）。之後，卻又因借荊州一事，彼此鬧翻，兵戎相見且殺了關羽，讓雙方結盟破裂。孫吳轉而向曹魏求好，孤立劉備。最終劉備也因伐吳失利，病死白帝城。

孫劉的合作是一種典型的合作賽局，雙方的策略目標有二：

① 讓合作賽局的總收益達到最大，劉備、孫權與曹操三分天下。

② 讓合作賽局的成員可獲得分配的利益，且高過不參與合作時的策略收益。

但當劉備借荊州的事鬧翻後，劉備應知繼續維持合作是最佳的策略，但報關羽被殺之仇已蒙蔽他的理性思考，而做出攻吳的策略，造成兩敗俱傷。對孫吳而言，因已與蜀國翻臉，孫吳的優勢策略當然是轉向與曹操合作。

三國之間的競合賽局道盡國與國之間只求利益的合作，不容易存在兩肋插刀，為彼此而戰在所不惜的金石盟友關係。近百年來，我國、中國大陸與美國之間的關係不也是如此嗎？要維持和平，本身實力才是王道，縱合連橫之策才可以發揮真正的效果。

案例 士林文林苑都更案是個不應該發生的悲劇

士林文林苑都市更新案是由樂揚建設擔任執行者，負責都市更新事業規畫及興建「文林苑」住宅大樓，其位址在臺北市士林區文林路士林橋、前街及後街一帶的區域。此次爭議的事件始於王家不同意所擁有的兩塊土地和建物，被包含在臺北市政府核定的都市更新範圍內。這個事件所引爆抗爭與衝突，讓北市府、建商、當事人與其他社會參與人員付出很高的代價，同時也引發台灣社會對於都更法的高度關注。台灣老舊房屋由於缺乏都市規畫，外觀較不一致，加上年久不易維修，超過四十年的房子可能無法承受地震的衝擊。所以政府制訂「都市更新條例」是有其必要性，都更條例規範都市更新的規則，對興建新屋或淘汰舊屋、都市景觀或是居住安全都是有裨益的。

依據都市更新條例，都更的目的有四個：

①促進都市土地有計畫的再開發利用。

②復甦都市機能。

③改善居住環境。

④增進公共利益。

文林苑都更就是在都更條例的緊箍咒之下，加上參與者的溝通與談判技巧不足，讓原本是好事的合作案，變成非你死就是我活的不合作賽局。

（一）文林苑都更爭議過程

士林文林苑都更自開始抗議事件發生到雙方和解結束爭議的期間，依時間先後，可彙整成下列十九件重要事情：

①在二〇〇二年十月二十八日台北市政府將本案所處街廓及北側相鄰街廓部分土地，依都市更新條例「第六條第二款」規定公告為更新地區。都更理由是「建築物因年代久遠有傾頹或朽壞之虞，建築物排列不良或道路彎曲狹小，足以妨害公共運輸或公共安全」。雖此時王家已經被劃入都更區域，仍非建商樂揚建設的圈地。

②在二〇〇六年六月六日，樂揚建設拜訪王家，提出「部分集合住宅、王家兩戶重建為雙併透天」的方案，王家認為並無需要，雙方無法取得共識，且此一意願調查記錄並未獲樂揚建設承認。

③二〇〇六年十二月十五日北市府召開都更事業概要公聽會，在徵求住戶和地主意向後，都更範圍排郭元益大樓、有應公廟和文林路與後街夾角的兩棟建物。

④二〇〇七年三月九日樂揚建設提出都更事業概要和都更範圍申請，臺北市政府在五月一日核定通過。

⑤樂揚建設在二〇〇八年一月四日舉辦事業計畫及權利變換計畫公聽會，取得都市更新單元內私有土地所有權

人，百分之七十三點六八及其所有面積百分之七十七點八三同意，以及私有合法建築物所有權人百分之七十二點三四，和其總樓地板面積百分之七十九點九的住戶同意，符合同意比例門檻。

⑥樂揚建設在二〇〇八年六月十一日報請台北市政府核定，台北市政府自九月二十六日開始續辦理公開展覽三十日。

⑦台北市政府在二〇〇九年五月二十二日正式核發下建照，文林苑都更案成立，同年的六月十六日北市政府審議會核定建商規畫的事業計畫及權利變換計畫，通過文林苑都更案。樂揚建設開始進行預售，並通知相關權利人預定公告拆遷日。

⑧王家在二〇〇九年六月二十四日向北市府都更處遞出陳情書。都更處回函告知王家的拆遷日在九月十七日，建議王家在兩個月內提出權利價值異議。

⑨王家針對權利價值在二〇〇九年七月十三日提出異議。

⑩在二〇〇九年八月一日，王家提出權利變換之三項條件：

A　希望不參加合建。

B　提「選樓選房選車位」。

C　領現金一・八億。

⑪王家收到都更處第二次拆屋通知並向內政部陳情，內政部訴願委員會在十月二十七日駁回王家之訴願。

⑫北市都更審議會在十一月二日決議維持原核定計畫內容，即認為核定之價值並無不當無須調整，維持原來五房五車位的都更方案。

⑬台北最高行政法院在二〇一〇年五月二十六日駁回王家訴訟。

⑭北市府都更處在二〇一〇年六月十日到二〇一一年一月十日共召開五次協調會，在此期間台北最高行政法院在七月四日駁回王家的上訴。

⑮內政部營建署在二〇一二年二月十日召開個別輔導會議，會中就文林苑消防、聯外計畫道路、王家退出更新單元等問題進行討論。都更受害者聯盟建議王家簽切結書，接受畸零地無法改建自行負責的條款。（依照樂揚建設與台北市政府的立場，王家的土地是未臨建築線畸零地，依法必須被劃入都市更新範圍。但王家之所以接受畸零地無法改建自行負責的條款，主要的用意是推翻已完成的合法程序，在沒有違法的情況下，讓市政府不能有作為。）

⑯在二〇一二年三月十一日台北市政府發出拆除公文，而且駁回王家暫緩執行之訴求。

⑰在二〇一二年三月二十八日，台北市政府依法執行法院判決，拆除王家住宅，可是往後也引發了一連串的社會團體的抗爭與訴訟案。

⑱在二〇一四年三月十四日，經過長期抗爭與訴訟，反對戶王廣樹之子王耀德私自與樂揚建設進行和解談判後，自行拆除組合屋。

⑲同年五月二十八日，王廣樹先生不堪樂揚建設以「不同意搬遷，導致工程延宕」之名目，求償五千三百萬巨款的訴訟壓力下，與建商樂揚建設達成和解，雙方簽字，樂揚建設同意撤消所有訴訟。此案結束。

（二）談判賽局分析

從談判賽局來看，參與談判的主角主要是樂揚建設與王家，台北市政府、法院以及支持王家的學運人士可視為談判賽局中的第三人。談判主角樂揚建設和王家所運用的策略包含下列六項：

①樂揚建設是利用法規的規範，直接以優勢策略的方式，提供王家接受都更後的替代方案或報酬（即五房五車位的條件）。

②樂揚建設取得建照後，就已預售房屋且已全部賣掉，因此將王家房屋納入都更範圍已成為唯一可選的策略。

③對於王家，他們的策略選擇因外在環境的改變而變得更複雜：王家是採用不願意與樂揚建設合作的策略，主要的理由有二：

A 樂揚建設提供的都更交易報酬太低；

B 在談判過程當中，王家並沒有感覺到或接受到來自樂揚建設的尊重。再加上與北市府及內政部長期的公文來往，發現到政府單位只會「依法行事」，依法訴願或訴訟的結果是曠日廢時，甚至完全失敗，此結果逼迫王家採用更極端的抗爭策略。

④王家採用的策略開始發生改變：

A 開始與社運團體合作的策略，共同對抗樂揚建設。譬如王家提出變更審查程序的方式，試圖阻擋內政部的都更審查；

B 提高權利變換的條件，其中包括：a.希望不參加合建；b.另提「選樓選房選車位」的方案；c.領現金一・八億，希望「以價逼退」的策略，迫使樂揚建設知難而退。

⑤而樂揚建設轉而採用「剛柔並濟」的策略，一方面利用台北市府的角色與行政措施，對王家採取壓制與懲罰；另一方面，持續與王家進行談判，希望以更高的籌碼吸引王家跟樂揚建設合作，完成都更案。

至於成為談判賽局第三者的台北市政府，其主要策略也有很明顯的調整。從早期的單純公文往來或依法行事、中期的積極參與協商，到後期的採用「直接拆屋」的強勢手段。主要的理由是因為社運團體的介入，讓整個談判賽局變得更為複雜，社運團體所扮演的談判角色甚至取代了王家。所以台北市政府只好用快刀斬亂麻的方式，給王家重重一擊之後再抽身，雖然市政府背負被社會嚴苛批評的臭名聲，但的確將整個賽局簡單化，迫使王家直接面對建設公司。

（三）談判賽局外在環境的變遷

整個協商賽局的外在環境，從二〇〇二年十月二十八日開始到二〇一四年五月二十八日之間，有了相當大的更迭。其中與王家比較有關係的有三項：

① 樂揚建設給予王家的權利價值變換是五房五車位，當時市價約六千八百多萬，還有六百多萬的拆遷補償，合計約七千五百萬左右。若以二〇一五年每坪市值七十萬計價，王家整體收益早已超過一億元以上。這是王家當初在抗爭之際，都無法預料到的財富變動。

② 經過長期抗爭與訴訟，王家擁有土地產權四人（王廣樹、王耀德父子，王家駿、王國雄兄弟），其中王國雄因不堪來自樂揚建設壓力與社運團體的長期介入抗爭，嚴重影響整個家人的生活起居，早已簽下都更同意書。王耀德也在法院判王家應自拆組合屋後，與樂揚建設進行和解談判後，並自行拆除組合屋。

③ 此後樂揚建設採用「不吃糖就給棍子」的策略，以「不同意搬遷，導致工程延宕」之名目向法院訴訟，並向王廣樹先生求償五千三百萬，逼迫王先生與樂揚建設達成和解，樂揚建設同意撤消所有訴訟，結束長達近十年的文林苑都更案爭議。

（四）都更案的合作賽局不難達成

基本上，類似都更案應可視為一種合作賽局。在合作賽局中，參與者之間只要彼此合作構成一個聯盟（coalition）後，大家所分配到的收益高過不合作的情況時，就可能有很多種的合作型態。因此，在一個聯盟裡，對組成聯盟的所有參與者之間常會存在一種可執行，或大家都接受的協調機制（或可稱之協定），這個機制的功能是提供適當的移轉支付或是補償給付（side payment），讓聯盟裡所有參與者都願意留在聯盟。

譬如，學生在考試時集體作弊就是一個聯盟，負責答題者，將答案給其他同學的人，可能接受其他同學的移轉支付，各付一百元做為酬金，讓他感覺參加此一作弊聯盟的收益高過不參與時，他就會參與。而其他同學也感覺到付一百元的費用，讓他們因抄答案的收益高過支付成本，他們也會參加此一聯盟。因加入聯盟成本不高，這也是為何集體作弊常發生的原因。對應之道就是提高被抓到的處罰成本，而且嚴格地抓，同時提升抓到的機率，才能真正遏止集體作弊的事件發生。

而都更案亦為類似條件，都更案就是一個由建商與參與都更住戶所組成的聯盟，所以樂揚建設只要提出合理的都更收益給予參與都更的住戶，住戶就會留在聯盟。其他可供住戶拒絕的理由真的很少，文林苑王家剛開始拒絕參與都更的理由是房屋屬於祖厝，因世代居住於此，不願搬遷或重建。

以下我們用合作賽局來分析樂揚建設應如何與都更戶合作，才能達到雙贏的結果。假設樂揚企圖說服舊建築公寓的三位所有權人甲、乙、丙進行都更。參照表2-22的甲、乙、丙各種合作的聯盟結構，以及對應的收益，我們可用下列推論找到Nash均衡解：

① 若三個人一起都同意都更（即表2-22的（甲，乙，丙））；以及甲、乙同意都更，丙不同意（即表2-22的（甲，乙），（丙））的聯盟結構，兩種聯盟方式的總收益均為12，高於其他聯盟組合的收益，而成為此合作賽局的可能均衡解。

② 若三人都同意都更的總收益為12，但三人都有離開此聯盟的誘因。其理由是若其中一人離開（即反對都更）他可獲得5，高於在原先同意都更的平均收益4。因此，三人都同意都更的聯盟（甲、乙、丙）是不穩定。

③ 所以（甲，乙）聯盟都同意都更；丙不同意都更，即〔（甲，乙），丙〕的聯盟結構是穩定。

④ 再者，回到原表2-22的聯盟結構與收益，對甲、乙而言，若總收益12的分配是（3.5，3.5，5）時，此大聯盟式的結構亦是穩定。

換言之，只要分給丙的收益小於或等於5，甲、乙的收益介於3和5之間（包含3和5），因為他們其中任一人離開，至多只得5。因此，在（甲、乙分配的收益介於3至5之間；丙收益小於或等於5）的條件下，因為大聯盟的合作總收益12，大於或等於其他的聯盟方式，只要三人收益分配得恰當，三人都會留在大聯盟中，大聯盟是這個合作賽局的穩定解之一。

所以若樂揚建設想要順利完成都更，他必須給甲、乙、丙三人都同意都更的總收益超過12才行。其中若甲、乙、丙平均可分到超過5的收益，則都更就變得更可行。

但對於丙而言，他若扮演釘子戶不同意都更，他在合作賽局中，不合作的價值必然會更高（如收益為6而非5），他會扮演不合作的角色，以獲取建商更多的給付。這也是為何許多都更案會出現釘子戶的主要理由。

但對文林苑的都更爭議，其實若樂揚建設願給付較高的收益給王家，王家應該會參與都更。但樂揚建設認為與釘子戶間糾紛的機會成本不高時，他們可能會用其他合法或非法方式強迫釘子戶妥協，而非支付更高的價款。因雙方的認知如此，文林苑都更的爭議才會越鬧越大，讓與都更案有關的所有人皆輸的局面。

除集體作弊和都更案外，商業交易買賣、企業間策略聯盟、專利交叉授權等也是常見的合作賽局。

表 2-22 文林苑都更案之都更戶收益

聯盟結構	聯盟總收益
（甲、乙、丙）	(12)
（甲、乙）（丙）	(7) (5)
（甲、丙）（乙）	(6) (5)
（乙、丙）（甲）	(6) (5)
甲、乙、丙	(3) (3) (3)

台灣的第四代無線通訊系統（4G）行動電話業務，在經過二次頻段拍賣後，所有的業者都拿到夠大的頻寬，當然也付出很高的執照競標費用。再來，對各家業者而言，基地台的設置才是一大挑戰，加上原先第三代無線通訊系統的服務業務，基於營業成本的考量，以及更多元的行動電話服務，業者之間的合作空間會變大，但也意謂著行動電話服務戰國時代已逐漸來臨，中華電信或許仍可獨占一方，但面對其他業者志在與對岸合作的方式，搶食兩岸行動電話服務大餅時，中華電信一定需要有更多的合作對象，才能高枕無憂。

（一）第四代無線通訊系統 行動電話傳輸技術

第四代無線通訊系統是第三代無線通訊系統的延續。依照國際電信聯盟 ITU（International Telecommunication Union）所提出的定義：

①以 IP（Internet Protocol）型態的網路為主。

②使用者在任何時間，任何地點都能使用第四代無線通訊系統。

③全世界通用標準的系統，可在現存不同的無線通訊系統下運作。

④在高速移動下，須達到100 Mbps 的傳輸速率；而在慢速狀態下，傳輸速率須能達到 1 Gbp。

⑤第四代無線通訊系統不但支援固定式的無線傳輸，亦支援移動式的無線傳輸且依實際須要可在固定式與移動式網路之間切換。

⑥第四代無線通訊系統不但可以解決第三代無線通訊的缺點，並且能提供更多元化的無線寬頻服務。使用者能容易連上網路，並可依照個人的喜愛選擇所須要的服務。

⑦第四代無線通訊系統所提供的網路服務與相關的設備，其價格須一般使用者可接受。

第四代無線通訊系統目前主要缺陷是全球統一的標準化問題，這讓通訊晶片廠商必須花費更多資源進行頻段的整合，進而產生耗電、傳訊技術整合、通訊容量受到限制等問題。然而手機的功能越來越多樣化，無線通網路也越來越複雜，第四代無線通訊系統通信在硬體建設及開發方面也會遇到比以前系統建設更多的困難跟麻煩。因此在市場創新方面有不同於第三代無線通訊系統的表現是業者的首要課題，擷取以前的經驗，才能在市場中站穩腳步。

（二）、台灣第四代無線通訊系統業者間的競爭

自中華電信宣布第四代無線通訊系統開台，正式開啟台灣第四代無線通訊系統時代後，不僅意味著全新的網路速度將帶動各項創新應用的實現，更是一場全新的賽局，整個台灣無線通訊服務產業勢必迎接一波洗牌的浪潮。譬如領導廠商中華電信，未來在第四代無線通訊系統技術發展與布局、創新應用服務規畫、企業經營管理的調整、現行商業模式及服務模式的精化等，都會影響到其他業者的經營策略。

但從需求面來看，對消費者而言，與第三代無線通訊系統類似，傳輸「速度」將是影響消費者是否買單的關鍵因素。目前大部分的服務提供者，仍認為第四代無線通訊系統可應用在影音、數位內容和娛樂等，但隨著物聯網時代的來臨，除了頻寬和速度外，企業的加值服務將是影響消費者願意買單，或加碼第四代無線通訊系統服務的主因之一。像消費者喜歡利用行動上網進行消費，民眾使用習慣也隨之改變，這讓行動通訊軟體（APP）大受歡迎，加上Line、Whatsapp、WeChat和臉書等大行其道，讓智慧型手機用戶都可以自製照片或影片，或以搞笑的KUSO影片來表達關心或自己的心情。這種消費模式在全台二〇一四年跨年晚會中，中華電信第四代無線通訊系統行動數據流量大幅成長，全區增加幅度達到百分之二百八十，相當驚人。台灣大哥大也統計，自二〇一四年聖誕節起至元旦的每日賀節網路使用量，日均傳輸量較前年大幅成長超過一倍，跨年當天成長高達二倍；遠傳電信、台灣之星、亞太電信跨年當天傳輸量均成長二倍。

換言之，消費者的需求是永無止境，上網速度不僅要快、提供的服務及內容要更好，這也是電信業者及內容業者面臨的重要挑戰。在第四代無線通訊系統時代，會不會重演第三代無線通訊系統吃到飽的削價競爭局面，可靜待觀察。

但可以確定的是，整合語音、行動、固網寬頻及電視等服務，在加值服務上採取分級收費方式，才有利於跳脫行動寬頻的削價競爭，也能達到電信業、內容業及消費者「多贏」的局面。

（三）中華電信的經營策略

對於第四代無線通訊系統資費、資安、消費者體驗、建基地台常遭阻礙、small cell（小型基地臺）的鋪設及頻寬與收費是否可依需求彈性調整等問題，中華電信現階段第四代無線通訊系統推動最主要的困難點是在於消費者行為導入的改變，如何提供更多加值服務吸引消費者使用。此外，基於使用者付費的公平正義及使用效率等觀點來看，「吃到飽」的經營型態必須改變，無線的資源是有限的，這部分需要凝聚業者與消費者高度共識。

從以下兩個表（2-22、2-23），我們可以發現中華電信有八種資費，台灣大哥大有二十三種資費，台灣大哥大的費率種類較多元化。此外，中華電信與台灣大哥大都有提供消費者優惠購機方案的內容。但若針對單辦門號的優惠，只有中華電信提供用戶選擇一一三六型以上資費，即可享有行動上網無限瀏覽。在購機優惠方案，中華電信之用戶選擇一一三六型以上資費，購機即可享有行動上網無限瀏覽之優惠，而台灣大哥大之用戶選擇九九九型以上資費，購機即可享有行動上網無限瀏覽之優惠。我們也可以發現兩家業者在購機上，都有提供第四代無線通訊系統吃到飽之機制。

表 2-22 中華電信 4G 費用

資費方案	月租費（皆內含定額通信量）	資費內容					通信費單價					
		行動上網量	語音（分鐘）			簡訊	語音（元/秒）			簡訊		加價購數據費率
			網內	網外	市話	網內	網內	網外	市話	網內	網外	
236 型	236 元	200MB	0	0	0	0	0.05	0.1	0.1	1	1	100 元/200MB 250 元/1GB
436 型	436 元	1.5GB	0	0	0	0	0.05	0.1	0.1	1	1	
636 型	636 元	550MB	30	20	20	150	0.05	0.1	0.1	1	1	
936 型	936 元	2GB	60	35	35	200	0.05	0.1	0.1	1	1	
1136 型	1136 元	3GB	90	50	50	250	0.05	0.1	0.1	1	1	
1336 型	1336 元	4GB	120	65	65	300	0.05	0.1	0.1	1	1	
1736 型	1736 元	8GB	180	100	100	450	0.05	0.1	0.1	1	1	
2636 型	2636 元	16GB	無限	200	200	600	0.05	0.1	0.1	1	1	

表 2-23-1 台灣大哥大 4G 費率

資費方案	月租費	資費內容	通信費單價				
			網內（元/秒）	網外（元/秒）	市話（元/秒）	簡訊	
						網內	網外
行動上網 299 型	299 元	・內含傳輸量 1.7GB ・超過量限速 <128KB	0.1	0.17	0.17	0.8697	1.7394
行動上網 499 型	499 元	・內含傳輸量 3.5GB ・超過量限速 <128KB	0.1	0.17	0.17	0.8697	1.7394
行動上網 699 型	699 元	・內含傳輸量 5.5GB ・超過量限速 <256KB	0.1	0.17	0.17	0.8697	1.7394
行動上網 899 型	899 元	・內含傳輸量 9.5GB ・超過量限速 <256KB	0.1	0.17	0.17	0.8697	1.7394
行動上網 1199 型	1199 元	・內含傳輸量 13.5GB ・超過量限速 <256KB	0.1	0.17	0.17	0.8697	1.7394
行動上網 1499 型	1499 元	・內含傳輸量 17.5GB ・超過量限速 <256KB	0.1	0.17	0.17	0.8697	1.7394
行動上網 1799 型	1799 元	・內含傳輸量 21.5GB ・超過量限速 <256KB	0.1	0.17	0.17	0.8697	1.7394

表 2-23-2 台灣大哥大 4G 費率

資費方案	月租費	資費內容	通信費單價				
			網內	網外	市話	簡訊	
			(元/秒)	(元/秒)	(元/秒)	網內	網外
行動上網 2499 型	2499 元	· 內含傳輸量 30GB · 超過量限速 <256KB	0.1	0.17	0.17	0.8697	1.7394
行動上網 268 型	268 元	· 內含傳輸量 1.5GB · 超過量限速 <128KB	0.1	0.17	0.17	0.8697	1.7394
行動上網 468 型	468 元	· 內含傳輸量 3GB · 超過量限速 <128KB	0.1	0.17	0.17	0.8697	1.7394
行動上網 668 型	668 元	· 內含傳輸量 5GB · 超過量限速 <128KB	0.1	0.17	0.17	0.8697	1.7394
行動上網 868 型	868 元	· 內含傳輸量 9GB · 超過量限速 <256KB	0.1	0.17	0.17	0.8697	1.7394
行動上網 1168 型	1168 元	· 內含傳輸量 13GB · 超過量限速 <256KB	0.1	0.17	0.17	0.8697	1.7394
行動上網 1468 型	1468 元	· 內含傳輸量 17GB · 超過量限速 <256KB	0.1	0.17	0.17	0.8697	1.7394
599 型	599 元	· 網內每通前 5 分鐘免費 · 網外免費 30 分鐘 (不含市話) · 內含傳輸量 1GB	0.08	0.11	0.1	0.8697	1.7394
799 型	799 元	· 網內每通前 10 分鐘免費 · 網外免費 40 分鐘 (不含市話) · 內含傳輸量 2GB	0.08	0.11	0.1	0.8697	1.7394
999 型	999 元	· 網內每通前 10 分鐘免費 · 網外免費 50 分鐘 (不含市話) · 內含傳輸量 3GB	0.08	0.11	0.1	0.8697	1.7394
1199 型	1199 元	· 網內免費 · 網外免費 60 分鐘 (不含市話) · 內含傳輸量 4GB	-	0.11	0.1	0.8697	1.7394
1399 型	1399 元	· 網內免費 · 網外免費 80 分鐘 (不含市話) · 內含傳輸量 6GB	-	0.11	0.1	0.8697	1.7394
1899 型	1899 元	· 網內免費 · 網外免費 140 分鐘 (不含市話) · 內含傳輸量 12GB	-	0.11	0.1	0.8697	1.7394
2599 型	2599 元	· 網內免費 · 網外免費 200 分鐘 (不含市話) · 內含傳輸量 20GB	-	0.11	0.1	0.8697	1.7394

（四）中華電信與台灣大哥大的競合賽局

（一）完全訊息動態競爭賽局

由表2-22、表2-23所顯示中華電信與台灣大哥大的費率包裝來看，兩家並無提供第四代無線通訊系統無限瀏覽之服務。但若用戶參與兩家業者的購機方案後，都有提供第四代無線通訊系統無限瀏覽之服務。目前國外第四代無線通訊系統並無吃到飽之方式，而以韓國為例則採分級收費方式，亦有學者指出「吃到飽對於電信業者是致命傷，業者大推吃到飽，未來勢必難以獲利」。然而電信業者要在第四代無線通訊系統時代中出奇制勝，價格策略扮演關鍵角色。我們可以利用動態賽局進一步分析，若未來中華電信取消第四代無線通訊系統吃到飽方案，台灣大哥大的可能策略選擇。

圖2-24顯示中華電信取消第四代無線通訊系統吃到飽，台灣大哥大可能採取重新包裝促銷方案或是維持現有方案，但進入第二回合後，中華電信也可能採取重新包裝促銷方案或是維持現有方案的策略。

因此，中華電信與台灣大哥大的策略組合有以下五種組合：

①中華電信不取消第四代無線通訊系統吃到飽；台灣

圖 2-24 中華電信與台灣大哥大策略競爭之完全訊息動態賽局樹

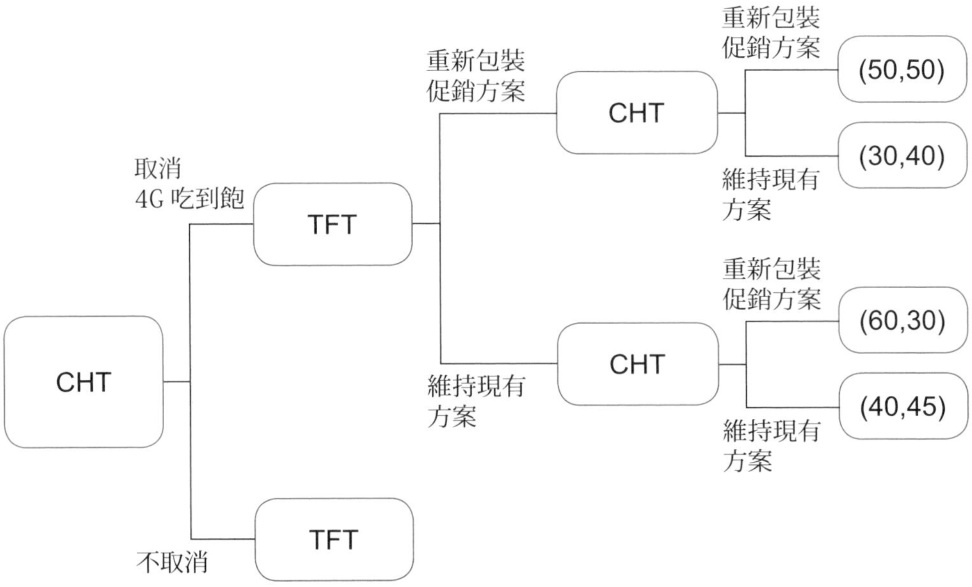

大哥大無特別動作。

②中華電信取消第四代無線通訊系統吃到飽且重新包裝促銷方案；台灣大哥大重新包裝促銷方案。

③中華電信取消第四代無線通訊系統吃到飽但維持現有方案；台灣大哥大重新包裝促銷方案。

④中華電信取消第四代無線通訊系統吃到飽且重新包裝促銷方案；台灣大哥大維持現有方案。

⑤中華電信取消第四代無線通訊系統吃到飽但維持現有方案；台灣大哥大維持現有方案。

因此，依照雙方不同策略組合所呈現的收益來看，我們會得到：

①當台灣大哥大選擇「重新包裝促銷方案」策略時，中華電信也會選擇「重新包裝促銷方案」策略。因此，台灣大哥大知道中華電信採「重新包裝促銷方案」策略的時候，也會繼續採用「重新包裝促銷方案」策略。

②當台灣大哥大選擇「維持現有方案」策略時，中華電信還是會選擇「重新包裝促銷方案」策略。

③對台灣大哥大而言，若中華電信選擇「重新包裝促銷方案」策略，台灣大哥大亦會改採取「重新包裝促銷方案」策略，故此動態賽局的 Nash 均衡為「中華電信採取重新包裝促銷方案；台灣大哥大採重新包裝促銷方案」，收益組合為（50，50）。

（二）合作賽局

電信業屬於寡占市場，然而在寡占市場中若一直採取削價競爭，對業者而言只是讓獲利降低。業者推出吃到飽機制，有不少民眾用量大，一個月可達一千 GB，但可能會嚴重影響其他用戶的上網速度。因此，在第四代無線通訊系統吃到飽的機制下，最大贏家是重度上網使用者，中華電信與台灣大哥大是否可以透過商務談判方式，完成雙贏談判或交易的合作賽局。

根據國家通訊傳播委員會資料顯示，截至二〇一五年四月底，台灣第四代無線通訊系統用戶數已超過五百八十五萬戶，中華電信以用戶數約二百一十四萬四千五百戶奪冠，遠傳則以一百六十七萬三千七百戶居次，台灣大用戶數為一百六十四萬二千二百萬戶，台灣之星及亞太電信則超過二十萬戶。若前三家電信業者：中華電信、台灣大哥大與遠傳電信能透過彼此聯盟合作的方式，在退出4G吃到飽市場後，針對價格與促銷方案取得策略聯盟方式，不要讓削價競爭成為4G市場價格之唯一策略。

根據國家通訊傳播委員會資料顯示，截至二〇一五年四月底，台灣第二代無線通訊系統用戶數有一百七十六萬戶，第三代無線通訊系統用戶數有一千八百六十六萬戶，第二代無線通訊系統與第三代無線通訊系統用戶共計有二千零四十二萬戶。三家業者若可透過合作方式取得彼此最大效益，假設其中有七成用戶有意願從第二代無線通訊系統、第三代無線通訊系統轉成第四代無線通訊系統，平均用戶貢獻度為一千元，即該現有市場有一百四十二億收益。

參照表2-25與表2-26，三家業者第二代無線通訊系統與第三代無線通訊系統用戶比例，我們可將三家

表 2-25 中華電信、遠傳電信、台灣大哥大三家之 2G 用戶數

公司別	用戶數（戶）	比例
中華電信	1,191,400	67.7%
遠傳電信股	381,636	21.7%
台灣大哥大	18,672	10.6%
合計	1,759,757	100%

表 2-26 中華電信、遠傳電信、台灣大哥大三家之 3G 用戶數

公司別	用戶數（戶）	比例
中華電信	7,782,528	41.7%
遠傳電信股	5,510,448	29.5%
台灣大哥大	5,366,219	28.8%
合計	18,659,195	100%

P.S：因僅針對三家比較，未含台灣之星與亞太電信之用戶數

業者合作的聯盟結構，以及對應的收益，轉換成表2-27的合作賽局，然後尋找可能的Nash均衡解。表2-25所顯示中華電信、台灣大哥大、遠傳電信三家之間聯盟或離開聯盟採用不合作的對應收益，譬如：

① 三家業者一起同意雖然取消第四代無線通訊系統吃到飽機制但不採價格競爭即表2-27的（中華電信、台灣大哥大、遠傳電信）的聯盟結構總收益為15，高於其它聯盟組合的收益，而成為合作賽局均衡解之一。

② 三家業者一起同意不採價格競爭的總收益是15，但三家業者若各有一家不採合作方式而離開，其中一家離開他可獲得4，低於原先三家合作的平均收益5。因此，三家業者會採取合作方式，三方取得共識，未來若退出第四代無線通訊系統吃到飽機制，不會採取消價策略，而是共同合作在價格上取得三方的平衡點。

（五）結論

從完全訊息動態賽局中，在未來取消第四代無線通訊系統吃到飽機制時雖然「重新包裝促銷方案」是中華電信與台灣大哥大的均衡解，但不斷地削價競爭，對彼此都不是最佳的策略選擇。電信業者應該考量合作模式，將價格訂在一定標準之上，用其它誘因吸引消費者，例如：第四代無線通訊系統行動訊號的良好品質、優質的客戶服務系統與平台、多元化的行動加值服務（例如：3D導航系統、行動支付、行動資安、行動影音平台），提供消費者全方位的服務，以增加其他項目的服務營收。

表 2-27 中華電信、台灣大哥大、遠傳電信合作之收益

聯盟結構	合作聯盟的總收益
(中華電信、台灣大哥大、遠傳電信)	(15)
(中華電信、台灣大哥大)(遠傳電信)	(9)(4)
(中華電信、遠傳電信)(台灣大哥大)	(8)(4)
(遠傳電信、台灣大哥大)(中華電信)	(7)(4)
中華電信、台灣大哥大、遠傳電信	(3)(3)(3)

案例 台商、日商及印度商在印度汽車輪胎合資公司的角力

（一）背景說明

根據「國際汽車製造業組織（OICA）」統計，二〇一〇年起印度成為全球第六大汽車生產國，二〇一三年印度汽車產量達三百八十八萬輛，銷售達三百二十四萬輛，全球名列第六，如果加上兩輪及三輪的機動車輛，一年的市場規模超過千萬輛，對汽車零配件的需求非常龐大。由於看好印度市場成長潛力，除印度本土品牌外，歐、美、日、韓等世界知名汽車品牌亦紛紛進軍印度設廠投產，全印共有近三十家車廠投入生產，隨著汽車市場的成長及消費者對汽車品質的要求日益提高，印度對高品質汽車零組件及車用電子產品需求日增，醞釀龐大的商機。

（二）三方合作契機

C公司是台灣合成橡膠廠商，也是全球合成橡膠第一大品牌，該公司認為由丁二烯和苯乙烯聚合製得的丁苯橡膠（styrene-butadiene rubber, SBR），綜合性能良好，價格低，在多數場合可代替天然橡膠用於輪胎製造。因此展開與印度A公司及日本M公司三方共同投資一個SBR廠的計畫（三方持股分別為百分之二十、百分之五十一及百分之二十九）。而C公司則負責全案的整合。C公司於二〇〇八年，正式成立印度分公司—CI公司。主要是獨立發展為從工程規劃、設計、採購、建造施工、監理到試車均能勝任之統包工程公司，希望成為印度當地提供全方面工程服務的領導廠商之一，且藉由積極培養當地工程人才，成立印度採購中心以支援中東市場的開拓，同時也支援集團在全球市場的工作。

R公司為一間印度的設備製造商，R公司得到本案即將交由CI公司開始執行後，便透過A公司告知CI公司有關R公司的意向，並請CI公司慎重考慮與R公司合作的機會。

由於本案的設計是由C公司完成，同時經由CI公司的市場資料收集，CI公司對於本案的成本及利潤有著非常詳實的估算，但由於印度A公司向CI公司暗示須與R公司合作，否則將來工作執行上可能會有窒礙之處。在收到A公司的訊息後，CI公司向C公司求取支援。

由於本案的專利製程提供公司為C公司，CI公司將執行的計畫只是第一期，未來在做產能提升計畫時，C公司的技術提供便成為未來成敗的重要因素，所以在專案董事會的執行決策方面也有一定的影響力。

同時因日商M公司對於R公司也有相當的疑慮，因此C公司聯合M公司，希望藉在董事會能夠對A公司有所牽制。

（三）CI公司與R公司間的競合策略

經由相關的資訊判斷，CI公司認為如果不配合A公司的要求，與R公司合作，那麼A公司有三分之一的機率採取牽制的動作。而CI公司為了降低A公司牽制的疑慮，也正式發詢價單給予R公司，但為了對於市場行情有所比較，同時給予R公司更大的競爭壓力，CI公司也對市場上其他同等地位的廠商發出詢價。經過相關的技術評比以及初步的商業評估，CI公司對於是否與R公司合作的收益評估如下：

① A公司牽制，CI公司不與R公司合作，預期利潤收益可能會變為三億三千萬元，而R公司不論降價與否，其利潤收益為0。

②A公司牽制，CI公司與R公司合作，而R公司配合降價，CI公司的預期利潤收益為四億元，R公司的利潤收益為五千萬元。

③A公司牽制，CI公司與R公司合作，而R公司不配合降價，CI公司的預期利潤收益為三億七千五百萬，R公司的利潤收益為七千五百萬。

④A公司不牽制，CI公司與R公司合作，而R公司配合降價，CI公司的預期利潤收益為四億一千五百萬，R公司的利潤收益為三千五百萬。

⑤A公司不牽制，CI公司與R公司合作，而R公司不配合降價，CI公司的預期利潤收益為三億七千五百萬，R公司的利潤收益為七千五百萬。

⑥A公司不牽制，CI公司不與R公司合作，而R公司不論降價與否，CI公司的預期利潤收益為四億三千萬，R公司的利潤收益為零。

所以我們可建立圖2-27所示的賽局樹。然後在A公司是否會採牽制或不牽制的機率各為三分之一和三分之二時，我們可計算出表2-28的標準式賽局，最後由表2-28的標準式賽局找出Nash均衡。以劣勢刪除法可發現：「當A公司採牽制策略時，CI公司會採取合作策略；若A公司採不牽制策略，CI公司的優勢策略是採取不合作方式，此時R公司一定會採不降價的策略。」即成為本賽局的純策略Nash均衡。

（四）結論

本案例因CI公司為了減低印度A公司在工程進行中的牽制，動用了C公司及M公司在專案董事會的影響力。使得CI公司在對A公司的牽制與否做了一個主觀的判斷，以利在對R公司的相關議價及談判。如果純粹依照Nash均衡判斷，R公司決不會降價，而此時的預期收益CI公司為四億一千一百七十萬，R公司為二千五百萬。

但在實際操作時，極小化對方收益最大值的工作模式，一直是採購人員不斷重複的工作，所以CI公司依照其公司的議價決標流程，在過程中讓R公司知道有其它的競爭者存在給予其降價的壓力。同時CI公司經由相關的分析判斷R公司為了取得工作，以及衡量彼此在A公司的影響力而降價的機率為六十七％，在最後的議價中，CI公司表明雖然R公司在A公司有相當的勢力，但是在董事會中CI公司也有相對的影響力，為了維持雙方的友好及工程的順利進行，CI公司同意讓R公司擁有優先議價權，但是R公司必須要成為標價最低的廠商，以符合CI公司的稽核流程。所以最後的結局是：「R公司妥協降價雙方達成協議，但是CI公司也部分讓利給R公司，做為回饋給A公司高層的謝禮。」

圖 2-27 三個公司之間的賽局樹

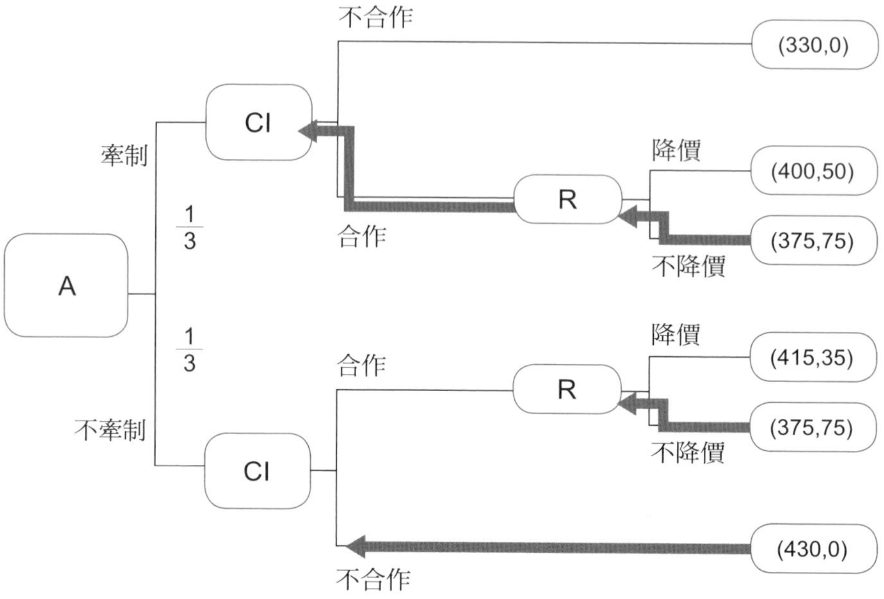

表 2-28 標準式賽局

		R 公司	
		降價	不降價
CI 公司	合作；合作	(410,40)	(375,75)
	不合作；不合作	(396.7,0)	(396.7,0)
	合作；不合作	(420,16.7)	(411.7,25)*
	不合作；合作	(386.7,23.3)	(360,50)

表 2-28 標準式賽局計算方式

① 不管 A 公司是否牽制，CI 公司採取合作，R 公司不降價

(A) CI 公司收益 $= \frac{1}{3} \times 375 + \frac{2}{3} \times 375 = 375$

(B) R 公司收益 $= \frac{1}{3} \times 75 + \frac{2}{3} \times 75 = 75$

② 不管 A 公司是否牽制，CI 公司採取合作，R 公司降價

(A) CI 公司收益 $= \frac{1}{3} \times 400 + \frac{2}{3} \times 415 = 410$

(B) R 公司收益 $= \frac{1}{3} \times 50 + \frac{2}{3} \times 35 = 40$

③ 不管 A 公司是否牽制，CI 公司採取不合作，則不論 R 公司是否降價

(A) CI 公司收益 $= \frac{1}{3} \times 330 + \frac{2}{3} \times 430 = 396.7$

(B) R 公司收益 $= 0$

④ A 公司牽制，CI 公司採取合作，A 公司不牽制，CI 公司採取不合作，R 公司降價

(A) CI 公司收益 $= \frac{1}{3} \times 400 + \frac{2}{3} \times 430 = 420$

(B) R 公司收益 $= \frac{1}{3} \times 50 + 0 = 16.7$

⑤ A 公司牽制，CI 公司採取合作，A 公司不牽制，CI 公司採取不合作，R 公司不降價

(A) CI 公司收益 $= \frac{1}{3} \times 375 + \frac{2}{3} \times 430 = 411.7$

(B) R 公司收益 $= \frac{1}{3} \times 75 + 0 = 25$

⑥ A 公司牽制，CI 公司採取不合作，A 公司不牽制，CI 公司採取合作，R 公司降價

(A) CI 公司收益 $= \frac{1}{3} \times 330 + \frac{2}{3} \times 415 = 386.7$

(B) R 公司收益 $= 0 + \frac{2}{3} \times 35 = 23.3$

⑦ A 公司牽制，CI 公司採取不合作，A 公司不牽制，CI 公司採取合作，R 公司不降價

(A) CI 公司收益 $= \frac{1}{3} \times 330 + \frac{2}{3} \times 375 = 360$

(B) R 公司收益 $= 0 + \frac{2}{3} \times 75 = 50$

案例 惠普（HP）與戴爾（Dell）的競合策略

（一）微軟 Win10 作業系統的產品策略

從 Windows 8 直接跳過 Windows 9 到 Windows 10，微軟不按牌理出牌的方式，常令大家猜不透。像該公司高階主管 J. Nixon 曾在二〇一五年的 Ignite 開發者大會上表示，Windows 10 將會是 Windows 產品中的最後一版。

未來 Windows 在更新模式上會有所調整，將會以線上服務的方式推送更新，不會像過往一樣定期發布重大更新，而盒裝軟體的銷售模式也將走入歷史。簡單來說，未來 Windows 將走向一個「線上平台」的模式，如同臉書雖然歷經多次改版，版面及操作有所變化，但名稱仍舊是臉書，而所有更新都將透過線上服務進行。

以近來 Microsoft Office 線上化的趨勢來看，微軟包括系統在內等服務，進行線上平台化的策略相當明顯，未來微軟也將變的更為開放，許多基礎功能都能在線上使用，而進階功能則是以加價內購的方式來升級，估計將藉此吸引更多用戶。

（二）英特爾（Intel）與微軟（Microsoft）的合作賽局

英特爾與微軟向來一直是全球個人電腦產業的龍頭老大，掌握著制定硬體與軟體的關鍵技術標準的生殺大權。英特爾微處理器（CPU）的設計掌控著硬體產品主要功能，微軟的視窗（Windows）操作系統則掌握桌上型電腦功能的支援，例如當微處理器開始支援高畫質輸出（HDMI）的功能之後，使用者才可以使用 Media player 之類的應用軟體觀看影片。這兩家各為軟硬體廠商的龍頭，為了維持霸主地位，採用合作策略，組成 Wintel 聯盟，業界普遍稱之為 Wintel 平台。這個策略在以 IBM 標準架構的桌上型電腦市場非常成功，也可以說，英特爾與微軟其實完整掌握了桌上型電腦產業的發展，打算支援什麼功能，開發什麼技術，這兩家說了算，桌上型電腦界的品牌廠商只能配合執行。

但近年來因可攜式裝置（如智慧型手機）產業的蓬勃發展，讓以安謀（ARM）為標準架構的微處理器，開始侵蝕英特爾微處理器的市場，另一方面蘋果麥金塔（Macintosh）作業系統（如 Mac OS 9）的崛起，一開始奪取微軟視窗的市場佔有率，讓整個 Wintel 合作賽局日漸解構。

（三）Win 10 開發時程改變個人電腦廠商的競爭策略

微軟將 Windows 10 提前到二〇一五年八月中上市，雖然有機會刺激消費者的採購潮提前顯現，但此一決定也打亂了相關桌上型電腦供應鏈的產品開發時程，而引起相關廠商的一陣兵荒馬亂。Win10 上市時機剛好搭上暑假結束前的換機潮，對於各大品牌廠莫不是非常大的誘因，然而，若沒有英特爾與微軟的支援，桌上型電腦製造廠商是不可能在產品未量產前拿到最新的測試版本進行研發，並能以最快的時間獲得軟硬體開發廠商的支援。而 Wintel 在有限的人力與時間資源下，無法支援所有品牌的所有產品，因此已與各大桌上型電腦品牌廠談定可支援的產品線與平台數量，這種一開始就載明能協助支援的平台總數限制，必然會引發各品牌廠經營策略的調整，以及彼此之間的競爭模式。

譬如 Wintel 給惠普與戴爾各為十個專案產品，戴爾可能會將十個專案支援放在兩個產品線上：「筆電」與「平板」，而惠普也可能將開發重點放在「筆電」與「平板」，或是偏重筆電，比較積極的組合是將資源放在平板上面，也就是目前市場上還未飽和的商用型平板市場，若 Win10 接受度高，就可以很快的打入商務用平板市場，獲取高利潤與高市佔率。反之，若不看好 Win10 接受度，則應將資源放在筆電開發，以保住筆電市佔率與既有利潤，並降低平板開發比例以免造成虧損。

以惠普與戴爾兩家桌上型電腦龍頭為例，戴爾因創立了利用電話和電腦網路直銷電腦的銷售模式，跨過下游的分銷商、批發商和零售商的銷售鏈，直接把產品賣給了顧客。這種方式不僅將庫存降至最低，而且在減少下游銷售商的剝削後，讓消費者可以買到客製化且更低價的電腦產品，使得戴爾在全球市佔率不斷攀升，終於在二〇〇〇年超越原本第一名的惠普，成為全球市場佔有率最高的電腦廠商。自此之後，惠普與戴爾不斷彼此較勁，從二〇〇二年惠普併購康柏（Compaq）搶回市佔第一的位置，到二〇〇五戴爾再次藉由降低利潤的方式削價競爭奪回第一，自此兩家廠商不斷藉由併購與重整方式彼此競爭。

但因個人電腦市場逐漸趨於飽和，惠普終於在二〇一一年大幅裁員，並在股東壓力下於二〇一四年宣布將旗下事業將分拆為兩家獨立上市公司，其中一家包含桌上型電腦和印表機事業；另一家包含企業硬體及服務事業。而戴爾的應對策略為私有化下市，創辦人麥克戴爾與銀湖私募股權公司將以每股十三•六五美元買回戴爾公司股票。參與這項交易的出資各方包括：麥克戴爾、銀湖、微軟，以及由美銀美林、巴克萊、瑞士信貸、加拿大皇家銀行資本市場籌組銀行團提供一百一十億至一百二十億美元債權融資。戴爾公司藉此擺脫股東的控制，以利公司未來的重整之路。

面對戴爾的下市，惠普的好處是戴爾以後就沒有股東的資金可以繼續收購軟硬體公司，以增加服務內容。但同時也意味著戴爾之後無須跟股東會報告與負責，因此惠普已無法像以前一樣，只要藉由股東會等公開發表場合就可得知戴爾的策略。

（四）聯想（Lenove）加入競局的影響

聯想加入戰局後，提升了惠普與戴爾之間合作的可能性。聯想在二〇〇五年收購ＩＢＭ的個人電腦業務後，一方面保留 ThinkPad 品牌並可在五年內使用ＩＢＭ商標，另一方面利用中國大陸政府的支持，迅速成為中國大陸市場市佔率第一名的桌上型電腦品牌廠商。在二〇一四年聯想更穩坐全球市佔第一的寶座，聯想市佔率為百分之二十；惠普以百分之十八居第二；戴爾第三為百分之十三。戴爾只有在美國保有市佔首名。換言之，全球桌上型電腦的市佔率之爭已從兩人賽局變為三人賽局。

惠普在二〇一四年宣布將旗下事業將分拆為兩家獨立上市公司之前，另一可選擇的策略是將桌上型電腦事業部出售，出售桌上型電腦部門可以獲得一次性的收入，但相對的會喪失桌上型電腦部門的研發資源與相關專利。而且若出售，最有可能的買家是聯想，對於惠普來說，聯想已經在中國獲得決定性的市佔率，若將美國市佔相當高的惠普桌上型電腦部門賣給聯想，聯想將擁有其餘對手望塵莫及的市佔率，這對惠普來說並不樂見讓聯想於短時間內大幅增加桌上型電腦市佔率，形成市場壟斷，因此對惠普最佳的選擇策略必然是分拆，而非出售。

雖然戴爾私有化後對惠普造成訊息不完全的情況越嚴重，但聯想加入戰局後，惠普與戴爾合作的可能性隨之提高。在過去，惠普與戴爾一直都是桌上型電腦界的領導廠商，兩家品牌廠的市佔率總和向來都超過百分之五十。在聯想加入戰局後，原本的平衡開始改變。因中國大陸市場為新興市場，需求量大，但大陸保護國內企業聯想的策略十分強硬，不論是戴爾或是惠普都難以依本身的通路與資源成功打入中國市場，增加市佔率。惠普在實體通路的行銷模式與人事成本控管強於戴爾，但戴爾的網路直銷系統與零倉儲的管理方式至今無人能及。若兩家公司願意資源分享，共同合作，相當有可能重新奪回市佔超過百分之五十，打敗聯想。

我們以圖2-29的多期序列賽局為例，此賽局的收益是以市佔率作為表示，如賽局一開始的（18，13）是代表惠普市佔率百分之十八；戴爾市佔率百分之十三，合作賽局最後的假設為惠普與戴爾彼此合作，重新奪回超過百分之五十的市佔率。

在第一階段的賽局中，惠普可以選擇不合作的策

圖 2-29 惠普與戴爾的多期序列賽局

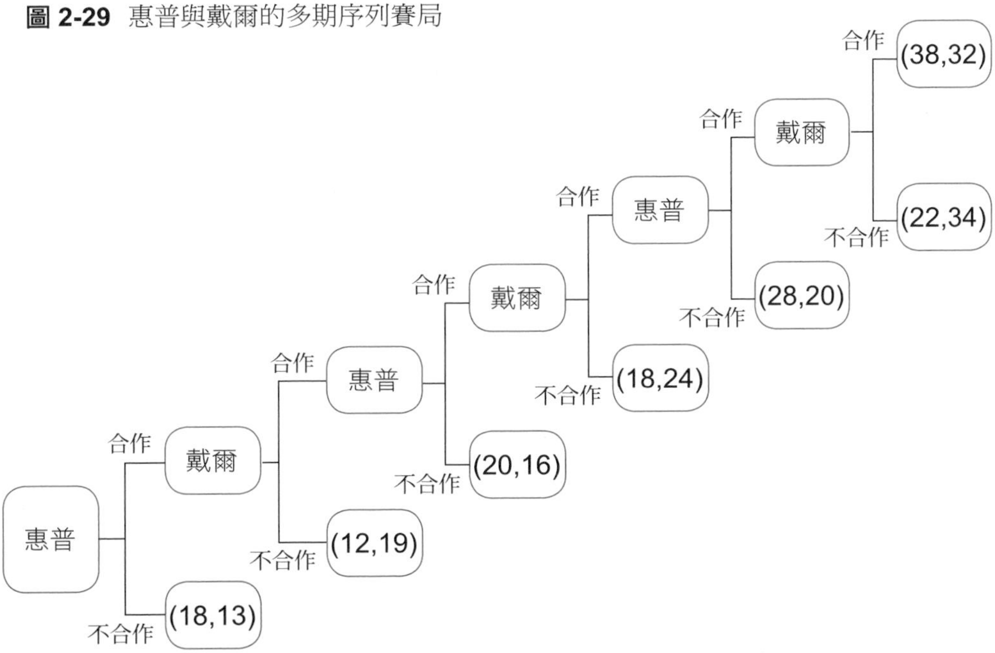

略，也就是會維持目前市佔率，收益18；戴爾的收益為13。或者，採取與戴爾合作的策略，若戴爾選擇不合作，惠普的收益就會降到12，戴爾收益提高為19。所以若惠普採取合作的策略，而戴爾也選擇合作，此賽局最後的 Nash 均衡將是惠普與戴爾可攻下過半的市佔率，此時雙方收益最大，分別是（38，32）。

但如果我們由最後戴爾的策略選擇往前回溯，尋找 Nash 均衡時，讀者將發現在最後一個賽局中，戴爾的最佳策略是選擇不合作，所得收益為34，比合作所得的收益32要高，因此戴爾會選擇不合作。對惠普而言，他的最佳策略也將變為不合作，此時的收益為28，會大於惠普繼續合作但戴爾不合作的收益22。

由此繼續往前推，我們會得到最終的子賽局 Nash 均衡為惠普一開始就採取不合作的策略。所以彼此都不合作維持現狀，是為此賽局的 Nash 均衡，惠普與戴爾的收益為（18，13）。

由分析結果可知，**如同其他多期序列賽局，當合作賽局參加者彼此沒有足夠抵押品作為牽制對方的情況下，合作賽局極容易中途背叛**。依目前惠普與戴爾並未能有彼此牽制品時，此賽局只能走向無效率 Nash 均衡，也就是不合作的策略。除非惠普與戴爾互相持有彼此交叉股份，或是合資另成一家新的桌上型電腦公司，完成合作賽局之下的 Nash 均衡。這也是有些企業（如英代爾）即使在未有財務困難時，為了能繼續維持市場獨佔力，寧可與競爭對手（如美光）合組 IM Flash Technologies 公司，一起生產 Flash 晶片，達成一個合作賽局。

許多成功的企業家大多擁有一種特質，就是在出手前，會耐心地等待，將標的物看仔細、弄清楚，然後像餓虎撲羊一樣，迅速出手，羊就入了虎口。這就是一種善於利用時間落差，做為動態策略操作原則的典型手法。像日月光在二〇一五年利用公開市場操作方式，要直接併購矽品即是。或是在二〇一六年農曆春節前夕，經過近三年漫長的布局和等待，鴻海董事長帶領副總裁及財務長親臨夏普總部，以迅雷不及掩耳的方式，跟夏普達成優先議價併購的協議，都是業界津津樂道的大事。

日月光以約新台幣三百億，從台灣與美國公開市場默默收購矽品股票及存託憑證（ADR）約百分之二十五的矽品股權，成為矽品第一大股東，然後公開宣稱在不影響目前矽品經營團隊之下，希望與矽品合作。這種「暗渡陳倉」的策略讓矽品老董幾乎措手不及，即使矽品試圖以臨時股東會方式引入策略投資夥伴鴻海，或是與聯電等公司合作以投資公司持股方式，試圖穩固經營團隊，甚至用私募百分之三十股份的方式，引入中國大陸紫光集團等策略反擊，企圖阻絕日月光的併吞。但這些策略都被日月光因已成為矽品最大持股單一股東的事實抹滅於無形。日月光的策略反應是以超過一千億的資金直接買入矽品所有股份。讓矽品林董迄今只能任日月光宰割的窘境。這種事前穩健耐心佈局，開始執行後就不善罷甘休的模式，正是企業併購動態賽局的特質。

另外一個利用「事前充分準備，執行時快速有效」的策略達到成功併購的故事，是發生在二〇〇九年十一月的炎洲企業併購亞洲化學案例。當時的亞洲化學因家族兄妹經營權之爭，讓整個公司不僅被市場派控制，而且因為市場派試圖以轉投資方式掏空公司，而被政府下令淪為全額交割股。股票的無量跌停與銀行將董事長質押股票在市場拋售，給了同業炎洲公司收購的契機。

案例 炎洲企業併購亞洲化學

在二〇〇九年十一月三十日，炎洲企業成功入主亞洲化學，被外界認為是我國上市公司敵意併購的成功個案之一。雖然坊間或媒體褒貶不一，但從二〇一〇年的炎洲集團，內部很多的高階主管都來自亞化的實例來看，這場敵意併購應算是一場因家族內鬥與各方角力介入企業經營權搶奪案例。

亞洲化學是由衣復慶先生所創立，後由其兄衣復恩將軍接棒。因第二代子女間的經營權鬥爭，引進了市場派的相關人士（如葉姓及李姓人士等）的進駐，甚至奪取經營權。因亞化這家公司長期注重產品研發，以及人才培育，其主力產品**OPP**膠帶、**PVC**膠帶在全球都有一定程度的佔有率。而且也長期為美商3M代工膠帶產品。公司體質算是相當優良。若非家族經營權之爭，炎洲實在沒有任何機會併購亞化。

亞化因為衣家兄妹經營權之爭，引進了市場派及各方資金作為爭奪股權之用。但因彼此的不信任，一方買股，另一方就賣股。高層間的鬥爭及當時某高階主管與外部建設公司之間約四千七百二十五萬的非法掏空案，也讓企業經營亮起紅燈，股價的下跌就是一個警訊。亞化股票甚至在二〇〇九年二月二十七日被列為全額交割股，常常出現無量跌停的窘境。而當時公司管理階層為要護盤，幾乎將所有股票向銀行質押換現金，又將現金投入護盤（傳聞同時引進黑道人士的資金）。

這種惡性循環給了炎洲李董事長一個很好的機會，就是直接從市場以一股約四元的價格大量收購，幾天之內已成為亞化最大股東。這正是所謂的天時。

另一方面，炎洲李董事長又與亞化前經營者衣治凡先生合作，讓亞化可以達到開臨時股東會的門檻。李董事長用對律師，找到有豐富國際併購經驗的律師團，在律師團的幫忙下，利用綿密的沙盤推演與事前準備，順利地先拿到股東名冊，讓炎洲可以在不須董事會召集的條件下，正式召開臨時股東會。

當然以李董為首的市場派在臨時股東會所展現的實力，也見證李董平日所結交的人脈。加上亞化董事長之職，曾在五個月間更換三次，也嚴重違反了一般上市公司治理的常規，這也讓政府主管機關會答應炎洲李董事長為首的市場派人士，要求召開臨時股東會的因素之一。這就是炎洲併購亞化人和的一面。

由於亞化股東臨時會的順利召開，出席率高達百分之八十二•八一，而炎洲實際持有的亞化股權已超過百分之四十，加上其他如衣治凡等人的股權，炎洲實際可掌握的股權已超過百分之五十，讓炎洲得以掌控所有五席董事和二席監事席位的方式，正式入主資產超過百億的亞洲化學。

亞洲化學就在短短不到三十分鐘的股東會後就被正式併購。亞化快速變天要歸功於炎洲李董事長在開股東臨時會之前的充分準備，譬如如何處理黑道人士介入問題？人員如何順利進入亞洲化學所屬面積廣大的楊梅廠開會？如何站在合法的立場，逐步與既有之經營團隊週旋並召開臨時股東會，入駐董事會？這些問題的解決都充分顯示了炎州李董事長的穩健處事的特質。

亞化併購案是早已落幕了，但亞化也因這次的併購案而復活，當時公司所留下的人才目前仍為炎洲整個集團在打拚。

或許上述兩個案例的主角都沒學過賽局的動態分析，但他們卻將它用到爐火純青的境界，這說明理論與實務是可以互相支援，強化彼此的應用程度。藉由理論我們可將很多案例進行有系統的整合，以及萃取出有用的知識給他人學習或參考。

在軍事戰略或戰術的應用方面，策略的動態更是普遍。像春秋戰國齊國人孫武所著的孫子兵法，可說是最佳的典範。春秋戰國各國家彼此之間的戰事如過江之鯽，像兵法中所介紹的「圍魏救趙」或是孫臏與龐涓的馬陵之役等，都是家喻戶曉的戰爭故事。這些案例告訴我們所謂策略不容易以對或錯來分，反而恰當與否才是重點。

像在二〇一五年很熱門的Apple智慧型手錶，價格並不便宜（兩種錶型價格都超過台幣1萬元），大家都認為這類智慧型手錶的出現，會對瑞士傳統鐘錶工業與法國奢侈品鐘錶產業產生一定程度的威脅。對價格相對較低的

SWATCH 和 FOSSIL 傳統手錶業者，他們選擇推出自己品牌的智慧錶做為回應。像 FOSSIL 和豪雅錶選擇與英特爾和 Google 合作，FOSSIL 的智慧錶搭載英特爾的晶片模組 Curie，以及 Google 的 Android Wear 軟體系統。

但高單價傳統手錶品牌的精品業者，基於產品市場定位的不同，他們會選擇與生產智慧錶業者合作的策略。像在二〇一六年初蘋果錶的錶頭與錶帶的組合超過五十二種，提供了滿足消費者選購具個人特色手錶的需求。像蘋果智慧錶與精品品牌愛馬仕（Hermes）合作，推出三款搭配愛馬仕錶帶的蘋果錶。但愛馬仕錶帶的單獨價格約為六百美元至九百五十美元之間，高於蘋果錶錶頭的價格（約五百美元〈38mm 錶徑款〉或五百五十美元〈42mm 錶徑款〉）。

這種合作方式足以顯見智慧錶的穿戴裝置與附屬周邊的商機，才是傳統精品鐘錶業者在短期的聚焦之處。從愛馬仕智慧型手錶的出現來看，與 Apple 的合作反而為愛馬仕開創另一手錶裝飾（如錶帶）市場的契機。但長期來看，當包括智慧家庭、智慧醫療、智慧車載等環境更加成熟後，這些傳統精品鐘錶業者應該會聚焦在智慧錶的硬體與軟體整合，而非僅在錶帶或其他飾品上做功夫。因此建議讀者在進行策略選擇時，一定要有動態策略的觀念。

此外，建議讀者在學習有關策略管理領域時，在思考時應該要加入動態決策的觀念。譬如國人常用的波特五力分析或是ＳＷＯＴ優劣勢模型，分析企業或產品所面臨的處境。但不論是五力或是ＳＷＯＴ分析，它們只是一種比較靜態的分析方式，注重的是分析的時點或當下所呈現的問題。但事實上這些問題是動態的，在未來可能會變得更嚴重，也可能無疾而終，船過水無痕。現在所認定的機會或優勢，在未來也不一定是機會或優勢。

波特五力分析中的五力包括：

1. 現有競爭者間的競爭；
2. 新進者的威脅；
3. 上游供應商的議價能力；
4. 下游購買者的購買力；
5. 其他替代品與互補品的影響。

SWOT 分析包含四項議題：

1. 強項或優點（Strength，S）
2. 弱點（Weak，W）
3. 機會（Opportunity，O）
4. 威脅（Threat，T）

這些影響企業或產品競爭力的因素，可能隨時間而改變。

第三篇

談判實務的整合

除了正確的分析局勢，採用正確的策略，成功的談判要有確實的執行面來配合。從參與談判者的性格到溝通的工具，都必須詳加考量。

第一章　誰來溝通與談判

近代中國的上海聞人杜月笙曾說過：「做人有三碗麵最難吃：人面、場面、情面。」這句話用在與人溝通及談判時，格外的醒目及令人省思。在本篇中所介紹的各種溝通及談判技巧，可說是琳瑯滿目的工具大集合。若套用中國功夫，也可說是一堆武術套招圖騰。但都必須透過實地演練及修正，才能真正發揮這些技巧的訣竅。尤其當我們進行談判決策，面對上述杜老所講的「人生三碗麵」時，決策要下得適當相當不容易。這也為何杜老如是說：「人活在世上要有兩樣東西：膽識與智慧。」一個人臨機應變的膽識與智慧的能耐，往往會決定了在做困難決策的結果。

因此，建議讀者學了很多的溝通及談判工具後，要不斷地拿來演練，融入日常生活中，才能將各種工具做系統性的整合，運用自如。另一方面，在本篇的第四章中，我試圖利用最近很受歡迎的一本談判書裡面的談判模型，做為實務談判演練的基礎，結果發現到這個由眾多談判個案彙整而成的談判模型，實務操作效果不甚理想。主要的原因無他，就是看似考慮因素很完全的談判模型還是僅適合某些類別的談判。這印證一個事實，談判這種事情無絕對的老師，僅有青出於藍的徒弟或高手。師父請進門，修行在個人，談判的精采及奧妙境界，正是談判最迷人之處。

根據我多年的觀察和學習，一般人溝通和談判的習性和特質，大致可將談判者分成下列五種，但讀者要知道，這些類型都可因對手的不同，同時出現在一場談判或溝通的談判者身上。

一、談判者的類型

（一）任務／功能型

這常見於因為工作或是任務需要，為完成某種使命或是達到特定目標，而必須採用的溝通或談判模式。尤其在一個談判團隊中，每個成員可能因在團隊中是屬主角或配角的地位不同，在談判過程中的角色或功能就會隨之改變。記得美國前國務卿希拉蕊女士在前往中國大陸進行訪問時，因為她是主帥，為完成隔天的談判，前一天晚上應酬結束後，她再怎麼累也要將明日的談判所需文件念完，搞清楚，但又怕房間裡面有監視器，錄下她在房間的一舉一動和所閱讀的文件，只好躲在房間裡自己所搭的小帳棚中閱讀文件，這因為她是談判的主帥，所以她必須保持對於這次談判應有的態度。至於參與談判的幕僚，有些必須一直守在房外，等待希拉蕊女士的召喚，即時做為諮詢、參與討論或是供應她所需的文件。

在本書前段的個案中有關劉邦與項羽之間的鴻門宴，各位讀者可發現在這一場宴會中，因劉邦的角色是主帥，所以處境再多麼危急，即使是項莊舞劍到他面前，劉邦也要處之泰然。面對項羽的高姿態，劉邦也必須刻意「坐南朝北」以示臣尊君王之意。劉邦這一方的其他人士如張良、樊噲、項伯等人則各司其職，相互搭配，才能完美地讓一場鴻門宴成為劉邦的逃生門。

（二）心機型

這種類型的特徵是常用各種方式掩飾自己可能透露的訊息與談判目的，這種人經常是城府較深，不到最後關頭不輕易顯示自己偏好或目的。像在中國歷代官場上的人事鬥爭，屢見不鮮。有些人在回應對方的訴求時，常會用「可能」、「大概」的字眼，或是常回應時不正眼朝著對方，或一眼也不瞧對方時，這可能就要很小心了。他說「是(yes)」，代表是「可能(could be)」；他說「可能(could be)」，代表是「大概(maybe)」；他說「大概(maybe)」，代表是「否定(no)」，一些術語或話術出自這類的人身上時，對手應當有更保守的認知，在做回應也應更小心。

這種類型的人在談判時，也較會用「試探性」的字眼，測試對手的意圖，且在回答時不易有肯定的回覆。所以面對這類的人，最佳的策略可能是要「臨機應變」，有時虛晃一招，待下次再找關鍵第三者談；但有時單刀直入，可能會有意想不到的收穫。此外，常令人防不勝防的是這類談判者常為達成目的，初期的談判模式可能是扮演媽媽型或爛好人型，但到最終階段時，才轉成任務／功能型或績效型的談判型態。

（三）績效型

這與任務／功能型較類似，但因強調談判效率，所以很多策略的運用原則是以提高效率，或是降低談判成本為主軸。所以，這類型的談判模式常應用在談判的決勝點，相關的策略選擇常出現「單刀直入」、「開門見山」，或是「討債還債」、「聲東擊西」、「裝瘋賣傻」、「互不相讓」等模式。

在坊間常可以看到以塑造績效型談判者的課程，像卡內基訓練是較有名的一種。有時我們也可以看到一些企業（尤其是日、韓企業）會將員工進行軍事化或標準化的禮儀及溝通訓練，這都是為求績效，而進行的員工訓練。目標就是讓進來店裡的消費者，在包君滿意的消費服務及諮詢應對之下，願意掏腰包多買店裡的東西或多消費，達成一次又一次隱性談判或溝通的生意。

（四）媽媽型

這類的溝通談判者較常以主動方式，提供主觀認為對他人最佳的策略，希望達到雙贏的結果。像老師常為扮演這種角色，在學校跟學生進行溝通。但有時我們會看到被嘮叨講了半天的學生，將對方的話左耳進右耳出，我們會發現學生通常是答非所問，或是滿嘴「好」或「是」，但不會真正的實踐自己所下的允諾。此外，像家中的父母親、家族中的長輩或是企業裡的老闆等類的人，在上對下時最容易出現這種談判模式。媽媽型的談判者優點是較無心機，容易以「合作賽局」為出發點，所以溝通或談判效果不佳時，對雙方的影響不會太大。但缺點是談判較無效率或是目標不易全部達成。

（五）爛好人型

這種類型的人很常見，像我們常說這人經常「人云亦云」或是做事毫無主見，也常勸人做事要「無為而治」才不會容易得罪人。這種人談判優點是不用與人「賣弄心機」或是「爾虞我詐」，但缺點是他們不易利用談判與溝通達到更好的收益。但是可能出現「傻人有傻福」或是「吃虧就是佔便宜」的結果。

但在本篇所論述的溝通與談判策略的應用，會比較偏向心機型、任務／功能型和績效型的案例分析。因為對於單純是媽媽型或爛好人型的談判回應策略很簡單，就是秉持「合作」的策略，就可能達到雙贏的結果。留下來的就只剩如何將合作所得到的餅 (pie) 分到皆大歡喜的問題了。

二、談判的類型

對於如何分辨不同類型的談判，美國賓州大學華頓學院的謝爾 (R.Shell) 教授，曾以談判心理學和情境分析為基礎，以一、雙方關係的重要性；二、雙方利害關係的強度為主軸，將談判的類別分成以下四類：

① 平衡考量型：如合夥做生意、商業結盟或企業合併等。

② 關係型：員工招募面談、薪資調整、相親或團隊合作等。

③ 純交易型：如房屋買賣、汽車和土地交易等。

④ 沉默協調型：如雙方開車在十字路口交會、走路交會等。

所以若同時搭配上述五種談判者的類型和四種談判類型，整個談判過程有可能變得較複雜。譬如美國賓州大學華頓管理學院戴蒙 (S.Diamond, 2010) 教授曾以一本：《上完這堂課，世界都會聽你的！》 (Getting More: How to Negotiate to Achieve Your Goals in the Real World) 談判學風迷全球。他曾說過因為人是一切談判的重心，所以談判需要一些不一樣的思維。他建議談判參與者應徹底了解人的知覺與溝通模式，如何受到生活背景、文化差異等因素影響後，才能針對不同的談判對手進行說理或是動之以情，然後再運用一套完整且好用的談判工具清單，以及一些談判原則（如交換評價不相等的東西）或技巧（如重新包裝過的語言表達），才能完成一個令人滿意的談判。但從實務談判過程中，我們發現只要參與者可以掌握某些特定原則，然後加上事前演練及較佳的臨場反應，一般都不難達到溝通與談判目標。

戴蒙教授曾說談判三大問題：

（1）我的目標是甚麼？

（2）談判的對象是誰？

（3）怎麼做才能說服他們？

三、溝溝致勝十二法則

針對上述三大問題，這裡我們整理出戴蒙教授所列出的十二種談判技巧，因語譯和生活文化不同的關係，我們做了一些調整及詮釋，讓讀者更容易理解，也可作為談判時參考之用：

①確立目標是談判的首要事。

戴蒙認為談判所做的一切事情都是為了更接近目標。所以不要為了一些你覺得重要的東西而失了焦，譬如為了達成某特定的目標，你可能要慎重控制感情或情緒，以免因小失大。

②要盡量了解對方的立場和想法。

越了解和關心對手越能了解對手的想法，越可能說服對方。

③依不同對象，說之以理和動之以情都是可以嘗試的策略。

人的心理世界是理性和感性所組成，有時候和對方講理效果比不上動之以情，讓對手可以同理心的方式進行決策。

④談判時要同時考慮人、事、時、地、物等因素。
就算是相同的談判對象，在早上或下午的想法也可能因外在事物的影響而改變。所以談判不能只利用一種技巧或原則貫穿全程。仔細觀察、隨機應變才能應付善變的談判局勢。

⑤耐著性子，循序漸進常是一種好對策
這準則易陷入說易行難的窘境。如何掌握循序漸進的步驟？那裏該停？何時該進？有時一個談判團隊成員，因不同的認知或看法，常讓談判主帥不易拿捏準確。

⑥交易之所以存在是因為雙方可以交換彼此評價不相等的東西
因每個人的價值觀不一樣，所重視的東西也不同。所以若善用雙方重視程度不同的東西進行交換時，成交的可能性會較高。

⑦善於利用對方認定的標準
有時利用對方所秉持的標準來箝制對方，這類似我們祖先常講「以其道還治其人」的觀念。

⑧談判時盡量保持誠實且具建設性時，談判較容易成功。
但我們認為這種態度必須視談判對象的不同而調整，甚至反其道而行。

⑨開誠布公地表述願景，並盡量隨時溝通，降低雙方的歧見。

⑩找出談判受阻的真正問題，然後將問題轉化為機會。
這有點像主動幫對手想解決的方法，間接達到談判的目的。

⑪ 接受或容忍彼此的認知差異，有時是一種讓雙方快速達成共識的好方法。
跨領域的溝通，常會因為認知差異而產生阻礙，如企業裡研究發展部門與行銷業務部門最容易出現溝通問題。這也為何一些大企業會將兩部門的人員互相輪調，讓雙方更容易了解對方的思維及難處，這對一項新產品的開發會產生較有效率的溝通。這也可讓研發或行銷人員對產品客戶的銷售或製造談判更有效率。

⑫ 事前做好談判準備很重要。
譬如參與談判者可事先列出清單並演練，這些清單包括：此次談判的對手特質分析、所需的技巧和工具等，最好每次談判後都要檢討事先所列清單的成效，然後進行修正或調整，為下次談判做好準備。

第二章 初階談判與溝通能力的訓練

一、談判溝通能力可以後天訓練

一般的談判實務經驗顯示，一個好的或有效率的談判與溝通，需要細膩且嚴謹的思考邏輯。雖然這是大家都知道的事，但一個人若在學校教育體系裡沒有養成或學會，到社會工作後，便不容易有機會或足夠的時間學習。所以中高階主管或公司老闆有這方面能耐的，有些是天生異稟，但大部分都是經過自我努力學習後才有這方面的功力。

我在二〇一五年八月與十月受邀負責訓練國內一家大型電信服務企業的各門市店長，在第一次訓練過程當中，我發現絕大部分與會受訓者的表達與溝通能力稍嫌不足，尤其在處理如何提升或激勵員工服務效率、如何讓員工樂在工作當中，或是與績效較差的員工進行溝通等，相關領導統御事務方面，這些店長在現場的模擬過程當中，顯示他們無法完全表達自己心中所想或想要講的話。此外，他們在與員工的對話當時，也不容易確切回應員工的問題。會發生這種現象主要的原因，是大部分的店長在談判與溝通方面，沒有較嚴謹且完整的邏輯思考能力，有時因為不良的溝通，甚至產生與部屬之間的爭執，導致部屬帶著不愉快的心情直接離職。

這些現象的產生，並不是因為公司沒有進行員工訓練所致。一般而言，大部分的公司內部員工訓練，不管是針對基層主管或中高層主管的，所採用的訓練方式不外乎請各領域的專家來進行演講，或是利用公司團體活動做跨部門的整合與溝通。這種方式最為人所詬病的是，演講較偏向於單向的知識傳遞，缺少雙向的互動。至於跨部會的溝通與學習，更常因為國人不願意得罪人、不喜歡就事論事的態度，而打了很大的折扣。

因此，我決定在第二階段訓練課程，在談判與溝通方面給參與者嶄新形式的訓練，這好比原本是「帶魚」給員工享用，轉成為教員工如何「釣魚」的方法。

二、談判訓練的實務

所以在十月的第二次訓練課程中，我首先提出了一個問題：

「在你的店裡身為店長，你如何處理難帶的部屬？」

大部分的參與者的回答有下列三項模式：

①把那些難帶的部屬找來，給他一些激勵的話，然後告訴他若有問題應該可以跟主管溝通。

②請其他表現較好的員工跟較難帶的部屬一起工作，希望利用優秀的員工來影響績效較差員工的工作態度。

③跟這些績效表現較差的員工深談了解主要的問題點在哪裡，希望從問題點下手，幫助這些員工解決問題。

而且大部分的受訓者的回答都相當簡短，不容易讓我完全抓住他們的想法，或是如何操作才能解決我提的問題。

對於這種情況，我首先將上述的問題拆解成下列三個項目：

①在這問句中誰是主詞？主詞是「難帶的員工」。

②誰是形容詞？形容詞是「難帶的」。

③問題點是甚麼？在這句子中問題點是「如何處理」。

從談判與溝通的角度來看，上述的三個項目正是這些店長回答問題的主要切入點。對於難帶的員工這個議題，從實務的操作來看，我們應該可以把所有的部屬分類，譬如我們可以將員工分成以下三類：

①工作積極且表現良好。

②工作積極但表現普通。

③工作不積極且績效表現不佳等三類。

主管應該可以針對第三類的員工下手，利用各種方法提升這類員工的生產效率。所以這些受訓的幹部光是把這三類的員工特質講清楚，就可以完成整個答案的三分之一。

對於「難帶的」這個形容詞，也可以更進一步說明「難帶的特質」以及為何造成「難帶」的原因。譬如這位難帶的員工做事不是很積極且藉故遲到，身為主管應該深切了解其中的原因，這些原因可能包括這個部屬最近的感情問題、家庭問題，甚至個人的生理或心理的問題，了解之後主管才可以對症下藥，依照不同的問題提出對應的策略。

有一位參與受訓的幹部曾說：「他的一位員工原來表現得相當好，後來近日表現奇差，問他問題為何？他也不講，最後辭職離開。」那位店長後來才知道，這位離職的員工是因為一位新加入的員工，對他產生很大的排擠。若店長早知道這種事，若快速了解整個實情就可以把新進的員工進行職位的調整，不再與那位離職的員工共同輪班共事。所以若能從員工為何難帶的原因下手，確切了解主要的原因然後對症下藥，事實上就回答了這個問題三分之二的答案。

最後，對於第三項「問題點的處理」，就是跟上述第二項找到原因以後有直接關係的回應—「對症下藥」。換言之，就是找出正確的溝通語句和方式，讓部屬可以完全知悉上司的想法，然後漸進地調整工作方式達到公司的要求。

綜言之，對於一個問題的完整回答，只要依照上述類似的方式將問

圖 3-1　口頭語言表達模式

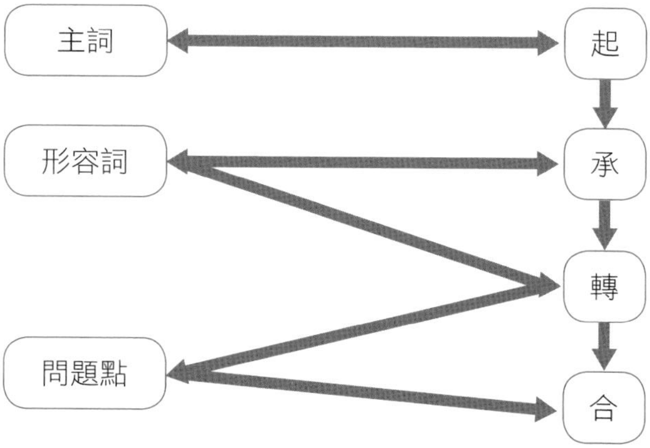

題切割，同時搭配我們平常在撰寫文章的「起承轉合」（圖3-1），我們就可以很流暢的方式回答整個問題。這是在進行溝通與談判過程中，最初階的邏輯與方法論的訓練。

經過上述第二階段的講解，我給與會的成員十至二十分鐘的時間，寫下他們心中所想的答案。起初，我看到所有的學員幾乎都很難下筆，所以我教他們用下列兩種方法來解決問題：

① 先用口頭表達的方式，把心中所想的講過一遍，一遍不行再講第二遍，直到可以完整表達出腦中所想的答案。最後在不考慮文法的前提之下，把它一字一句的寫下來，爾後在進行文辭修改。

② 先用畫圖的方式，把腦中所想的答案，以結構性的圖型來表示他們之間的關係。若可以搭配文字說明那更好。

利用上述兩種方法，大多數的學員都可以在二十分鐘之內寫出他們想要的內容。有人笑說他們這輩子從來沒有這麼快速且完整的寫下心中所想的東西，這次總算如願達成。

在最後一個階段，就是讓所有的學員逐一上台將他所寫的答案跟大家分享。剛開始的情況也是卡卡，但至少比還沒有經過此一完整訓練之前進步很多。但畢竟這些學員都是經過全國篩選出的菁英幹部，只要方法對了，學習效果都會很明顯。所以到學習中段以後，幾乎所有的學員都可以侃侃而談的回答上述的問題。每個問題甚至可以回答超過十分鐘，而不像之前短短三句話就結束。

三、資深工作者的經驗傳承

上述的初階談判與表達的訓練模式，也可以適用於企業中高階主管對於知識或經驗的傳承。我曾經訪問過多家傳統產業的績優廠商，其中一家是目前國內高階機能布的主要供應商，研發能力相當強。在十餘年前，這間公司的董事長洪先生就一直在規畫，如何將在紡織與染整方面的資深員工所累積的知識與經驗，進行整合與經驗傳承。因為這些資深員工無法將其經驗順利地表達出來，老董事長因此聘用一位專任祕書，每星期利用兩個半天陪在這些資深員工旁邊，利用資深員工之間的腦力激盪，逐步地將他們的知識與經驗寫成報告，作為公司技術經驗累積的重要資源。但經過接近半年的操作，那些資深員工的反應是寧可到線上工作，也不願意坐在祕書旁邊進行知識與經驗的傳承，以致整體經驗傳承效果打了很大的折扣。之所以會有此現象，主要原因有二，一就是出在這些資深員工的邏輯整合與口頭表達能力較弱，無法將寶貴的經驗進行傳承；二是一些經驗是屬於符碼化（not digitalized）不容易用文字來表達。

事實上，這種情況普遍發生在台灣各企業當中，譬如像某國際最大的3C產品組裝廠商的老闆，他有很豐富的企業經營經驗，以及很多的創新點子，但常苦於他週遭的部屬不容易吸收他的經驗或是了解他的想法，而造成老闆相當無奈。這種溝通不良的現象，不是因為員工不聰明或跟不上潮流，而是老闆本身在做知識的創新與經驗傳承的過程當中，不容易完整且平實的表達，讓員工完全了解他的想法。所以，他的做法就是要求幕僚人員將他所講的話，一字一句做成紀錄，然後丟給員工進行揣摩，甚至背誦。這種規範員工要詳記老闆想法的模式，在國內科技業也屢見不鮮。但從以上的推論就知道，這種方式效果不佳。

若這些經驗豐富的老闆，能夠較有系統地整合他們的知識與經驗，對於企業本身和社會，應該會有很大的助益。

第三章 讓談判順利達成目標的五個原則

賽局可視為一種方法論，利用一套嚴謹的論述建立策略，以及策略分析與應用。而談判是基於實務需要，建立很多的技術性原則和技巧性應用。因此，兩者之間有著很明顯的互補關係，或可視賽局為談判的骨架；談判是賽局的內涵，兩者的整合可建立更完整的談判理論基礎和應用。

一般而言，一個談判賽局可能包含下列九項要素：

①誰是參與者；

②參與者的數目；

③參與者的特徵；

④賽局的規則；

⑤賽局是屬靜態還是動態；

⑥參與者間訊息的分布特徵；

⑦參與者的目標；

⑧參與者可選擇的策略組合（包含主要方案與替代方案）；

⑨對事件發生的主觀機率判斷，會受情境影響而改變。

在下文中，我們將用案例說明如何利用上述九項要素，來強化談判的能力。

一、傾聽對手發言，並從中找出關鍵

案例 如何達成一個成功的訪談

我因為工作的緣故，在一九九一年自清華大學研究所畢業以後，第一、二年的主要工作就是透過政府的平台，帶領來自全球各地與我國有邦交或沒邦交國的官員，這些官員在他們國家主要是負責中小企業政策規畫及推動的業務。他們來台灣主要是想了解台灣經營加工出口區的特徵，以及學習如何規畫加工出口區。我的工作是負責聯繫所要參訪的工業區及廠商，然後再帶領這些官員進行參觀與訪問。所以兩年下來，我幾乎跑遍了全台灣的加工出口區及科學園區。

在聯繫的過程當中，我吃了很多閉門羹，常常電話一打就被企業接電話的總務人員或公關人員打回票，常見的理由是訪問的時間公司主管無暇招待，或是公司目前不宜招待外賓。雖然我總共前後接了三個訪問團，訪問的廠商也接近二十家，利用在加工出口區辦座談會所邀請的廠商更多。結果也很受當時委託單位的嘉許，說我做了一件很成功的國民外交。但邀請廠商及工業區接受訪問受挫的事，讓我在當時幾乎每天都在思考如何跟這些廠商或加工出口區的承辦人員套好交情，讓我所承接的訪問案子可以順利進行。

我那時候因為沒有學過完整的談判賽局，也無從有系統的規畫整個參訪過程中所需要的程序。為讓整個參訪活動達到賓主盡歡的目的，我記得那時候幾乎都是利用長輩的關係與官方的文件，以及我死纏爛打的低姿態一件一件的完成訪問的工作。

在我二〇〇一年離開這個智庫的時候，也因為工作的性質讓我每年都要接受五至十件的訪談工作。甚至離開智庫到學校教書，我也持續接受智庫或政府的委託，到全省各地的廠商進行訪問。早期的訪談經驗應該說是苦不堪言，到後期，我逐漸可以掌握絕大部分的訪談過程中所需要的技巧，而這些技巧讓我在訪談的過程中認識相當多的產業先進，甚至成為一輩子成長過程中的貴人。

如在二〇〇五年我接受政府的委託案，針對如何提升中部地區的休閒觀光及文化創意產業的競爭力，進行產業分析及提出相關建議。那時我訪問在埔里一家同時經營花卉種苗、餐飲、住宿及觀光複合型的T公司，我打了電話過去向他們祕書說我要去訪談企業的老闆。結果他的祕書回答時間點可以，但必須準時到達。在訪問的當天，我提早約二十分鐘到該公司，然後一直等到一點三十分準時進入公司。但當時老闆也還沒出現，只有祕書負責招待，然後向我說老闆只願意給我三十分鐘的訪談時間。我等了約十來分鐘，老闆終於出現了，我們就開始坐下來進行訪談，老闆也當面跟我講只有三十分鐘可以聊。但在整個訪問過程當中，我發現這位老闆很有原則，是一個知識很豐富且專業的企業家，所以心想多花點時間跟他聊，多學一些與經營相關的知識。

在整個訪談過程中，我用了很多技巧（這些技巧在下文中我們會做更完整的論述），而結果是老闆不僅主動邀請我去他私人的招待所繼續喝咖啡、聊天，最後連晚餐也在他的招待所享用，吃的是特有的花卉餐點，約晚上七點才離開。這次訪談是我多年來收穫最大的一次，往後我與老闆成了好朋友，連後來的計畫也請他掛中區計畫的負責人，而他也做得很好。這幾乎都是受惠於我用了下文所要探討的訪談技巧。

我們可依照上一節所列的九項要素，將上述T公司訪談的內容進行系統化的分析：

① 誰是主要參與者：T公司的C董事長和我。

② 參與者的數目：包括我的助理和公司祕書約4人。

③ 參與者的特徵：C董事長是一位種苗研發和銷售兼具的專業人士，近年來又將事業版圖擴張至餐飲、觀光與住宿。

④ 訪問的談判賽局規則：在雙方都有利可圖的前提下，進行經驗交流。並對於如何整合中部地區觀光休閒產業資源，以及提升國際競爭力，提出建議方案。

⑤ 此一談判賽局是屬於動態賽局。

⑥ 參與者間訊息的分布特徵：訪問之前C 董事長對我的了解只知道我是某國立大學老師，接了政府計畫案要來訪問，他在接受訪問前甚至訪問題目他都沒看。而我在訪談前早已針對T企業的存在到訪談之前的經營模式

（譬如玫瑰種苗育苗能力全台第一；開發全台唯一的花卉全餐）、營收概況及未來規畫（如蓋新飯店）進行了解。此外，我也對C董事長的背景做了研究。

⑦參與者的目標：我的訪談目標是希望C董事長在經過雙方觀念和經驗交流之後，能夠提出具體的建議案。甚至希望日後能有機會再跟C董事長進一步深談。

⑧參與者可選擇的策略組合（包含主要方案與替代方案）：

主要方案：剛開始談時C董預計花三十分鐘就打發我，而我的方案是盡量爭取訪問的時間和可問到的內容。但在開始訪談以後，C董事長的主要方案變成要從我身上獲取更多其他公司的經營經驗和訊息。

替代方案：我的替代方案就是這次訪問若不如預期，下次再找機會透過其他關係，讓C董願意花更多時間接受我的訪問。

⑨對事件發生的主觀機率判斷，會受情境影響而改變：事實上，這就是之前所講過賽局意識的轉變或調整。在整個前段訪問過程中，我採用的策略是「多聽C董講他的豐功偉業」，然後我再「從內容中提出問題和我個人的看法」。這種方式讓他發現我的發言值得他繼續願意跟我談。這就是我藉由談話技巧和內容，逐漸改變C董原先的主觀認知。譬如，他說曾擔任南投縣梅峰T大實驗農場的場長，了解很多種苗的研發理論和種苗培育的實務經驗，但因工作性質的原因，常無法將好的種苗行銷到全台灣。換言之，光有技術沒用，不懂行銷就賺不了錢。所以我就直接問他，是否因為植苗技術太過於依賴人力，而造成不易大規模量產。他說對啦！沒錯，所以他後來自己設計自動化植苗機台和改良原先大家所採用的生產製程，讓他日後所生產的薰衣草苗每盆成本不到新台幣一元。C董發現多年來終於有人懂得他的心聲，他的話匣子也就開始打開了。

跟C董聊了許久後，他就帶我到他的私人接待處，一棵大樟樹下，旁邊一台餐車供應我們甜點和飲料。就這樣兩人就自己的經驗和資訊做充分交流，我還是維持一貫的策略：先多聽後再提意見，只是此時我講的內容與原則有二：

① 盡量讓他感覺我所講的內容對他經營事業有幫助。

② 盡量讓討論議題不太偏離我想知道的內容。

換言之，就是讓他感覺大樹下喝咖啡言歡是一種雙贏的合作賽局。

整個下午，我主要訪談的目標：了解C董對於中部地區休閒旅遊業整合的看法及建議，這些內容遠遠超過我原先的預期，而我也將近十餘年來所訪談的一些經驗與C董分享。後來C董招待我品嘗他們剛開發的花卉餐，也讓我見識到C董對花的了解，已經不只是種苗的研發、育苗和花卉的買賣，而且將中國傳統的花卉餐飲更多元化。後來C董邀我在下次參訪的時候，可以到他們公司的種苗場，親自體驗植苗自動化的過程。

訪問C董只是個個案，其實所謂的談判賽局，應該只有原則，而沒有一定的程序或標準。能不能談得成，有時候當事人的臨機應變及判斷，反而更為重要。

二、確定談判目標，找出關鍵第三人

在談判過程中，事先擬定合理且可能達成的目標相當重要。譬如希望得到對方多少允諾，我方要給多少讓步或允諾，最好是有事前的規畫。所以事前的沙盤推演，情境分析和保守或樂觀結果的估計，最好都應放在評估的內容當中。

此外，如何找到談判的關鍵第三人可能是影響談判結局的關鍵因素之一，這種觀念與合作賽局中所談的「聯盟」觀念相近。像小孩與小孩之間爭吵後，被欺負的一方很容易找上父母親或長輩「主持公道」，希望幫他們拿回失去的東西，或希望阻止對方小朋友繼續做出不利自己的動作。這是人的常情，也是一種自然反應，只是當身處在更複雜的環境中，常將這種本能遺忘或安逸太久不知如何使用。像在國與國之間的政治或經貿談判，雙方都會制訂一些目標，甚至先將目標告訴對方，然後再透過多次的協商，逐漸向雙方所訂的目標前進。

關鍵第三人不一定只有一人，有時是很多人或是一個團體。像政治人物在鬥爭過程中，常會利用「放話」的策略，將媒體當成關鍵第三人，企圖讓一些議題在訴諸公眾之後，更好執行或是尋找反敗為勝的機會。譬如在二〇一五年初所制定的課徵證所稅之事，立法委員就很善於利用媒體和股市表現，逼迫行政部門就範，好讓立法院不在社會公平正義的前提下，在二〇一五年底再度將證所稅廢除。

在下文中，我將引述一個我親自參與談判，並成功找到關鍵第三者，讓他親自出面參與談判，讓一個近於破局的談判重新恢復協商，最後順利完成談判，雙方皆大歡喜的結局。

案例 如何將已破之賽局重新恢復，並完成目標——與X建設公司談公設移轉

我在二〇一〇年買了一戶房子，在一次社區大會中，才知道社區管委會一直無法跟建設公司完成公共設施點交和移轉的事。而且建設公司常以公共設施尚未點交為理由，拒絕一些公設的維修或增建。如新北市政府消防局要求社區，規畫重建可供小型消防車進入社區走道的大門，建設公司就一直拖延，不願動工，甚至要求管委會要負擔部分工程款。對於一連串的糾紛，讓我主動地要求加入管委會，並說服管委會讓我有機會和建設公司重啟談判之門。

在進入管委會後，我開始了解到前兩任的主委一直利用公設點交為誘餌，半強迫建設公司和工地主任幫他們做一些屬於私宅修繕的服務，像草坪的改建就花了建設公司約四十萬的經費，事後我才知道，建設公司的相關人士還因此在開會時被董事長點名檢討。

所以經過幾次與社區管委會交手後，建設公司談判姿態轉硬，要求任何與社區公設有關的增修或修理，都必須管委會行文建設公司，載明在修建完成後願意與公設點交一起進行，否則不再負責社區公設維修。換言之，就是建設公司不想再玩這種無具體承諾的賽局，他們也將社區公設基金提撥至新北市建設局，等日後社區驗收公設後，再直接向市府申請領回。沒有基金很不利於社區的正常運作，對社區百害無一利，但對建設公司毫無損失，所以建設公司這麼做也合乎常理。

在經過管委會授權後，我請教工地主任如何解決公設驗收的問題，也請教保全總幹事以了解近三年來的糾紛過程，

結果我發現工地主任無法決定很多事，都是藉由層層上報的方式，等待公司的指示。但他依稀知道誰是公司社區公設驗收的主要決策者，只是他不知聯絡的方式。所以我就透過以前賣房子的小姐知道那位副總的聯絡電話，並與他連繫上。從他的談話口氣，好像不具任何喜悅和期待，要談就來談吧，可能他認為又一個「騙子」要來騙屬於自己私宅維修的經費了。

在尚未進入建設公司跟那位副總談判之前，我已初步擬好整個談判可能程序和策略：

① 先聽他講、聽他抱怨，說越多越好。此方式的目標是增加我的判斷訊息，有助於提升我決策的準確度。

② 先聊私事，不聊公事。這除了想卸掉對方心防外，主要是想了解這位副總的個性和談判特質。他是一位很重視家庭生活，很喜歡小孩，也是位講求實事求事的人，不喜拐彎抹角。

③ 與他分享我的家庭私事和工作態度。讓他知悉我不是來騙的，而是真心想來解決事情的人。

④ 不會一次就談完，留一些空間給對方思考下一步如何做退讓，或釋出籌碼，讓我或管委會願意退一步，順利達成雙贏。像我就直接提出除原先九項公共設施外，希望公司能增加兩項設施，一是防盜網；二是社區夜間照明系統。這一定要留一些時間給建設公司評估和決策。

⑤ 一定要帶回建設公司的一些允諾，作為說服管委會讓步的籌碼。

在跟副總談話過程中，我了解到他曾經去過比利時魯汶大學留學，獲得碩士學位，他的夫人也在桃園一間大學擔任副教授。他一直跟我抱怨前兩任主委一直利用公共設施移轉為誘餌，要求建設公司幫他們的私宅修東修西，到後來公司實在不堪其擾，決定不再與我們社區管委會進行公設點交的工作。而我也順便提出他們公司在我們社區的某些公共工程的管線，的確不符合原先建設公司承諾的材料，說穿了就是為了減少成本而偷料。對此，他答應請工地主任再次前往確認（事後工地主任也確認社區消防排水管已更換為塑膠材質，而非原先承諾的金屬材質），並在下次協商時討論。

經過約一小時的閒聊，我們聊得很痛快，我也邀請他來我所任教的學校念博士班。討論完原先的九項公共設施，他認為其中一項牽扯到台電輸電系統，建設公司沒有能力，也不宜更換位置而作罷。但我另外加上兩項新的公共設施內容，其中包括防盜網及夜間照明系統，副總都欣然答應，願意替社區免費建置，這是第一次的協商結果。

對於第二次的協商，我也如往例到他們公司拜訪，此次他竟然在一樓的大廳歡迎我，兩人有說有笑的直接到他的副總辦公室喝咖啡、聊天，這種待遇是與第一次協商時完全不同。在這次協商中，我們兩個很快地將整個公設施工和驗收的時點安排完成。而且，最重要的是完成管委會和建設公司公設點交往返公文的內容，管委會同意每完成一項公設就進行驗收與點交，直到最後一項公設完成，而建設公司退一步同意在收到管委會公文後，相信管委會一定會執行驗收與點交工作而先行動工。

整個公設建置、驗收與點交經過近六個月就完成，管委會順利拿到建設公司所撥的建設基金，建設公司也如釋重負的完成一個建案銷售與結案，達到雙贏的局面。對於這個案件，若非當時我找上關鍵的第三人，努力地與他重建信賴的關係，管委會與建設公司的爭執恐怕永無寧日。

三、放長線釣大魚

案例 如何將難纏的對手成為合作的對象：

H企業與台北市某國立T科大的產學合作和學生實習計畫

H企業是一家全球泛桌上型電腦、筆記型電腦和3C產品零組件的領導廠商，二〇一四年年營業額超過新台幣四兆元。這家公司對於人才的培養相當重視，但也因為快速地擴張及國際化，造成人才不足的現象。所以，H企業長年來都與台灣和中國大陸的大學合作，進行人才的培育。

譬如，H企業曾經花費接近新台幣五千萬，資助學生到其集團全球各分支企業進行實習，希望拔擢有國際化能力的青年才俊。因為此計畫不是很成功，而造成H企業近年來少與台灣各大學進行學生實習的產學合作。甚至，有些大學主動向H企業表示想要在產學和學生實習方面合作，也不被H企業接受。像台北市某國立T科技大學，在二〇一四年就曾經向H企業提出合作，但都石沉大海。

我也在二〇一四年中，曾經向H企業提出產學合作的想法，我不僅透過關係與H企業的中高階主管互動，也曾以學校名義邀請H企業高階的人資主管來學校演講。但後來H企業就跟我說明，我們學校相關單位已經提出類似的合作案，所以無法再跟我繼續商談相關的產學合作。這件事情經過一段時間的沉寂，到二〇一五年的第一季末，H企業竟然主動向我提出未來合作的可能方案。他們說因為H企業的總裁一直無法從企業內部得到較具有國際觀及創業概念的人才，希望H企業的人資部門可以從外界直接透過代訓的方式，獲得相關的人才。

對於H企業的要求，我改變以往的作風，不再積極快速提出解決方案，而是跟他們的人資中高階主管頻繁地互動，進一步掌控或瞭解H企業對新進人才的需求。我甚至開始對於他們的新進人才培訓模式，提出個人的想法與建議，說穿了，就是希望以我的專業說服他們T科大有這類的師資與學生，在經過客製化的訓練之後，就可以滿足H企業對這方面人才的需求。此外，我也獲邀去H企業總部進行有關如何培訓學生的演講，而我邀請他們的人資高階主管到T科大的書院進行演講。我會採用這種方式的理由，是希望雙方可以完全了解彼此之間的能耐，而獲得彼此之間的信賴。

這種過程雖然耗費了超過一年半的時間，雙方才順利地進行學生實習與產學合作契約的簽訂，而且是全台灣除了清華大學以外的第二間學校。但我認為唯有經過長期的互動與了解，才能增進雙方的互信，這種訊息完全的合作賽局才有繼續延續的可能性，這對H企業與T科大的學生是一種雙贏的均衡。

四、善用良好的溝通工具

在智慧型手機的時代，我們在路上、在車上、在辦公桌上，甚至在開車時候，常會看到一些人邊做事邊滑手機，好像很有效率的在做溝通這件事，但若你問他們整天下來利用手機或其他3C產品，有做好談判或溝通的工作嗎？得到的答案很多是沒有，而且他們常會回答說：「實在很難跟對方溝通，對方也不容易清楚我在講甚麼。」現代人常因為講求效率，而會利用電話、手機或電腦等相關工具做為溝通媒介，不僅沒達到預期的效果，有時還會產生反效果。會造成上述原因主要的理由有三個：

① 因為越在短時間之內要做回應，我們可以獲得對方的相關訊息就越少。

② 另外一方面，因為我們常一邊做事，一邊在做回應或溝通，不容易集中精神做完整的思考。

③ 因為訊息少，加上不容易集中精神思考，所以所做的回應或決策更容易失焦，而提升談判失敗的機率。

所以一個好的談判模式，最好的方式也是最古老的方式，就是面對面的溝通。因為從談判對手的眼神、口氣和肢體語言，我們可以更準確的判斷對手的內心想法，也可以當成臨場反應的重要參考指標。像很多的企業老闆在談重要事情時，經常會以私人聚會的方式，在招待所、隱密的餐廳或是寬闊的高爾夫球場，面對面與對手談正事。所以我們常說打高爾夫談生意，桿數不能太多，不然，技巧不好的話，跟不上一些老闆的洞數，人家是不會等你的，這樣就適

（一）面對面是最好的溝通方式之一

得其反了。一般而言，我們想要表達或傳遞的訊息，一定有一部分是經過非語言的方式傳送，所以只依賴聲音或是書面文字一定會錯失一些訊息。

（二）視訊會議效果也不差

現代人因節省交通成本和工作原因，加上寬頻網路發達，常會以多方視訊會議方式取代面對面溝通，雖然仍會失去部分的訊息，但可說是一種次佳的選擇。另外一種最常用的溝通工具就是電話，從電話中我們唯一可以獲取的訊息是對方講話的內容，以及說話的語調與速度等，完全無法得知對方的臉上表情，也無法看清楚對方的眼神和嘴巴變動的形式。所以相較於視訊會議，電話可以用來進行如時間協調等簡單的事件。因此建議讀者對於重要的事情，若要花較多的時間進行溝通時，最好還是以面對面或視訊會議等方式進行。

（三）Email 和 Line 是溝通或談判的好管道？

在所有溝通方式中，效果排名較後面的就是像電子郵件（Email）、簡訊、臉書，以及現在很普遍的 Line 等這類的電子化訊息的溝通工具，人們會大量依賴這類的溝通方式，主要的理由是方便性和即時性。這些溝通的方式只需要按幾個鍵或用語音錄音就可以達成，賓州大學華頓商學院謝爾教授曾提到用電子郵件作為談判與溝通的管道有下列五項優點：

① 距離的方便性。

② 容易傳達大量的數據。

③ 讓雙方有較多的時間思考下一個策略選擇。

④ 可在短期間之內動員較多可供作為聯盟或合作的對象。

⑤ 對於不擅面對面談判的人，可以降低面對面產生爭執的機會。

上述電子郵件的優點也可適用在簡訊、臉書、Line。只是近年來由於行動電話越來越發達，利用手機傳送簡訊，以及利用臉書或 Line 或做為溝通的工具，已比利用電腦更為普遍。臉書的重點在於社群的互動，訊息的流通較偏於單向公告的方式進行，功能反較像簡訊，所以用於溝通或談判的功能較弱。相對於電子郵件和臉書，Line 之所以會越來越普遍，主要的理由是 Line 有下列三項優點：

① Line 增加了群組多方對話的功能，在這群組裡面因為對方彼此的了解程度較高，譬如說大家彼此瞭解對方的生活背景、興趣、家庭、工作等訊息，這些訊息都有助於個人或團體在群組內的溝通與協調，所以就很容易達到協議。

② Line 因為免費提供大量的貼圖給全球的讀者，讓使用者可以更細膩的使用貼圖，來表達他們內心的看法或想法。雖然我們還是看不到當事人的肢體語言，但這些靜態或動態的貼圖已能提供部分的訊息，這也有助於雙方的溝通。

③ 語音傳遞的功能必須依賴語音識別系統，以及功能複雜且儲存能力強大的資料庫。這是語音傳遞會先出現在智慧型行動電話而非電腦的主要理由。所以如果使用者可以同時善用語音傳遞、貼圖，以及群組的功能，Line 在溝通與協調方面的能耐，應該可以提升到類似視訊會議的位階。

可是 Line 跟電子郵件都同樣出現下列四項的缺點：

① 若不小心誤觸點擊就出現收不回來的窘境。我常看到很多人因為這個功能而仰天長嘯或嘆氣說完蛋了，怎麼可以把這訊息傳出去呢，但事實是「真的回不來了」。

② 因為 Line 提供了群組的功能，讓不同的群組之間可以透過電子訊息來進行溝通或談判，但因為無法當場判斷對方的肢體語言，而很容易出現兩極化的結果。結果可能是很快就做成決議，另一方面也可能造成莫大的糾紛，尤其是對方在缺乏對社群群組的認同感，或是有故意找碴的心態時，這個談判就很容易因個人的特質或偏好而破裂。

③ Line 跟電子郵件一樣獲得訊息很快，可是也可能因為回應時間較無限制，所以對方的延遲回應可能會引起雙方不必要的誤解或糾紛，增加了協商的困難度。

④ Line 因為擅用群組的方式進行互動，在群組間的溝通模式有其優點，但若雙方是來自不同的群組，就容易提高將雙方的談判陷入僵局的風險。可洛欽 (R.Korobkin,2002) 教授曾經針對利用電子郵件談判做出研究，他發現若雙方只知道對方的姓名和電子郵件地址，其談判成功的機率會遠低於談判者瞭解對方的照片、興趣、家庭背景、工作等訊息較多的組別。對 Line 而言也有類似的風險，群組差異性越高的成員，彼此之間的談判成功的機率可能越低，甚至引發更大的糾紛。這也許是當初開發出 Line 這種功能的工程師或企業始料未及的。

綜合言之，像電子郵件、簡訊、臉書和 Line 這種溝通工具，很可能造成人與人之間感情的疏離、人際關係的糾紛，甚至退化了人類對於感情的豐富程度。所以我們可以得到以下的結論：「以溝通效果來看，面對面溝通比視訊會議好；視訊會議比電話好；Line 也比電話好；電話又比 Email 及臉書好；e-mail 和臉書又比簡訊好」。

案例 中高階主管為何需要祕書

依照上述的各種溝通的方式，我們就可以了解為何企業高階主管，或官方在溝通重要事情，最常利用的是面對面的方式。但若這些中高階主管因為時間太忙，而無法耗費大量時間處理一些較不重要的溝通跟協調時，他們就必須依賴他們的祕書進行處理，這是祕書存在的第一項功能。祕書所扮演的第二項功能，是可以作為主管針對不同型態電子郵件做出反應的緩衝角色。所以我們說一位好的祕書或助理，他們可以在主管看到電子郵件火冒三丈時候，扮演緩衝的角色，勸阻主管暫時先別回應，等待心情平復以後再做決定。

我有位朋友是跨國電子代工廠的高階主管，因為有位善解人意的好祕書，而化解了與客戶不必要的糾紛。他在一次處理國外的客戶退貨事件中，因為看到對方以電子郵件要求退掉原先的訂貨而大動肝火，本想直接回覆對方說一切按照合約走，不然公司將要提起訴訟要求損失賠償。但他的祕書建議他先按兵不動，先瞭解目前工廠對訂單的處理進度再說。

這位高階主管發現該筆訂單才剛開始排線生產，若及時抽換對公司損失不大。這位主管就決定先停止生產，然後再瞭解對方為何要取消訂單。事後，公司才發現之前送到對方的產品樣本有瑕疵。這不僅讓該公司繼續維持跟對方的良好關係，而且也安然處理掉退貨的問題。有這種結果應該感謝這位高階主管的祕書的建議，在當下扮演良好的緩衝角色。

五、建構完整推論與沙盤推演，強化臨場反應

對於這個原則，我們可以用霹靂布袋戲的布局來詮釋。如下所顯示的霹靂布袋戲人生賽局，我們可以發現一齣布袋戲裡面的主角與主要配角的數目僅有十餘位而已，但我們發現經過劇情編劇的巧思，整個布袋戲的故事變得複雜卻有序。但之所以變得複雜，主要是因為編劇把主要的故事拆分成幾個子故事，而這些子故事，彼此之間會利用主角或配角之間的對調，而產生系統性的結合。

參照圖3-2，一個主故事是由四個子故事組合而成，各子故事開始時，因都是配角在玩，以致找不到好的解決之道（無解），但在加入素還真或是一頁書的主角之後，各子故事變得有解決方法了（有解），到最後四個子故事又很有系統地連結在一起，每個子故事都有解，整個主故事的均衡解不難獲得。

若將這種布袋戲的編劇模式，套用到我們一般人的生活與工作當中，是一種很恰當的譬喻或圖騰。譬如，我們在家庭的日常生活中，可能扮演是屬於類似素還真或一頁書主角的角色，因為很多的資源與訊息都在身為父母的掌控當中，所以小孩子之間的爭吵或是親子之間的互動，若父母親的策略選擇得當，就可以將很多的紛爭排除，而且可以明顯地強化親子之間的感情和家庭成員之間的融洽程度。

但當我們離開家庭到工作場合後，大部分的工作時間所扮演的角色多是屬於配角，而企業老闆扮演的角色就比較像主角。在此情況之下，大部分的工作者，就不容易從工作中獲取很高的成

圖 3-2 布袋戲的人生賽局

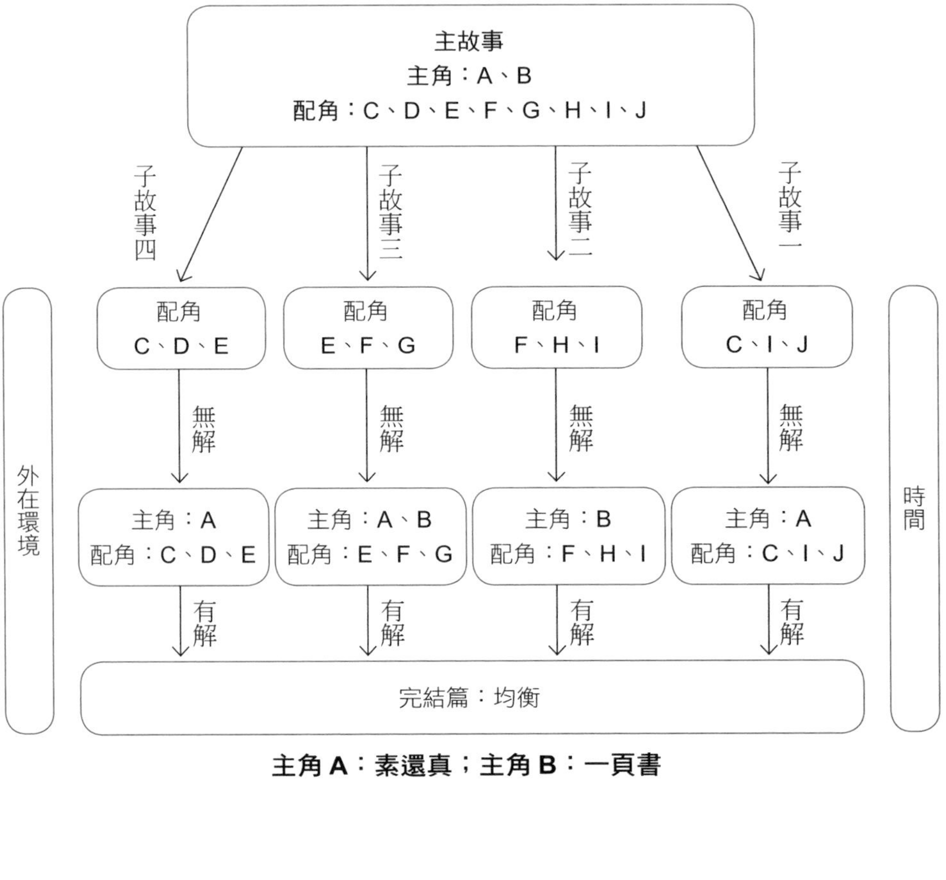

主角A：素還真；主角B：一頁書

就感，甚至產生相當程度的沮喪。所以，在職場上面對工作的挑戰，若想要有較高的成就，遇到挑戰能夠見招拆招、如魚得水，就必須要有詳盡的規畫，或是利用沙盤推演建立起人生職場工作的藍圖。

國內一家從事膠帶與薄膜生產的上市公司的董事長，他是經過三十多年的奮鬥，從一個騎著摩托車送貨的小老闆，到年營業額接近新台幣三百億的企業家。在他整個奮鬥過程當中，我們發現他即使在從事最艱苦的送貨過程中，也會試著用很有系統的規畫方式，讓他的客戶了解到他的貨品，不僅快速、準時而且完整，所以客戶都很信賴他的送貨服務。

這位老闆因為利用這種經營模式，建構他在台灣整個膠帶的行銷體系。他曾經這樣說過，為了讓客戶一次完整地收到所有的送貨訂單，他可以騎著摩托車一趟又一趟地載送到對方公司的一樓，並拿著菸請對方公司的保全代為看管，然後等到所有的貨都送到對方公司一樓的時候，他才上樓與對方公司說明所有貨都已經到齊，甚至讓公司以為他是用貨車一次載貨到達的。這不是打臉充胖子的策略，而是讓對方一次就可以驗完貨，為對方省下時間成本，就可能提升下次再給訂單的可能性，經過一次又一次的交易，雙方就容易建立信賴的關係，訂單才會更穩。

所以套用布袋戲的劇本，我們可以用「你是凡人，不是一頁書或是素還真，在你面對『世事如棋』的世界，以及『乾坤莫測』的未來，只要懂得『談判與溝通』的賽局應用，你仍可以『笑盡英雄』從容地面對人生。」來說明談判賽局的好處。

對於談判，本章引用戴蒙 (S. Diamond,2010) 教授的四象限談判模式 (four-quadrant negotiation model)，作為談判個案的分析基礎。雖然圖 3-3 是戴蒙教授針對各種談判案例的收斂或是綜合性的因素彙整，但他的著作也未曾利用此圖進行實務操作。在本章中，我們試圖用戴蒙教授的四象限談判模式進行實務談判演練，並同時融合實務個案，讀者會發現戴蒙教授的四象限談判模式有其優點和侷限性。

其優點主要是有個因素彙整表，讓參與談判的人有依據可循；主要局限性是四象限模型，無法具體地呈現不同型態談判技巧的交叉使用規則。有時談判模式裡面所列的因素，也不盡然適用於每個個案，這對實務操作者而言，會變得有點棘手，因為要逐步地挑選，可以適用的變數或標準。所以對於四象限談判模式，初學者只能照本宣科地學習，並不容易完全發揮原有的談判效果。

從四象限談判模式，我們可以發現該模型有下列八項重點：

① 談判技巧（如循序漸進、因地制宜、動之以情、透明化、接納彼此差異）是影響談判成功與否的重要因素之一。

② 交換評價不相等物件的機制，是促成雙方合作或是建構合作賽局的原動力。

③ 情境分析可有效地降低決策的不確定性，或是減輕訊息不完全的問題。

④ 知悉誰是主要決策者，或是影響談判者的背後第三者是很重要的事。

⑤ 對於對手非理性行為或策略，如何處理或回應？

⑥ 利用行為心理學，可更細緻化談判者的類別。

⑦ 談判時間的控制與管理可有效提升談判效率。

⑧ 強調文化、生活與教育背景等因素對談判者的影響，補強賽局在談判實務的應用。

圖 3-3　四象限談判模式 (S. Diamond, 2010)

第一象限　問題與目標

1. 短、中、長期目標
2. 為達成目標所必須面對的問題為何？
3. 誰是當事人／第三方參與者
4. 若無法達成協議，最壞狀況為何？
5. 事前準備

第二象限　分析情境

1. 談判者的需求與利益
2. 知覺 (perceptions) 印象
3. 談判者的溝通風格
4. 談判的標準與規範
5. 重新檢視目標

第三象限
選項與降低風險

1. 腦力激盪
2. 循序漸進，降低談判風險
3. 誰是第三方
4. 表列 (framing) 談判願景和問題
5. 替代方案 (Alternatives)

第四象限　行動

1. 最佳選項與優先要務為何？
2. 誰是談判參與者？
3. 談判流程
4. 承諾與誘因
5. 談判完成之後續工作

案例 如何進行房屋買賣

對於一椿房屋買賣，因為牽扯到買方與賣方立場的不同，因此戴蒙教授的四象限談判模式就會衍生出買方和賣方兩個類別。因此，在下文中，我們將買方及賣方要考慮的因素分成兩大類別，依照四象限的模型，我們可以羅列出比目前市面上任何仲介房屋機構所能列出更為精細的項目。

在第一象限內容主題是確認目標與要解決的問題，所以我們要思考目標為何？然後為了達成目標我們可能會遭遇哪些問題？若無法解決問題或達成協議，最糟糕的情況是如何？在談判過程中，誰是主要的當事人？針對上述的問題，我們準備的訊息充分的程度有多高？依照這五項問題，我們就可以針對房屋買賣的買方與賣方所必須思考的內容逐一羅列。

對買方而言，他可能把買房的目標分割成短期目標與長期目標，在短期之間主要是努力看房子、收集更多的資訊，好做為日後商談房屋價格的籌碼；而其長期目標可能會放在找到認為最適的房屋，經過協商談判後購買，並與建商維持長期良好的關係，希望日後有較佳的售後服務。

但對賣方而言，其目標就變得簡單很多，只要在可接受的最低價格以上就將房屋賣出。所以從目標的不同，我們就可以看出房屋買賣的個案，買方所要思考與解決的問題，可能遠比賣方來得複雜，買方的決策也必須更謹慎。所以買方在訊息的準備方面必須更加充分，針對一個房屋買方，不僅要了解賣方的主要當事人是誰，而且要透過類似實價登錄資料和附近類似房屋網路買賣等管道，了解更多房屋價格的訊息。買方也可以多看房屋，瞭解房屋周邊環境、生活機能，甚至晴天或雨天時的房屋狀況等，都是可充分增加房屋價格判斷的訊息。以下我們將買賣方所有可能面臨的問題，以及所必須討論的可能方案和訊息完全列出，讓讀者可以作為在買賣房屋時參考。

第一象限：目標和問題

1．目標

（1）買方目標：

①「短期目標」：經過一次次的看屋，如在各種天氣情況都前去看屋，看的越仔細越好，希望蒐集更多的資訊，做為日後商談房屋價格的籌碼。

②「長期目標」：用自己認定最划算的價格購買房子，並且在談判過程中保持與建設公司的良好關係，日後房子若有狀況時，有較佳的售後服務。

（2）賣方目標：以建設公司可接受最低價格以上的水準，賣出房屋。

2．問題

（1）買方的可能問題：

Q1：自備款可能不足，但是又喜歡這間房子，有甚麼方法可以解決此事？

A：爭取較少的頭期款，或是透過建設公司跟合作貸款的銀行爭取較高貸款額度和較優惠的利率。

Q2：若買屋資訊發生不完全且不對稱怎麼辦？

A：多向附近仲介、社區鄰居、工人或是社區警衛打聽消息。另外，增加看房的次數也是一種好方法。

Q3：還有多少類似的空屋可以挑選？

A：盡量了解剩餘空屋的品質，看越多個空屋越能比較出不同房屋的優缺點。譬如頂樓排水系統、高樓層的視野和消防設施、中樓層和低樓層的視野和採光等。

（2）賣方的可能問題：

Q1：顧客會挑房子缺點，想辦法殺價。譬如公設比例是否會太高；公共設施內容；建材問題；房子風水方位；交通的便利性；買生活用品的方便程度等。

A：預先想好各種回應的答案，譬如對於公設比是否太高，應找目前同類型建案的公設比進行比較。

「這印證一句話：要賣房子不難，要將房子賣到好價錢才是一門大學問。」

3．誰是當事者

買方當事人可能是本人、房屋仲介；賣方當事人可能是房仲、建商公司代表、代銷人員等。

4．萬一無法達成協議，最糟糕的情況就是不成交，但有次佳的替代方案？

（1）買方：若買方還想要從敗中復活，可從最小地方讓步做起，譬如可以增購車位的方式，讓對方重新考慮。

（2）賣方：賣方也是可從最小地方讓步做起，譬如可以增購車位減價的方式，或是贈予傢俱、家電用品等，讓對方重新考慮購屋方案。

5．準備

（1）買方：

①透過實價登錄資料、網路等資訊，調查越完善越好。

②多看幾次房屋。觀察了解在晴天和雨天的房屋狀況，以及周邊生活機能（包含交通、商店等）。

③房屋稅金、周邊地價、房價，以及土地產權之持分。

④周邊環境的了解，譬如是否有吵雜不可接受之聲音，細聞是否有不可忍受之氣味，感受氣流或濕度是否可以接受。有時像附近有無加油站、廟宇、墳墓、殯儀館等嫌惡設施都是考慮的因素之一。另外，也有一些人會考慮附近電塔、道路和建築物是否形成路沖、刀壁煞等與風水有關的問題。

⑤準備好情緒，不因情緒牽動理智以至於失去判斷能力。

⑥準備斡旋金以示誠意。

（2）賣方：

①可從強調房屋優點著手，譬如建蔽率不到八十%，日後都更改建可以增加住屋面積。

②交通和採購方便性、學區位置、建築氣派豪華、格局方正、門禁管理、建設公司聲譽佳、緊鄰公園和稀有性等，都是有加分的效果。

在第一象限所列的幾個要完成的步驟，其實是可以做為在建構第二象限情境分析內容的基礎，譬如說當買方在買屋談判過程中所想到的替代方案，就會跟第二象限裡面買方的需求跟利益有關，像買方也許他的目標是希望用最低的價格買下房子，次佳的方案可能是以最低價格往上加碼的價格，買方的利益可能依照他的最佳方案與次佳方案而調整，將省下來的錢作為房屋裝潢或增購車位使用。所以在雙方的談判過程當中，彼此可能會快速地瞭解對方的談判特質，以及知覺印象，尤其在談判進入接近成交階段，買賣雙方更可能以各自設定的價格底線做為談判的標準依據，持續進行討價還價。

類似這種將談判所需的外在環境，以及談判對手可能的策略進行徹底的情境分析，是很有助於在達成談判目標的過程中清楚地「綜觀全局」，而不至於落入對方的談判陷阱之中。以下列舉在房屋談判過程中可能出現的情境，但我們必須強調的，若探討的個案不同或標的物不同，所列舉的情境項目可能必須調整。

第二象限：分析情境

1．雙方的需求和利益：

（1）買方：

①目標：盡可能用最低價格買下房子。

②需求：多省下來的錢也許可以做為裝潢或加購車位。

（2）賣方：

①目標：盡可能用差不多，甚至高於市場行情的價格賣出房子。

②需求：增加賣方利潤。

2．知覺印象：

（1）買方：

①判定賣方的談判者，能夠有多大權力決定房屋價格，或是第三方決定最終結果。

②價格有無彈性。

③賣方可能原是自用住宅，較可能以感情取向方式提出價格策略，這往往較容易解決。

④賣方可能是建商或仲介，較可能以利益取向方式，議價策略可能會更複雜。

⑤對方可能急需用錢，也可能不急，但這都會影響殺價的誘因。

⑥不一定要一次談成，留予思考空間也是一種選擇。

⑦或緩或急，漸漸達成共識。

⑧是否能傾聽我方的需求。

⑨賣方所呈現的信任感，也是一種判斷方式。

（2）賣方：

①買賣雙方開始談判時，可在談話過程中找到共通點，可拉近彼此距離。

②以循序漸進的方式，同步拉近雙方的資訊落差。

③傾聽對方需求。

④價格調整的彈性空間多大。

3．溝通風格：

（1）買方：

①會依據對方性別、服裝、配件、儀容等，判定對方可能的人格特徵和溝通方式。

②是否習慣掌握主動權，有時先發制人是個不錯的策略，所以會在事前盡量的把資訊蒐集完全，試圖讓自己先位居上風。

③雙方是咄咄逼人、溫和漸進，或是以開誠佈公的方式，各自闡述自己的想法與能接受的底線。

④較為保守，但為人親切，不具威脅性，可令人卸下心防，但也可能成為攻擊的目標。

⑤是否會以對方立場設想，體諒對方，盡可能讓溝通方式和諧愉悅，雙方有共識。

⑥比起環境更在意成交價格，希望能迅速進入正題，挑出房屋缺點，以此降低出售價格。

（2）賣方：

①是否會以對方立場設想，體諒對方，盡可能讓溝通方式和諧愉悅，雙方有共識。像努力了解對方購屋動機、家庭狀況，以及曾經購屋經歷等。

②會依據對方性別、服裝、配件、儀容，判定對方可能的人格特徵和溝通方式。

4．標準：

買賣方應該以房屋的價格底線作為談判的標準依據，此外，同一區段的房價、地價、社區機能、公共建設或是房屋附贈品等附加條件，也是可供參考的標準。

5．重新檢視目標：

在經過一系列的談判後，雙方的提案可能遭受對方的挑戰或反對，譬如賣方已直接講明何種價位一定不賣，但他仍以理性的態度條列出這個建案的各種優缺點，逐條討論對房價的影響，買方原先的目標可能就有調整的空間。所以我們可能有下列三項的可能策略選擇：

①重新回到原點，看有無其他突破點可說服對方。

②查看自己所掌握的訊息是否已充分利用，以及準備對於顧客認知缺點的應答方式，再回到雙方皆有利益的情況下完成交易。

③ 重新檢視理想價格，譬如如果賣方願意接受買方所砍到的理想價格，應該是賣方原本的最糟底線還沒到，所以賣方才會答應這個價格。所以買方應該還有議價的空間。

有了第二象限的情境分析，就等於提供了第三象限中策略選擇的良好基礎，所以在第三象限裡面，我們可以看到在策略選擇的過程中可以使用的工具。譬如說如何透過腦力激盪激發出更多可達成目標，同時可降低風險的策略。所以在實務操作上，買房子的一方可能會利用賣方的標準來交換彼此價值不相等的東西。在房屋買賣的行業裡我們常可以看到買方買了房屋，賣方可能附贈裝潢、廚具，甚至車位折價等策略，因為這些可供贈送或折價的產品，對賣方而言，可視為已投入的成本或是成本不高的物件，但對買方而言，其價值可能相當高。

此外，買賣雙方也可能會利用溫情攻勢，或是找關鍵第三人來進行議價。像我的一位好友在下單購買兩棟別墅之後，也邀我前去看屋，我也買了一棟，在協商價格的階段，我好友突然向建商提出，是因為她的口碑促銷才讓我來這裡買房子，所以她希望建商可以給她更優惠的折價，而建商也爽快的答應。而我要求建商給我同樣的待遇，建商也答應了。這就是典型的找出關鍵第三人成功壓低買房價格的策略，我們兩人買的別墅就這樣每間折價了新台幣五十萬元。

第三象限：選項與降低風險

1. 腦力激盪，發想出更多可以達成目標且降低風險的策略：

買賣雙方：

① 善於運用對方的標準來交換價值不相等的東西，像房屋附贈物或裝潢，都可以原價折一半賣出，甚至免費贈送。

② 利用溫情攻勢或弱勢策略，謀取更多議價空間。

③ 數字會說話，舉出更多能夠說服對方之數字。如建商購買土地原始地價不高、房屋建築費用、建築材料、社區管理費、室內粉刷和產權移交稅金等，都可能是議題之一。

2．循序漸進降低風險

如何循序漸進慢慢靠近目標，這種方式可降低談判破裂的風險。像目前各家房仲業服務費皆不明，從百分之二到百分之六都有，或許可從此處下手，其步驟包括：

（1）買方：

①賣方若為仲介或代銷業者，可先告訴買家此銷售案服務費是百分之六，再與建商交涉，從中賺取利潤，也讓自己可接受價格更具彈性。

②稍微提高自己的底線，讓雙方的議價範圍再稍微縮小一點。

（2）賣方：

①直接攤牌告訴買方自己能賺取的所有利潤，再從中找出共識和雙方可接受的好價格。

②讓經理出來解決，讓買方了解這一來一往的價差中房仲業的困難處。

③告知買家無法再降價，但能用家具優惠等取代，再與合作的家具商協商謀取利潤。

3．製造願景，規畫問題：

（1）買方：

①在外部因素方面，可針對政府打房政策、房屋折舊率（若是成屋）和房貸利率趨勢等進行討論，降低買房的價格和風險。

②在內部因素方面，應讓對方知道若房屋成交，會帶給對方好的外部性，譬如介紹其他朋友來買，或是幫對方做口碑行銷，讓更多人知道賣方是個賣屋好夥伴。

（2）賣方：可告知買方未來房屋週遭的公共設施完工後帶來的正向影響，像國中小學的增設讓附近學區更完整、公園預定地、捷運、鐵路地下化、鄰近工廠搬離、防災設施等，都是願景規畫的好素材。

第四象限內容是以行動為主軸，從第三象限的策略中，選擇最佳的策略，利用完整的流程規畫，最好是可轉成對方的允諾，讓我方的收益達到最大。我住的社區有一位國內最大水晶飾品代理商，當初看上此社區別墅建案，他在預售屋的階段，就直接找建商的董事長商談買房子的事。雙方本來也是為了房屋價格談了好幾次，在他已摸清楚建商的土地成本以後，直接向那位董事長出價，一次買四戶，而且一次付清。他出價是每棟一千萬，幾乎是當時預售屋成交價的八折，結果是成交。像這種單刀直入式的談判買賣，直接跳過第一象限，從第三象限快速進入第四象限的出招或行動，就是利用「快、狠、準」的模式達成交易。

第四象限：行動

1．最佳選項或優先要務：

（1）買方：

①找到熟識的人或關鍵第三方，或是已購買附近房子或有購屋經驗的親朋好友提供買方協助。

②能夠一次付清。

③迫使對方說出底價。

（2）賣方：

①限定可選擇的產品數目，提升產品的稀少性（像捷運宅）或絕對性（景觀宅）。

②迫使對方說出底價。

③保持對方有繼續議價的意願。

2．排除可能破壞交易的因素：

這些影響或破壞交易的因素可能包括下列兩項：

①不良的建商、仲介可能會因態度或風格破壞交易。

②有其他買家或賣家同時間也在考慮這筆交易。

3．完整談判流程的規畫：

（1）買方：

①有無購買期限壓力，若有須先規畫買入期限。

②可先表明購屋意願。

③先說明自身難處（像說明無足夠資金）。

④買方可針對房子的優點表示讚賞。

⑤買方可針對房子的缺點詢問，逮到機會即可殺價。

⑥若爭論不休則轉移話題或休息。

⑦了解賣方的理想賣價。

⑧思考有何評價不相等的東西可以交換。

⑨成交或再議。

（2）賣方：

①有無賣出期限壓力，若有必須先規畫賣出期限。

②可先表明賣屋意願。

③先說明自身難處（像賣方可說明是代銷，無最後決定權）。

④提出房子的優缺點。
⑤若爭論不休則轉移話題或休息。
⑥了解買方的理想價錢。
⑦思考有何評價不相等的東西可以交換。
⑧成交或再議。

（3）流程運用技巧：
①將上述腦力激盪後的計畫化為行動。
②動之以情，誘之以利，接納彼此差異。
③資訊透明化，讓對方感到交易的誠信。
④思考清晰，知道自己現在所談的內容。
⑤目標明確，不輕易動搖。

4.承諾與誘因：
（1）買方提供的可能承諾或誘因：
①能夠一次付清。
②約定契稅一人付一半、再送十萬元裝潢。
③交付斡旋金，增加對方信任感。
④頭期款付多一點。
（2）賣方承諾與誘因：
①承諾在交屋前會將房屋一切狀況處理妥當。
②降低貸款利率、降低頭期款、送貴重禮品和住宿券等。

5・談判完成後之後續工作

①　議價後賣家與買家立即簽約，買家並繳交訂金。

②　賣家請家具公司立即依照客戶需求下單製作。

③　待交付物完成且滿意後，買家需在一定期限內繳清頭期款。

④　若談判失敗，也可日後再繼續談判。

案例　鬥毆傷害調解賽局

傷害訴訟的調解賽局存在打人與被打或是互毆的雙方，所以很適合利用賽局和四個象限談判模式進行分析。

我有兩位大四的學生L及W，兩人住在一起且在同一家公司打工。因為公司尾牙當晚雙方都喝了一些酒，以至在回家路上發生口角。在回到住宿的地方之後，W同學見L的弟弟E（常來借住）打電玩吵鬧聲太大，而請E放小聲些。可能因口氣不是很好，而引發雙方吵架與推擠。最後產生三人互毆的情況，以至W和E都有掛彩，甚至警察也介入偵辦。W同學不甘被L和E兄弟聯手打人，憤而提告。而E也去驗傷準備提告。

對於此事，因雙方擺明不讓校方學務處介入調停，我只好以導師身分介入，扮演調解人的角色。以下是我依照賽局與四象限模式所規畫出的談判方案，事實證明此方案執行的很成功，在不到四個工作天，讓雙方學生與家長們之間願意和解，當事人不致受到司法傷害罪的影響。

一、目標和問題

1　目標：我的調解目標是雙方和解，至於賠償方式必須視雙方的條件、態度和談判能力而定。

2　為達成目標所必須面對的問題：

問題一：雙方家長的態度，以及當事人是否會聽命於家長的決定。

問題二：雙方所提的賠償金額若差距過大，如何拉近雙方的差距。

問題三：如何在檢方偵結之前，讓雙方達成和解。若進入司法判決程序，和解成本必會擴大，這很不利於雙方繼續談判。所以大家都有時間壓力，但反而有利於雙方快速達成和解。

3 誰是主要決策者？誰是第三參與者？

從兩位同學口中知悉，他們的父親是主要決策者。所以，在和解談判過程中，我必須不斷讓雙方的家長知悉整個過程，以及忠實傳遞對方的訊息，如此才能取得他們的信任及授權。

在我未介入之前，W同學的父親曾經和L同學舅舅以電話談過，但雙方不歡而散。主要原因是L同學舅舅堅持也要提告，希望以告止告的方式，降低對方可以索賠的金額。所以一開始我就鎖定這位可能攪局的關鍵第三者，思考若在談判過程中，真發生他在攪局時，我應採取何種策略降低他的負面影響。

4 若無法和解，最糟狀況就是雙方繼續訴訟：三個年輕人都會有傷害前科或記錄，形成雙輸的結局。

5 事前準備：

我事先準備的工作就是以電話了解整個糾紛過程，盡量將訊息蒐集完全，避免做出錯誤的判斷。

我選擇以電話及面談了解整個事件始末，先約L同學談話，理由是他一開始沒跟W打架，也沒受傷，只在第二階段W和E在發生打架時，進行勸架。所以應該會有較客觀的論述。而且我也同時詢問當天在場的另一位室友，釐清整個過程。

爾後，我再打給受傷較嚴重的W同學，最後我再隔天要求E君從台南北上跟我親自面談。因他舅舅也來，我也順便了解L和E父親與舅舅的態度。

其實在整個過程，我已做了很多化解雙方敵意的工作，這些努力包括：

① 在了解過程中，雙方都會問對方的態度。我的方式是「隱惡揚善」，譬如我會跟L同學講，W同學並未指責他當晚的態度，只是感到失望，多年的同學之情竟比不上兄弟之情。W同學主要是很不滿意E君常前來借宿，而且還打人的行為。

② 我堅持跟E見面的理由有二：一是想確認E是否真如W所講的，是一位脾氣暴躁且蠻橫的人；二是我要真實看到E君的傷。

E君剛來之時表情的確很沉重，但在我跟他聊天過程中，透過仔細用手觸摸他受傷的頭部，讓他感受到我真的很關心他的傷口，E也開始放寬戒心有笑容地跟我閒聊。從他的聊天反應，我認為他是一位十分豪爽的大男生。以他的魁梧身材與有角力專業訓練的背景，我認為要將他的頭部傷及如此，應該是對手冷不防地先出手，才可能傷他成這樣。所以，以我練武與搏擊的經驗，我慎重猜測在鬥毆中，應是W同學先出手，而非W所講的是E先出手。此點猜測對我後續在跟W同學父親談判賠償金額時，發揮很大的效果。

二、情境分析

1 雙方的要求：

① W同學家長提出 L和E同學要各賠償十五萬元，否則繼續訴訟。

② L和E同學家長提出W同學也要賠E的傷害，否則也會提傷害罪訴訟。

2 雙方家長的風格與知覺印象：

雙方都有和解的意願，W同學的家長比較不計較，但L同學家長態度較強硬與刁鑽。

3 談判的標準與規範：

整個過程我扮演強勢主導的角色，在傳話過程中，我會重新包裝語句，盡量減少傳話過程中刺激對方的語言，以及盡量增加正面的語句。譬如，有指責對方的言語幾乎都被我主動消除。

三、選項與降低風險

1 循序漸進是我降低雙方談判觸礁機率的主要原則。除前述如何逐步安排與W等三位當事人談話外，我先與W父親談判，談妥他願意接受的初步條件：

① 賠償金額由各十五萬先降為六萬，再降為四萬；

② 對方要正式道歉。

然後我再與L的父親及舅舅談判，他們願接受的條件：

① 只願意賠償W同學二萬元。

② 願意道歉。

③ 對方必須馬上撤告。

對於雙方條件的落差，我利用下列的談判願景與問題，說服W同學父親最後接受賠償W同學二萬元的條件：

2 談判願景與問題：

雖然雙方在賠償金額方面談不攏，對於這問題我仍持續與雙方同學的父親溝通。我以「若能以二萬元換得他們小孩不會被註上傷害前科或紀錄」的觀念，勸他們深思。

果然在隔天，這種交易成本的概念就發生效用，W同學的父親願意接受二萬元的賠償，但提出下列非實際賠償的條件，要求L同學家長必須捐助慈善團體二千元，而且他弟弟E君日後不得再進入L住宿之地。所以W同學家長的最終條件是：

①L同學家長賠償W同學二萬元。

②L同學家長必須捐助慈善團體二千元。

③E君日後不得再進入L住宿之屋。

對此，L同學的家長也願意接受，雙方和解的條件終於達成。

其實，我是以猜測W同學先出拳傷人理虧為由，勸服W同學父親降低賠償金的要求，而這可能是促成整個談判賽局成功的關鍵之一。

3 替代方案：

我的替代方案就是談判不成就送學校進行行政處理，此時替代方案倒成了我的恫嚇策略，這是當時始料未及的事。

四、行動

1 優先要務：

我的最優先要務是計畫在檢察官開庭之前，雙方可達成和解協議，讓雙方傷害降到最低。

2 談判流程的規畫：

整個談判流程規畫與事後實際運作的方式幾乎相同。這種結果可說是受惠於我以前在PDCA管理流程的學習。這種專案執行的模式，尤其在我能掌控的訊息愈完全時，愈能發揮效果。這也是賽局過程中，由前往後推演的邏輯。在規畫（P）完成後，所做的決策（D）若能落實，事後的檢討與確認（C）就會減少很多，最後的修正執行動作（A）效果也可能越佳。這也是為何我一開始介入協調時，就堅持要與三位當事人見面了解所有事件過程的主要理由。

3　承諾與誘因：

整個談判賽局經過四天就完成，期間共有三次的面談及接近二十次的電話溝通。我就是利用簡單的誘因：在和解的大目標之下，雙方各退一步，讓對方比較願意繼續談下去。在讓雙方逐步退讓原先的條件過程中，我會主動提供不同的承諾，給對談的一方去選擇，而非完全由當事人來主導。這種方式可以讓我擁有主導的地位，同時可降低雙方歧異較大的承諾出現。

4　談判完成之後續工作：

在完成雙方和解工作之後，後續的工作有二：一是安排雙方家長見面，希望盡釋前嫌，成為好友，同學之間的感情回復到吵架之前的型態。二是在開偵查庭的當天正式在調解委員會簽署和解書，以及完成撤告的工作。

結論

談判幾乎無所不在，從最簡單的與小朋友溝通到最複雜的企業併購、國際政治、軍事及國際貿易協定談判等，我們都可常看到成功與失敗的實例。所以像我國與中國大陸的服貿協定，談判的如此快速就簽署草案，一定會出現很多爭議的內容，甚至可能讓原本雙方視為美意的合約引發很大的政治和社會紛爭。

在本書中，我們先介紹了賽局的工具，然後在應用到各種談判及策略的個案中。其實各位讀者應已相當清楚，談判沒有固定的模式，所以我們才以介紹很多案例的方式，希望多提供一些技巧運用及經驗。哈佛大學的麥可・惠勒(Michael Wheeler)在其《交涉的藝術》一書中就曾說過，要做好談判就必須要有「與混亂做朋友」的打算，然後才能從混亂中逐步地找到談判的重心，擬定談判目標，以及策略與步驟，最後才有成功的可能。他也形容談判好像是一團「毛球」，要先有耐性地理出抽線的脈絡，才能順利地將一團毛球織成一件毛衣。

我利用圖3-4說明整個談判賽局的運作過程：

① 從左下角的起始點開始，右上角是談判的目標或願景。讀者可利用前瞻(foresight)預測等方法訂定願景或目標。

② 要達到右上角的點，參與談判者首先必須了解或盤點圖3-3下方的五個項目：

A・外在環境。

B・自身條件。

C・影響談判關鍵第三人的特徵。

D・訊息分布。

E・時間的動態觀念。

③ 爾後，在逐步邁向目標的過程，就是談判策略應用的階段。在此階段中，參與者可依需要制定不同階段的戰略

和對應的戰術。而制定的方法是從最後端的目標之處，以後推法的方式逐步布局，直到起始點為止。

這算是一種動態控制工程的概念。譬如像鴻海郭董事長對於夏普的談判目標是：入股夏普，最後是希望獲得夏普氧化銦鎵鋅（IZGO）的面板顯示技術和蓄電池技術，所以他必須從目標往後推，規畫每階段的戰略和戰術。在現階段的戰略可能是公司規畫進入AMOLED面板製造，成為APPLE手機面板供應商，鴻海的搭配戰術應用可能就包含主動向夏普示好、以高於市場行情的股價價格入股夏普、郭董很有耐性地一次又一次拜訪夏普，甚至連不介入夏普董事會的允諾都說得出來。

圖 3-4 整體談判賽局的過程

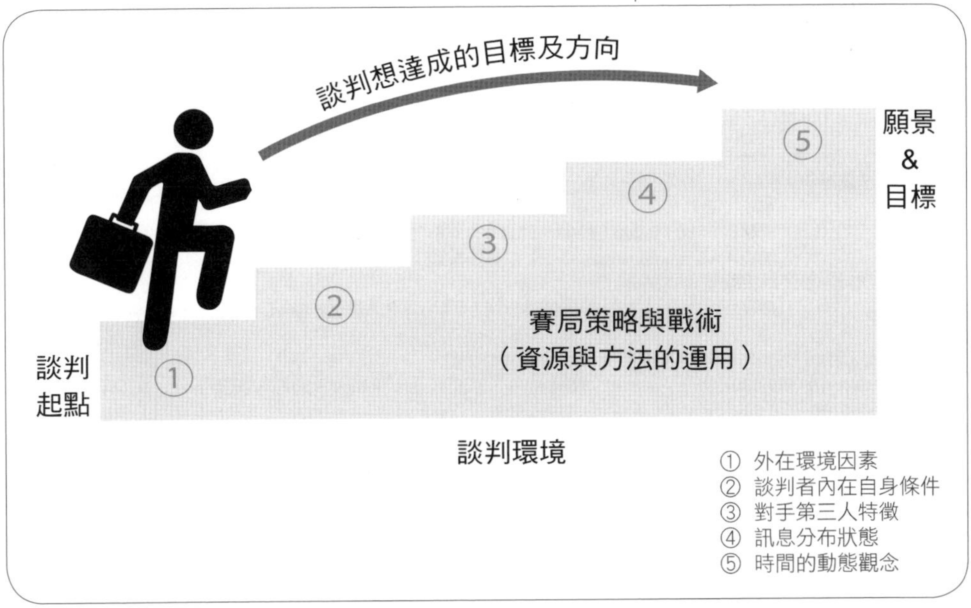

台灣廣廈國際出版集團
Taiwan Mansion International Group

國家圖書館出版品預行編目資料

第一本專為華人寫的賽局與談判 / 張順教著;
-- 新北市 : 台灣廣廈,2016.07
面; 公分. --（sense系列 ; 16）
ISBN 978-986-130-319-2（平裝）
1.博奕論 2.談判

319.2　　105004749

財經傳訊
TIME & MONEY

第一本專為華人寫的賽局與談判

作　　者／張順教
編輯中心／第五編輯室
編 輯 長／方宗廉
封面設計／比比司設計工作室
製版・印刷・裝訂／東豪・紘億・秉成

發 行 人／江媛珍
法律顧問／第一國際法律事務所 余淑杏律師・北辰著作權事務所 蕭雄淋律師
出　　版／台灣廣廈有聲圖書有限公司
地址：新北市235中和區中山路二段359巷7號2樓
電話：（886）2-2225-5777・傳真：（886）2-2225-8052

行企研發中心總監／陳冠蒨
整合行銷組／陳宜鈐
媒體公關組／徐毓庭
綜合行政組／何欣穎
地址：新北市235中和區中和路378巷5號2樓
電話：（886）2-2922-8181・傳真：（886）2-2929-5132

全球總經銷／知遠文化事業有限公司
地址：新北市222深坑區北深路三段155巷25號5樓
電話：（886）2-2664-8800・傳真：（886）2-2664-8801
網址：www.booknews.com.tw（博訊書網）
郵 政 劃 撥／劃撥帳號：18836722
劃撥戶名：知遠文化事業有限公司（※單次購書金額未達500元，請另付60元郵資。）

■出版日期：2016年07月初版　2019年02月2刷
ISBN：978-986-130-319-2